新型碳基复合材料学

主　编　张峰君　王秀芳

副主编　方霄龙　李琼光　孙贤洋

参　编　刘　超　朱梦园　姜静静

　　　　王国庆　牛玉红　张俊杰

　　　　周雪勤　王子辰

合肥工业大学出版社

前　言

　　凭借丰富的成键方式，碳元素具有多种从零维到三维结构的同素异形体。21 世纪以来，碳纳米管、石墨烯、碳化氮、骨架碳等新型碳基材料的研究层出不穷。碳基材料在硬度、导电性、耐热性、耐化学药品特性、光学特性、表界面特性等方面均具有优异的性能。可以毫不夸张地说，各种不同类型碳基材料所具有的性质几乎涵盖了地球上所有物质的性质，如从最硬到最软、绝缘体到半导体再到良导体以及全吸光到全透光等。21 世纪以来，基于碳纳米管、石墨烯等复合材料的研究已经成为化学、物理等自然科学领域的重要课题。

　　碳材料的性质和性能主要取决于其自身的结构和形态特征，因此具有多样性的特点，使得它们在热催化、光电催化、电化学储能、光电子学等领域均展现出巨大的应用前景。本书分为七章，分别从定义、结构、制备方法、复合材料以及应用等方面描述了不同类型的碳材料，简述了碳纳米管自 1991 年被 Iijima 发现以来，其新颖的结构和特有的物理化学性质，在聚合物碳纳米管复合材料、金属碳纳米管复合材料、储能复合材料等多个方面的应用研究进展，并总结了富勒烯、碳量子点在基础研究和工业应用等方面的内容。同时，本书概括了石墨烯的性质和改性方法，并详细介绍了伴随石墨烯等领域研究而发展的石墨相 C_3N_4 以及 MXene 两种材料，对其在光电领域所展现出的独特性能展开了相关的讨论。此外，对于骨架碳以及 MOF 衍生碳材料、MOF 衍生金属/金属化合物材料及其两者构成的复合材料等领域的研究进展进行了概述。

　　碳材料科学虽然已经经历了几个研究高潮，但仍然在路上。随着研究的深入，新的碳材料的结构和性质，尤其是碳材料的新用途，仍将被不断探索和挖掘，这将极大地丰富人类的科学知识宝库，加深其对客观世界的认识。本书作为首本系统阐述目前已有类型碳材料制备、结构表征及应用的综合性书籍，有望为不同领域碳材料研究人员在开展相关研究时提供一定的便利和参考。

本书的出版得到了安徽建筑大学"应用化学国家级一流本科专业建设点",安徽省新时代育人研究生教育质量工程项目(2023ghic036、2023ghjc036、2023gjxslt015),安徽建筑大学省级质量工程项目(2023sdxx037、2023sysx010),安徽建筑大学博士科研启动项目(2022QDZ01)等基金的资助,在此表示感谢。

本书主要由安徽建筑大学张峰君、王秀芳、方霄龙、李琼光、孙贤洋、刘超、朱梦园、姜静静、王国庆、牛玉红、张俊杰、周雪勤、王子辰等编写,书中所涉及非原创图、表等数据均已标引出处。限于作者的时间和精力,书中难免有不足和疏漏之处,敬请广大读者批评指正。

作　者

2024 年 6 月

目　录

第 1 章　碳纳米管

1.1　碳纳米管的简介

在 1985 年的时候,具有"足球"结构的 C_{60} 出现在全世界的面前,而在对其的研究推动之下,1991 年,日本电子显微镜专家 Iijima 博士发现了新型碳晶体,被人们命名为碳纳米管。碳纳米管又被称为巴基管,是一种具有特殊结构的由纯碳元素组成的一维纳米材料,继石墨、金刚石和富勒烯之后又一种碳的同素异形体。如图 1-1 所示,为 Iijima 博士发现的碳纳米管,它至少是由两层石墨碳组成。

1993 年,Iijima 博士和美国科学家 Bethune 博士等各自独立发现了由单层石墨层组成的单壁碳纳米管,这是在碳纳米管研究领域的又一重大发现。这种单壁碳纳米管具有更为独特的结构和优异的性能。从此,碳纳米管的研究在世界范围内真正普及开来,它的制备和合成也将碳纳米管的研究越来越近地推向应用领域。多年来,随着人们对其结构、性质和应用研究的不断深入,碳纳米管及其相关学科已成为纳米科学中研究最为活跃的领域之一。

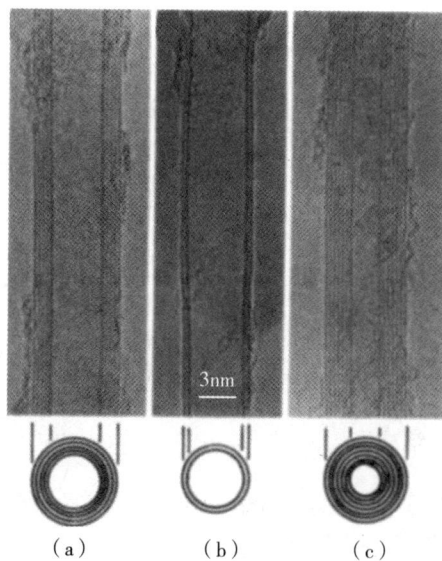

（a）　　　　　（b）　　　　　（c）

图 1-1　碳纳米管

1.2　碳纳米管的结构特点和性能

1.2.1　碳纳米管的基本结构

碳纳米管可以看作是由石墨烯片卷曲而成的一维无缝中空结构,从宏观上按照构成管壁的石墨烯片层数的不同,可以分为单壁、双壁和多壁碳纳米管(图1-2)。顾名思义,单壁碳纳米管就是仅由一层石墨烯片卷曲而成的,其一般直径在 0.75～3nm;而多壁碳纳米管则是由多于两层石墨烯片按照同心方式卷曲而成的,其管壁层之间的间距为 0.34nm,直径一般在 2～30nm;与单壁碳纳米管和多壁碳纳米管相比,双壁碳纳米管在结构上既具有单壁碳纳米管的理想状态,又可以看作是最简单的多壁碳纳米管,这赋予了与单壁和多壁碳纳米管相比更为独特的性质,因而备受研究者的关注。

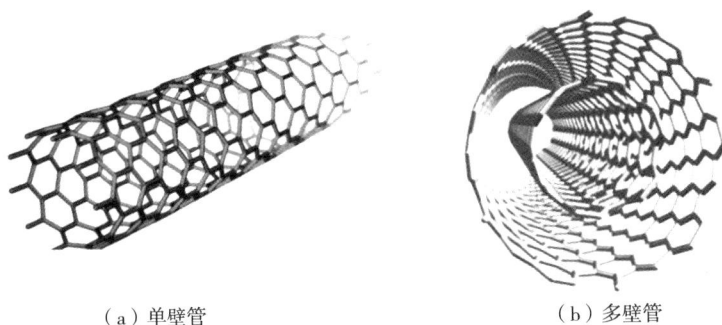

（a）单壁管　　　　　　　　（b）多壁管

图1-2　碳纳米管的三维构型模型

从微观上来讲,碳纳米管中的每个原子和相邻的三个碳原子相连,形成六角形网络结构,因此碳纳米管中的碳原子以 sp^2 杂化为主,但碳纳米管中六角形网络结构会产生一定的弯曲,形成空间拓扑结构,含有一定程度的 sp^3 杂化键。但采用算法证明,sp^3 结构可出现在 sp^2 杂化的六边形网络中,并且在原子力显微镜的观察中也发现碳纳米管中的碳原子所形成的 σ 键会产生弯曲,因此 σ 轨道具有部分 p 轨道特征,π 轨道具有部分 s 轨道特征,形成的化学键同时具有 sp^2 和 sp^3 混合杂化状态,所以碳纳米管中的碳原子以 sp^2 杂化为主,但也包含一定比例的 sp^3 杂化方式。直径越小的单壁碳纳米管,曲率越大,其 sp^3 杂化的比例也越大。随着碳纳米管直径的增加,sp^3 杂化的比例逐渐减少。碳纳米管发生形变时,同样也会改变 sp^2 和 sp^3 杂化的比例。

1.2.2　单壁碳纳米管结构

通俗来说,单壁碳纳米管(SWCNT)的结构可以看成将石墨层包裹在无缝圆柱体上,如图1-3所示,为碳纳米管的平面结构图,碳纳米管可以看成石墨薄片沿固定矢量方向卷曲而成的封闭管。

层被包裹的方式由称为手性向量 $C_h = na_1 + ma_2$ 的一对指数 (n,m) 表示。整数 n 和

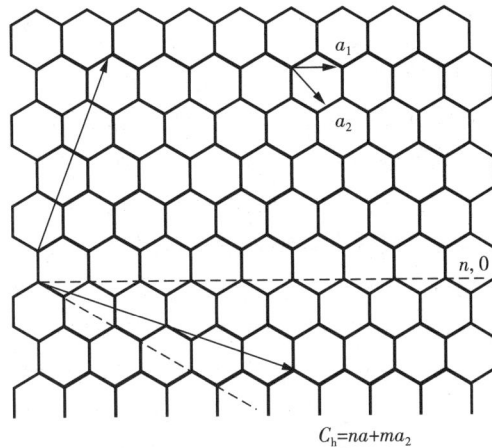

图 1-3 碳纳米管的平面结构

m 表示在石墨层的蜂窝晶格中沿两个方向的单位矢量的数量。θ 是 C_h 与 a_1 或 a_2 夹角中最小的角,称 θ 为手性角。(n,m) 不同,即使直径相近的碳纳米管也会由于手性不同而表现出不同的金属性或者半导体性。由 θ 的大小不同,可以使碳纳米管分为 3 个主要类型。当 $\theta=0°$ 时,称为锯齿型碳纳米管(Zhang),如图 1-4(a)所示;当 $\theta=30°$ 时,称为扶手型碳纳米管(Archair),如图 1-4(b)所示;当 $0°<\theta\leqslant30°$ 时,称为手性型(或者螺旋型)碳纳米管,如图 1-4(c)所示。

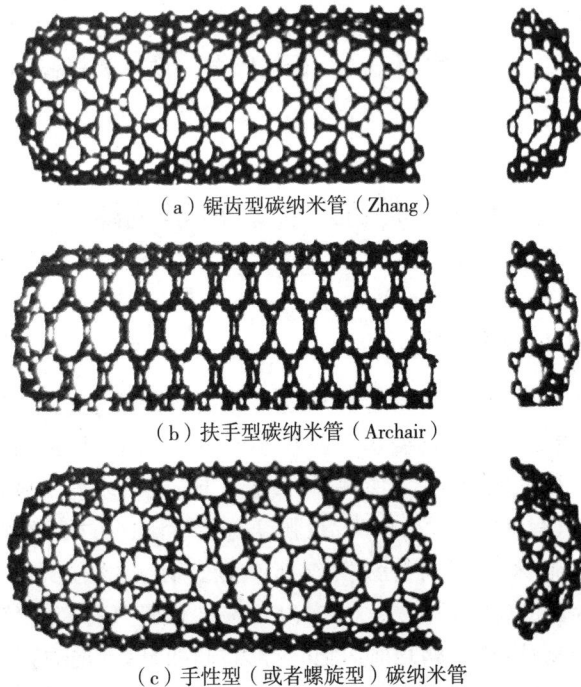

(a)锯齿型碳纳米管(Zhang)

(b)扶手型碳纳米管(Archair)

(c)手性型(或者螺旋型)碳纳米管

图 1-4

1.2.3 双壁碳纳米管

双壁碳纳米管是介于单壁碳纳米管和多壁碳纳米管之间的一种特殊结构,同时具有特殊性质,这也就使其在应用方面存在潜在价值。在电弧放电合成和一氧化碳的不均匀分配过程中,人们观察到了双壁碳纳米管(DWCNT)。采用电弧和激光这两种方式得到的单壁碳纳米管和富勒烯的混合物,之后再将其进行纯化,得到双壁碳纳米管。

由于催化剂的性质不同,合成双壁碳纳米管可以通过 CVD 方法热解乙炔,以硫作为催化剂直接合成双壁碳纳米管,也可以催化剂分解甲烷直接合成。DWCNT 是 CNT 的一种特殊结构,因为它们的形态和大多数物理性质类似于单壁碳纳米管,而他们的电和化学性质显著不同,双壁碳纳米管的内外层可以直接由不同形状和结构的单壁碳纳米管组成,其组成可以有 4 种类型,分别为:半导体-半导体、金属-金属、半导体-金属和金属-半导体。内外管的螺旋性对于结构没有影响,而是由层间距决定的。螺旋性影响着内外管的滑移运动,这将影响着双壁碳纳米管的传导性能和机械性能。

1.2.4 多壁碳纳米管

多壁碳纳米管(MWCNT)可以认为是将几个石墨层包裹到同心无缝圆柱体上而形成的一种结构。与单壁碳纳米管不同,多壁碳纳米管的结构比较复杂,往往需要三个以上结构参数才能确定其基本结构。

描述 MWCNT 的结构有两个模型,即俄罗斯套娃模型和羊皮纸模型。俄罗斯套娃模型即石墨片以同心圆柱体的形式排列;羊皮卷模型在 1960 年提出,即将单个连续石墨层滚动或卷起形成同心管。科学家们又称多壁碳纳米管为"超级纤维",因为其具有大的比表面积、高纵横比和完美的六边形结构,具有极大的韧性和极高的强度以及特殊的电化学、光学和储氢性能等。

1.3 碳纳米管的物理性能

1.3.1 碳纳米管的力学性能

金刚石的硬度众所周知,碳纳米管的硬度与金刚石的硬度相当,同时又具有良好的柔韧性,可以拉伸。碳纳米管的长径比一般在 1000∶1 以上,是目前比较理想的高强度纤维材料。美国宾夕法尼亚州立大学的科研人员发现,碳纳米管的强度比同体积钢的强度高 100 倍,质量却只有钢的 1/7~1/6。在强度与质量比这方面,碳纳米管是最理想的,5 万个碳纳米管排列起来才有人的头发丝那么宽。有人做过实验,将碳纳米管放在 1000Pa 的水压下时,它将被压扁,把压力去掉后,碳纳米管又神奇地恢复了原形,从这一点可以看出其良好的韧性,这也就是前面把它称为"超级纤维"的原因。

碳纳米管之所以缺陷少,是因为石墨平面中通过 sp^2 杂化形成的 C—C 是自然界最强最稳定的化学键之一,这就赋予碳纳米管极高的强度、韧性和弹性模量,使碳纳米管具有了优异的力学性能。由于碳纳米管存在且纳米尺度又具有容易缠绕的特点,用实验的方法来测量其力学性能很困难,最初采用的都是理论预测的方法。Lieber 运用 STM 技术得到了碳纳米管的弯曲强度,证明了碳纳米管的强度和硬度问题。这样就可以把它应用于金属表面的符号和镀层,获得超强的耐磨性和自润滑性,摩擦系数为 0.06~0.1,而且这样的镀层还具有高的热稳定性和耐腐蚀性。

制造刀具和模具就是利用了碳纳米管的高耐磨性,这种刀具如能实现产业化,效益是相当可观的;再有用碳纳米管来制造润滑材料已经取得了一定的成果;利用碳纳米管作为针尖观察原子缝底的情况来研究生物分子,解决了许多 STM 探针无法解决的问题,其分辨率也是很高。

理论估计其弹性模量已高达 5TPa,实验测得平均为 1.8TPa,比一般碳纤维高一个数量级,几乎与金刚石相同,为已知的最高模量的材料;弯曲强度 14.2GPa,所存应变能达 100KeV,是最好微米级晶须的两倍。其弹性应变可达 5%~18%,约为钢的 60 倍;抗拉强度为钢的 100 倍;密度为 1.2~2.1g/cm³。碳纳米管还有极好的韧性,在轴向施加压力或弯曲碳纳米管时,当外加压力超过强度极限或弯曲强度,碳纳米管不会断裂,而是首先发生大角度弯曲,然后打卷绞接在一起形成类似“麻花状”的物体;当外力释放后,碳纳米管又回复原状。结果表明碳纳米管在受力时,具有较大的弹性变形区域。在变形超过5%以后为塑性变形区域,可以通过出现五边形或七边形来承受应力,在应力撤去后又恢复六边形结构。碳纳米管优良的力学性能目前已得到初步应用。在纳米机械方面,已用碳纳米管制备成了纳米秤。碳纳米管作为探针型电子显微镜等的探针,是碳纳米管最接近商业化的用途之一。碳纳米管纳米级的直径使其制备的显微镜探针具有较大的长径比,比传统的 Si 或 Si₃N₄ 金字塔形状的针尖分辨率还高,可以探测狭缝和深层次的特性。此外,碳纳米管可以作为金属的增强材料来提高其强度、硬度等力学性能。

1.3.2 碳纳米管的电学性能

由于碳纳米管的结构与石墨片相同,C 原子的 P 电子形成离域 π 键,是 sp^2 杂化,每个 C 原子有一个未成对的电子位于垂直于层片的 π 轨道上,在共轭效应的作用下,有大量未成对电子沿管壁游动,既具有金属导电性,也具有半导体性能,理论推论这取决于螺旋角,即其管壁和管径的夹角,这使得碳纳米管具有了特殊的电学性质。有研究者采用光刻技术在 CNTs 管束上沉积金属,连上导线,用两点发测出其在常温下(300K)的轴向电阻率约为 $10\sim5\Omega \cdot cm$,并能通过大的电流密度($10^9\sim10^{10} A/cm^2$),约为铜的 1000 倍。日本在全球首次成功开发了将有机分子插入碳纳米管内来控制其导电性,通过控制插入碳纳米管内部的有机分子的种类和数量来控制碳纳米管上的电流和导电率,这种电气性质引领着未来电子技术的发展。此外,由于 CNTs 的独特分子结构,特别是螺旋状CNTs,当其被做成吸波材料时,具有比一般吸波材料高得多的吸收率,人们可以将其这一特性利用在军事隐形、储能、吸波等方面。要注意,当碳纳米管的管径大于 6nm 时,其导电能力下降;当管径小于 6nm 时,碳纳米管可以看成导电性能良好的一维量子导线。

量子限域效应带来的金属性和半导体性,根据卷起方向的不同,单壁碳纳米管大致表现为金属性,是无能隙的,或表现为半导体性,是有能隙的。椅式管一定是金属性管,而交错式和手性式既有金属性管也有半导体性管,这和碳纳米管的某些缺陷有关。碳纳米管的传导性可以通过改变管中网络结构和直径来改变。

实验发现,硼合氮共掺杂能够使金属性碳纳米管转换成半导体性碳纳米管,半导体性和金属性碳纳米管存在着分辨界限比较模糊的问题,掺杂是解决这个问题的最有效的手段。由于掺杂的碳纳米管对于控制碳纳米管的电学性质起着十分重要的作用,所以掺杂的碳纳米管的研究对于控制其电学性质有着重要的理论和实验价值。

在平行于碳纳米管的管轴方向上施加磁场的作用时,可以观察到 AB 效应,这说明在磁场作用下碳纳米管的导电性可以从半导体性转变成金属性,也可以从金属性转变成半导体性。早在 2001 年,Bacgtold 等人就用单壁碳纳米管制备了一个高增益的场效应管逻辑电路。

1.3.3 碳纳米管的热学性能

一维的碳纳米管具有很大的长径比,所以大量的热量将沿着长度方向传递,而在径向方向上散热较低,所以采取合适的取向,这种管子可以合成各向异性材料。有研究表明,碳纳米管是靠超声波来传递能量的,速度可达 10^4 m/s,即使将碳纳米管捆绑在一起,热量也不会从一根管子传递到另一根管子,只会沿着轴向方向传递。另外,碳纳米管具有较高的热导率,只要在复合材料中掺杂少量的碳纳米管,复合材料的导热性能就会有很大的改善。目前的研究表明,CNTs 有优异的导热性能,是已知的最好的导热材料。CNTs 依靠超声波传递热能,CNTs 在一维方向传递热能,其传递速度可达 10^4 m/s。适当排列 CNTs 可得到非常高的各向异性热传导材料,其优异的导热性能将使它成为今后计算机芯片的导热板,也将可能用于发动机、火箭等各种高温部件的散热部件。作为一维纳米结构的 CNTs,与其他材料相比有许多优越的性能,因此称之为新型碳材料之王。

另外,碳纳米管的横向尺寸比多数在室温 150℃电介质的晶格振动波长大一个数量级,这使得弥散的碳纳米管在散布的声子界面的形成是有效的,同时降低了导热性能。

1.3.4 碳纳米管的光学性质

碳纳米管因其特殊的结构而具有独特的光学性质,且具有良好的非线性光学性质。这主要是由于其中存在着碳的大量的 π 键共轭结构,而不存在由于碳氢键引起的红外吸收,同时碳纳米管已经表现出很好的光限幅性质,逐渐成为光限幅材料研究的热点。主要原因是非线性散射使碳纳米管悬浮液产生光限幅效应,除了非线性散射机理外,还有人认为入射光束的自聚焦效应、热聚焦效应有可能也是碳纳米管悬浮液产生光限幅行为的原因之一。

目前碳纳米管已经成为制造光信号存储器、发光器件和光学晶体等器件的理想材料。同时碳纳米管也可以作为制造平面显示器的理想材料,这都源于其具有优异的光电特性和场发射性质对阴极所要求发射的一致性、稳定性和高的发射点(密度)。使用定向排列的碳纳米管薄膜作为 FED,不但具有成本低、工艺简单、可靠性高的特点,还可以用来制造阵列式显示器、数码管等各种显示器。碳纳米管对环境没有污染,又可以制成新型的环保光源。碳纳米管因为其能带结构的改变,载流子的迁移、跃迁和复合过程都有着与众不同的特殊规律。碳纳米管的光伏特性、磁场下的发光效应和光致发光光谱等使其成了研究的热点问题。因为碳纳米管的带吸收特性非常宽,所以其在研究新型的隐身材料的领域中也有着重要的作用。

2004 年,Wei 等实验研究提出了碳纳米管电灯泡的概念,这一提法得到了 *Science* 和 *Nature* 的高度评价。Dickey 等用化学气相沉积方法制备得到了钌掺杂的碳纳米管,并可在可见区有荧光发射,呈现绿色。

1.3.5　碳纳米管的化学性质

碳纳米管的表面常常含有结构缺陷,尤其是在端头区域。这些缺陷强烈影响着碳纳米管的化学性质。在某些化学试剂(如强酸)的作用下,会在缺陷处产生一定的活性基因,这为进一步的化学反应,实现功能化碳纳米管提供基础。

简单地说,在某种程度上,功能化的目标就是能够容易地"溶解"碳纳米管,使其能均匀地分散在溶剂或聚合物中。所用的基本方法是将某些亲水基团附着到原有的疏水结构上。

有两种类型的功能化:共价功能化和非共价功能化。

实际上,在碳纳米管制备过程中的净化和开放端头工艺中,碳纳米管的结构缺陷和端口已经发生功能化。这个工艺过程使用了 HNO_3 或 $HNO_3 + H_2SO_4$ 或 $H_2SO_4 + KMnO_4$ 等强氧化剂。这种处理使得在反应带形成了羧基和其他基团。进一步的功能化是与这些基团起反应。图 1-5 是单壁碳纳米管以十八(烷)基胺作功能化的过程示意图。首先以亚硫酰(二)胺激活羧基团,随后以十八(烷)基胺与之起反应。最终得到的功能化碳纳米管能溶解于三氯甲烷、二氯甲烷和芳香族溶剂等溶剂中。

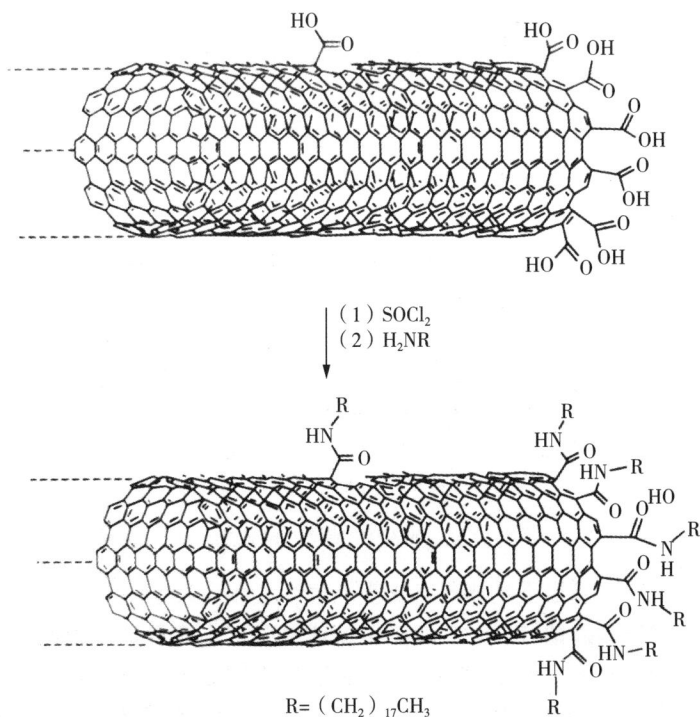

图 1-5　单壁碳纳米管的十八(烷)基胺功能化

碳纳米管侧壁的功能化是一种直接反应,因为缺少端口预先存在的基因。图1-6显示了单壁碳纳米管侧壁功能化示意图。侧壁功能化仅在使用高反应性试剂时才能发生。与大直径相比,小直径的碳纳米管显示更强的反应性,这是因为它的表面有较小的曲度;其次,比起半导体型晶体管,金属型晶体管有较强的反应性。聚合物也可共价连接于碳纳米管的侧壁,如图1-7所示。这在制备碳纳米管/聚合物复合材料中有重要意义,能显著改善界面性能,增强界面相的力学强度。

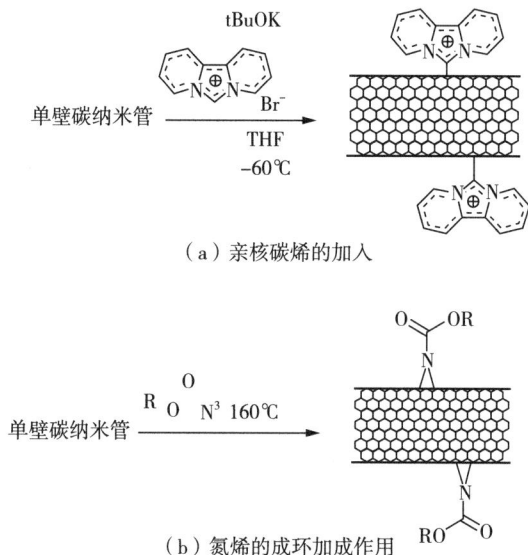

(a)亲核碳烯的加入

(b)氮烯的成环加成作用

图1-6 单壁碳纳米管侧壁的功能化

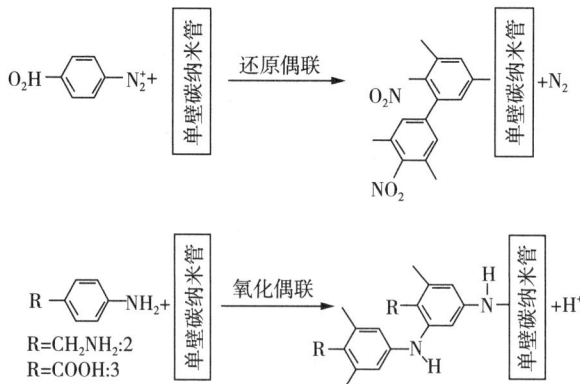

图1-7 单壁碳纳米管的电化学修饰

表面活性剂的使用能增强纳米管的溶解性能,这可认为是一种非共价功能化。离子表面活性剂十二烷基硫酸钠(SDS)在增溶单壁或多壁碳纳米管时都有很好的效果。典型的做法是加入1%的SDS于水悬浮液中,随后以超声波处理促进碳纳米管的分散。在纳米管的表面将形成一层活化剂分子。离子活性剂的作用是将电荷转移到纳米管表面,从而以静电力克服纳米管间的范德华力,迫使各个纳米管分散开。有报道指出十二烷基苯磺酸钠(SDBS)比起 SDS 有更佳的分散效果。非离子型活性剂也用于碳纳米管的增溶，如图 1-8 所示是吸附在碳纳米管表面的活性剂。

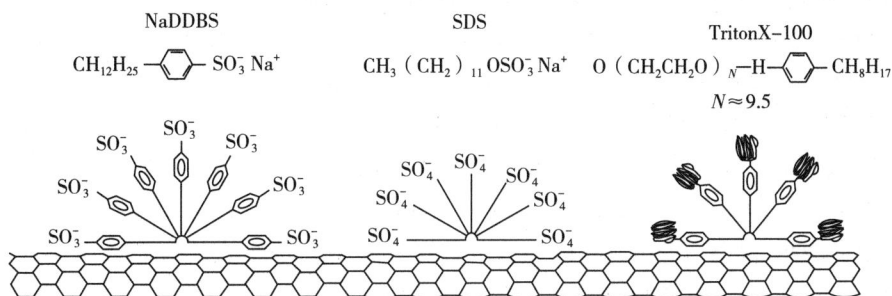

图 1-8 吸附在碳纳米管表面的表面活性剂

除去使用表面活性剂外，还有其他的非共价功能化碳纳米管的方法。例如，用包含平面基团的小分子，使表面可逆地吸附在碳纳米管表面上。平面构型的芘基以范德华力键与纳米管相连接，其尾部则为琥珀酰亚胺酯基团。也可使用聚合物大分子包覆碳纳米管的方法，使纳米管非共价功能化。例如，使用聚乙烯吡咯烷酮(PVP)和聚磺苯乙烯(PSS)等线性聚合物螺旋形包覆碳纳米管，以使碳纳米管获得增溶，易于分散。图 1-9 显示可能的几种包覆形式。

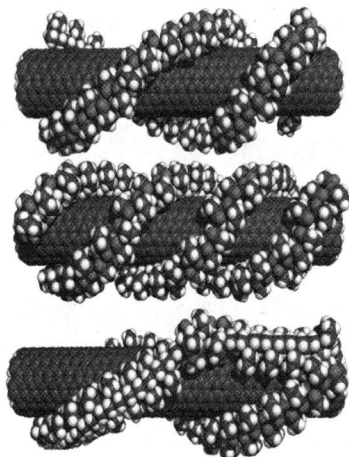

图 1-9 PVP 聚合物包覆碳纳米管的模型

1.4 碳纳米管的制备

1.4.1 电弧放电法

图 1-10 显示典型的电弧放电法制备碳纳米管仪器的构造。仪器箱内安置有两根石墨电极。一个电极固定，另一个电极则可滑动以便控制两电极端面间的距离。箱内充以

氢气或氩气,或两种气体的混合物。气压保持在约 500Torr(1Torr＝133.322Pa)。连续流动的气体比起密封箱内的固定气体能获得更佳的产物。两电极间的电压设定为20V。滑动石墨电极使两电极相互接近,直到发生电弧。两端面间距离一般为 1～3mm。电流大小与电极的大小、气压和其他实验参数有关,一般为 50～120A。阳极表面温度为 4000～6000℃。通常在 2000～3000℃温度下,将固体碳升华为气态碳(中间不生成液态碳)。在这种电流、低压和高温环境下,将生成等离子体。为了合成高质量的纳米管,等离子体应该保持尽可能的稳定。这意味着保持低电流。石墨杆之间的距离和电压控制了电流的大小。阳极的损耗很快,损耗率在 1mm/min 数量级。电极位置需适时调整以保持阳极与阴极之间的距离。纳米管的合成产率约为 50mg/min,基本上与石墨杆的直径无关。工作期间,对两个电极进行冷却。

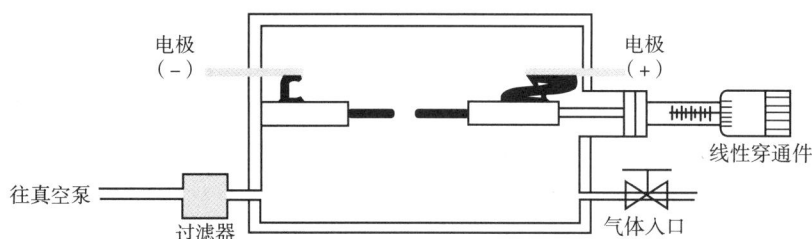

图 1-10 电弧放电法制备碳纳米管仪器的构造

在不使用金属催化剂时,反应器内产生两种形式的产物:反应器内壁上的烟灰和阴极上的沉积物。易脆的烟灰包含富勒烯、无定形碳和一些石墨片,而不含纳米管。在阴极上的沉积物则由纳米颗粒的硬外壳和多壁碳纳米管所组成。壳内核心物包含约 2/3 的碳纳米管,其余为石墨纳米颗粒。纳米管内径典型的为 1～3nm,外径则为 2～25nm。纳米管长度一般不超过 1μm。

加入催化剂的方法如下:在阳极上钻一个小孔,填入石墨和金属粉末的混合物。与前述情况不同,这时将在不同区域生成 4 种碳产物:在容器壁上的软橡胶样物、在内壁与阴极之间的网状物、围绕阴极的硬圆柱形外壳以及围绕该圆柱形外壳的环形物。硬圆柱形外壳包含多壁碳纳米管、空心或实心的石墨纳米颗粒。如若使用催化剂,将会产生单壁碳纳米管。在外壳含有最高浓度的单壁碳纳米管。在网状物和容器壁上的产物有相似的成分,与未使用金属催化剂时产物的成分相近。许多金属可用作催化剂,最普遍使用的是铁组金属。近来为合成单壁碳纳米管广泛使用的催化剂是 Fe/Ni 混合物,能获得的单壁碳纳米管的比例高达 90%,其平均直径为 1.2～1.4nm。实际上,稀有金属也可用作催化剂。

使用适当的催化剂和气体也能以电弧放电技术制得双壁碳纳米管。典型的配置如使用铁、钴和镍硫化物的混合物和氢与氩的混合气体。

电弧放电法的优点之一是在实验室易于装备整个制备系统。需要的装置价格比较低,也易于操作。纳米管的缺陷也相对较少。一个缺点是产物包含较大量的非纳米管物质,因而纳米管常常需要经过纯化程序。非纳米管物质的量常超过 90%,即沉积于阳极上的产物少于 10% 是纳米管;其次,靶标(石墨杆)的消蚀速度较大,限制了产量。增大靶标的直径将降低产物中纳米管所占的份数。

1.4.2 激光蒸发法

激光蒸发法合成碳纳米管的基本原理是通过高能激光束使碳原子和金属催化剂蒸发形成碳原子团簇,在催化剂作用下碳原子团簇重组形成碳纳米管并随着载气的流动沉积于收集器上。激光蒸发法主要用于单壁碳纳米管的制备,1995 年 Guo 等用激光照射含有镍和钴的碳靶得到了单壁碳纳米管。随后 Smalley 等对实验条件进行了改进,用双脉冲激光照射含有钴/镍催化剂的碳靶获得了高纯度的单壁碳纳米管束。为了进一步提高单壁碳纳米管的产率,Yudasaka 等采用将金属/石墨混合靶改为相对放置的纯金属及纯石墨靶并同时受激光照射的方法对 Smalley 等的工艺进行了改进并获得成功。激光蒸发法制备碳纳米管的突出优点是得到的碳纳米管晶化程度和纯度都很高,但昂贵复杂的实验设备是其广泛应用于碳纳米管合成的最大障碍。

1.4.3 化学气相沉积法

化学气相沉积法具有成本低、产量大、实验条件易于控制等优点,是最有希望实现大量制备高质量碳纳米管的方法。因此该法受到了高度重视,并被广泛采用。化学气相沉积法制备碳纳米管按照催化剂供给或存在的方式又可分为三种方法:基片法、担载法和浮动催化剂法。催化剂通常使用过渡金属元素 Fe、Co、Ni 或其组合,有时也添加稀土等其他元素及化合物。

基片法是将催化剂沉积在石英、硅片、蓝宝石等平整基底上,以这些催化剂颗粒做"种籽",在高温下通入含碳气体使之分解并在催化剂颗粒上析出并生长碳纳米管。一般而言,基片法可制备出纯度较高、有序平行/垂直排列的碳纳米管,即碳纳米管阵列。相比于自由排布的碳纳米管网络,其一致的取向能更有效地发挥碳纳米管的高比表面积、大长径比等优异性能。平行排布的单壁碳纳米管阵列是延续目前硅基半导体材料摩尔定律的理想材料。目前,大面积阵列的定向生长主要是通过电场诱导、晶格诱导和气流诱导来实现的。可以将这些方法大致分为两类,一类是利用基底与单壁碳纳米管的相互作用来定向,也就是晶格诱导定向;另外一类是利用外场或外力来定向,如电场定向和气流定向等。Kong 等率先在硅片表面成功地制备出单根单壁碳纳米管。随后,科学家陆续报道了各种取向、定位和图案设计的单壁碳纳米管。Yao 等发现调节反应温度可以改变合成单壁碳纳米管的直径。Hata 研究组的 Hayamizu 等采用水辅助 CVD 法直接制备出单壁碳纳米管垂直阵列,并原位将其大量组装成更复杂的三维结构的电子机械器件(如图 1-11)。这是碳纳米管制备技术上的又一次突破,并为大量廉价微型器件的构建提供了一种新的途径。

担载法是将催化剂颗粒担载在多孔、结构稳定的粉末基体上,一般选用浸渍-干燥法。即将多孔担载体粉末浸渍在催化剂的前驱体盐溶液中,充分浸渍后,干燥去除溶剂,再在空气中高温煅烧(一般 500℃)获得金属氧化物纳米颗粒;将担载有金属氧化物的担载体粉末置于反应炉中,先在高温(大于 500℃)、还原气氛下将金属氧化物还原为金属纳米颗粒,再在适宜的化学气相沉积条件下生长碳纳米管。

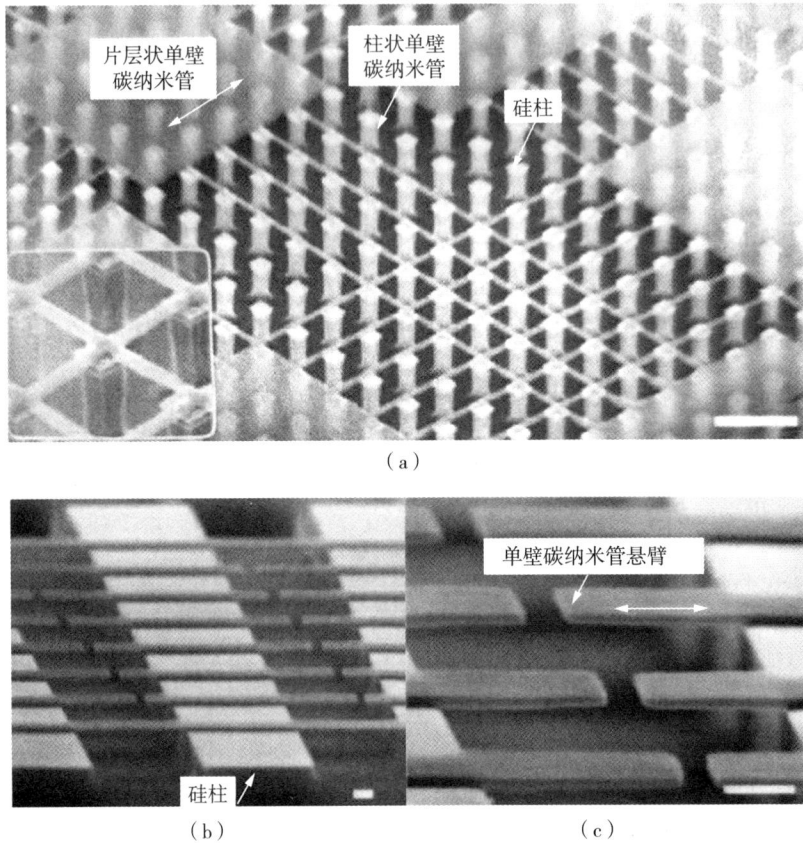

图1-11 碳纳米管垂直阵列组装的三维结构电子机械器件

要实现碳纳米管的批量制备,必须解决催化剂的连续供给和催化剂与产物的及时导出问题。在封闭的移动床催化裂解反应器中,经还原处理的纳米级催化剂通过喷嘴连续、均匀地喷洒到移动床上,移动床以一定的速度移动。催化剂在恒温区的停留时间可通过控制移动床的运动速度加以调节。原料气的流向可与床层的运动方向一致也可相反,在催化剂表面裂解生成碳纳米管。当催化剂在移动床上的停留时间达到设定值时,催化剂连同在其上生成的碳纳米管从移动床上脱出进入收集器,反应尾气通过排气口排出。采用移动床催化裂解反应器可实现碳纳米管的连续制造,有望大幅度降低生产成本,为碳纳米管的工业应用提供保证。Wei等使用流化床工艺实现了工业水平单壁碳纳米管的大量制备。目前国内采用该技术可实现百吨级碳纳米管的工业化生产,并应用于锂离子电池、复合材料等领域。

浮动催化剂化学气相沉积法的原理是气流携带催化剂前驱体进入反应区,在高温下原位分解为催化剂颗粒,并在浮动状态下催化生长碳纳米管,生成的碳纳米管在载气携带下进入低温区停止生长(如图1-12)。1998年,成会明研究组采用浮动催化剂化学气相沉积法,以二茂铁为催化剂前驱体、噻吩为生长促进剂,在1100~1200℃下催化裂解苯,大量制备高纯度单壁碳纳米管;2002年在此基础上又成功合成出双壁碳纳米管。浮动催化剂化学气相沉积法的设备简单,可半连续或连续生产,故最有可能实现低成本、大量制备高质量单壁碳纳米管。2002 年,Wang 等开发出 50kg/d 量级的多壁碳纳米管流化床生产装置。2009 年,成会明研究组在浮动催化剂化学气相沉积法制备单壁碳纳米管的工艺基础上,在反应收集系统中设置多孔滤膜,制备出单壁碳纳米管书状宏观体。

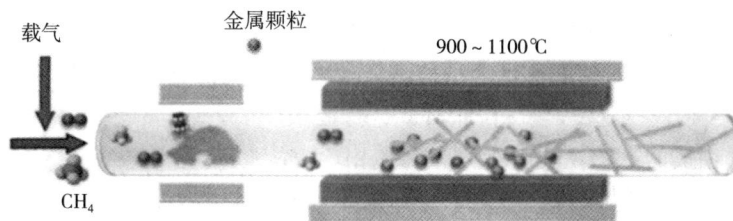

图 1-12　浮动催化剂化学气相沉积法生长单壁碳纳米管过程

1.4.4　其他方法

1.4.4.1　低温固相热解法

低温固相热解法(Low Temperature Solid Pyrolisis,LTSP)主要是通过制备中间体来制备碳纳米管。首先制备出亚稳定状态的纳米级氮化碳硅(Si-C-N)陶瓷中间体,然后将纳米陶瓷中间体放入氮化硼坩埚中,然后在石墨电阻炉中加热分解,保护性气体为氮气,同时一并通入,加热时间大约在 1h 左右,纳米中间体粉末开始热解,碳原子向表面迁移。表层热解产物中可获得高比例的碳纳米管和大量的高硅氮化硅粉末。低温固相热解法工艺的最大优点在于这种方法有可能实现重复生产,有利于碳纳米管的大规模批量制备生产。

我国科学家已经以甲烷为碳源,采用镍基催化剂,制备了管径 15~20nm 的均匀碳纳米管。相继采用溶胶-凝胶、超临界干燥法制备了凝胶负载钴催化剂,并将此催化剂用于碳纳米管的制备,得到了直径为 8~10nm 的碳纳米管。

1.4.4.2　液相合成法

随着人们对碳纳米管研究的不断深入,近几年,出现了一种利用在纯有机溶液中,以镀膜后的硅片为介质制备碳纳米管的方法,就是这里所说的液相合成法。Zhang 等在硅片基质上镀 2~30nm 的铁膜,把容器中装满乙醇或甲醇溶液,然后将硅片浸入溶液中,硅片与直流电源连接,用氮气吹净容器中的空气后,对硅片通电加热至 500~1000℃,加热时间为 2h 后可以制得碳纳米管。用该法制备出的碳纳米管以多壁碳纳米管居多,管身结构平滑均匀,管壁缺陷少,外径范围为 13~26nm,并存在螺旋状碳纳米管,生长于硅片基底端,一端为开口端冒,另一端端冒为完全封闭端冒。这种方法制备碳纳米管实验条件很简单,不需要昂贵的实验设备,操作简单易实现,实验成本低,并且得到的产物纯度高,结构均匀易实现批量制备。其实这种方法是在热平衡状态下,在基质表面通过吸附和分解作用发生的催化反应过程来制备碳纳米管的。

1.4.4.3　离子辐射法

离子辐射法的具体方法是在真空炉中,通过离子或电子放电来蒸发碳,之后在冷凝器上收集沉淀物,其中包含碳纳米管和其他结构的碳。Chernazatonskii 等通过电子束蒸发覆在基体上的石墨合成了直径为 10~20nm 的向同一方向排列的碳纳米管。Yamamoto 等在高真空环境下用氩离子束对非晶碳进行辐照得到了管壁有 10~15nm 厚的碳纳米管。

1.4.4.4 煤合成碳纳米管

煤合成碳纳米管这种方法主要是利用廉价的煤,将其喷入等离子体射流中进行热解,是制取碳纳米管的一种新颖的合成方法。煤粉在氩气的携带下直接喷入等离子体射流,煤粉的粒度在 5~25μm,当煤粉和射流进行混合以后,主要的反应在等离子体发生器中进行。反应生成的产物主要分为固相和气相,生成气相产物的主要成分为一氧化碳和乙煤,生成固相产物则为反应器壁含碳纳米管沉积物和热解残渣。采用这种方法制备出的碳纳米管直径最粗可达 750nm,最细为 100nm。碳纳米管中包含有微小颗粒,碳管的直径和微粒的直径相当,这些微粒成分有铜(Cu)和铝(Al),也就是原煤所含的成分。这种方法的优点是常压操作、直接利用原煤,方法简便、运行稳定而且运行时间长,反应体系变化的干扰不会影响等离子体发生器的工作,从制备上看,它已经具备了实现碳纳米管的连续批量生产的条件。

1.4.4.5 电解法

电解法制备碳纳米管是一种新颖的技术。该方法采用的是石墨电极,这里将电解槽作为阳极,在约 600℃的温度及空气或氩气等保护性气氛中,以一定的电压和电流电解熔融的卤化碱盐,例如电解 LiCl,电解生成了形式多样的碳纳米材料,其中包括包裹或未包裹的碳纳米管和碳纳米颗粒等,要想控制生成碳纳米材料的形式,可以通过改变电解的工艺条件实现。

Andrei 等人发现了在乙炔/液氨溶液中,用 n 型硅(100)电极,电解可直接生长碳纳米管。Hus 等人以石墨为电极,以熔融碱金属卤化物为电解液,在氩气氛围中电解合成了碳纳米管和葱状结构。黄辉等以 LiCl+SnCl$_2$、LiCl 等为熔盐电解质,采用此种电解的方法成功制备了纳米线和碳纳米管。

1.4.4.6 模板法

这种方法是合成碳纳米管等一维纳米材料的一项有效技术,它具有良好的可控制性,利用它的空间限制作用和模板剂的调试作用,对合成碳纳米管的大小、形貌、结构、排布等进行控制。模板法通常是用孔径为纳米级到微米级的多孔材料作为模板。结合电化学、沉淀法、溶胶-凝胶法和气相沉淀法等技术使物质原子或离子沉淀在模板的孔壁上形成所需的纳米结构体。

模板合成法制备纳米结构材料具有下列特点:

(1)这种方法所用膜容易制备,合成方法相对较简单,能合成直径很小的管状材料,如一维碳纳米管等;

(2)由于膜孔孔径大小一致,制备的材料同样具有孔径相同,并且具有单分散的结构;

(3)制备产物在膜孔中形成的纳米管和纳米纤维容易从模板中分离出来。

日本的 Kyotani 等采用"模型碳化"的方法。用阳极氧化铝为模型,模型上具有纳米级沟槽,在 800℃条件下热解丙烯,让热解碳沉积在沟槽的壁上,然后再用氢氟酸除去阳极氧化铝膜,得到了两端开口而且中空的碳纳米管。

1.4.4.7　太阳能法

利用太阳的能量,将太阳光聚焦到一坩埚中,使温度上升到 3000K,在这样的高温下,石墨和金属催化剂混合物便开始蒸发,冷凝之后会生成碳纳米管。这种方法早期用于生产巴基球,1996 年开始用于碳纳米管的生产。Laplaze 等利用太阳能合成了单壁碳纳米管和多壁碳纳米管组成的绳。

1.4.4.8　聚合物制备法

这种方法是用柠檬酸和甘醇制备聚合物作为中间体。

具体方法为:

(1)将甘醇和柠檬酸的混合物在 50℃温度下长时间搅拌,直到混合物透明为止,时间约为 2h;

(2)加热到 135℃,并将其保持 5h 来促进聚合反应,在此过程中,液体变得越来越黏稠,最后形成凝胶;

(3)将这种褐色透明的树脂放进电炉中,通过 300℃热处理后变成烧焦状,然后将其打磨成粉;

(4)将这种粉末放在三氧化二铝制成的舟中,在温度为 400℃电炉中保温 8 小时,炉中气氛为空气,然后让电炉自然冷却到室温,便可以取出产物;

(5)产物为直径 5～20nm,长度大于 1μm 的多壁碳纳米管、碳颗粒和片状非晶碳。

1.4.4.9　原位催化法

这种方法首先要制备出纳米级金属氧化物和纳米级金属复合粉体,这种粉体组成物主要是氧化物粒子。粒子中包含金属颗粒,其直径小于 10nm,并且大部分位于氧化物粒子的内部,少量存在于表面。这种催化剂是通过对金属氧化物固溶体选择性还原制备的。

(1)将催化剂放在氢和碳氢化合物的混合气体中还原,小的金属颗粒催化生长碳纳米管。

(2)产物为单壁碳纳米管(SWCNT)组成的束、多壁碳纳米管(MWCNT)、纳米葱(ONION)、金属、金属碳化物充填管及热解碳。

形成网络的碳纳米管晶须均匀地包覆在金属氧化物粉体粒子表面。这些晶须是由单壁碳纳米管 SWCNT 组成的束(直径小于 100nm,长度可达数十微米)。MWCNT:直径 5～15nm,3～16 层。

1.5　碳纳米管的复合

1.5.1　碳纳米管/聚合物复合

碳纳米管与聚合物基体复合可以有效地发挥碳纳米管优异的力学及电热特性,结合聚合物成型方便、工艺性好的特点,可以获得力学性能显著增强、电热传输特性优异的纳米复合材料,有助于推动碳纳米管的规模化工业应用进程。制备高性能碳纳米管/聚合物复合材料显著依赖于复合材料的组元(如碳纳米管的类型、长径比、制备方法)、碳纳米管与聚合物基体之间的界面结合、碳纳米管在基体中的分散性、取向性与网络构型和复合材料制备工艺等(如熔融共混法、溶液共混法、原位聚合法以及化学修饰法等)。

碳纳米管在基体中的分散均匀性以及取向度会影响碳纳米管复合材料的力学性能。Ajayan 等将纯化的碳纳米管加入环氧树脂中,经过切片处理后,得到碳纳米管在基体中较好的取向排列。Gong 等采用非离子表面活性剂 $C_{12}EO_8$ 处理碳纳米管,将其加入到环氧树脂中,经真空脱气、固化后制得碳纳米管/环氧树脂复合材料。由于非离子表面活性剂有助于改善碳纳米管的分散性以及提高界面结合强度,加入 1%(质量分数)碳纳米管就可使得环氧树脂的玻璃化转变温度从 63℃提高到 88℃,弹性模量提高 30%。Bower 等研究了定向多壁碳纳米管/聚合物复合材料的变形机制,研究发现复合材料在拉伸过程中,弯曲的碳纳米管在侧壁会发生起皱现象(如图 1-13 所示),开始出现起皱时对应的拉伸应变为 4.7%(断裂伸长率为 18%)。这种碳纳米管起皱与恢复是一个可逆的过程,其与碳纳米管的尺寸成正比,表明碳纳米管具有优异的拉伸变形特性。Chapelle 等制备了单壁碳纳米管/聚甲基丙烯酸甲酯复合材料,利用拉曼光谱振动频率的偏移研究组元间的相互作用。研究发现不同类型的单壁碳纳米管在基体中具有不同的分散性,而且组元间的界面相互作用也各有差异,碳纳米管的加入可有效改善复合材料的微观结构和界面相互作用。Stephan 制备了不同添加量的单壁碳纳米管/聚甲基丙烯酸甲酯复合材料薄膜,研究表明只有在单壁碳纳米管添加量较少时才能获得较好的均匀分散性,同时拉曼光谱中呼吸模频率的变化揭示了聚甲基丙烯酸甲酯分子链穿插进入了单壁碳纳米管束中,从而引起了复合材料界面相互作用的改变。

由于碳纳米管具有优异的导电性以及独特的电致发光性能,可制备功能性的碳纳米管/聚合物复合材料。Skakalova 等将经 $SOCl_2$ 处理的单壁碳纳米管加入聚甲基丙烯酸甲酯基体中,当碳纳米管添加量为 10%时,复合材料的电导率高达 10000S/m。将碳纳米管加入聚苯胺、聚氨酯体系中,电导率可达 2000~3000S/m,渗流阈值为 0.17%~1.0%(质量分数)。Curran 等将少量多壁碳纳米管加入共轭发光聚合物——聚苯乙炔衍生物[poly(m-phenylenevinylene-co-2,5-dioctoxyp-phenyl enevinylene,PmPV)],使得聚合物的电导率提高八个数量级,通入较小的电流密度就可以使其发出荧光。此外,碳纳米管还起到纳米级散热器的作用,能有效防止光电效应引发的大量热聚积,从而保持共轭体系的稳定性,由此制备的有机发光二极管发射层具有优异的电致发光性能,在空气中的稳定性相比于聚合物基体提高了 5 倍以上。Sandler 等将碳纳米管加入环氧树脂中,当掺量仅为 0.1%(体积分数)时,复合材料电导率就可达到 10^{-2}S/m,这种导电碳纳米管/聚合物复合材料可能具有非常广阔的应用前景。

为了获得碳纳米管在聚合物中的均匀分散与高效电热输运网络,可采用聚合物单体在碳纳米管表面原位聚合的方法制备碳纳米管/聚合物复合材料。Fan 等将直径为 20~30nm 的碳纳米管和吡咯在含有氧化剂 $(NH_4)_2S_2O_8$ 的 0.1mol/L 的 HCl 中进行原位聚合,在碳纳米管的表面生成厚度为 50~70nm 的聚合物包覆层,这种碳纳米管复合物的电导率可达到 1600S/m,远高于聚吡咯的 300S/m 的电导率,表明碳纳米管的加入可有效

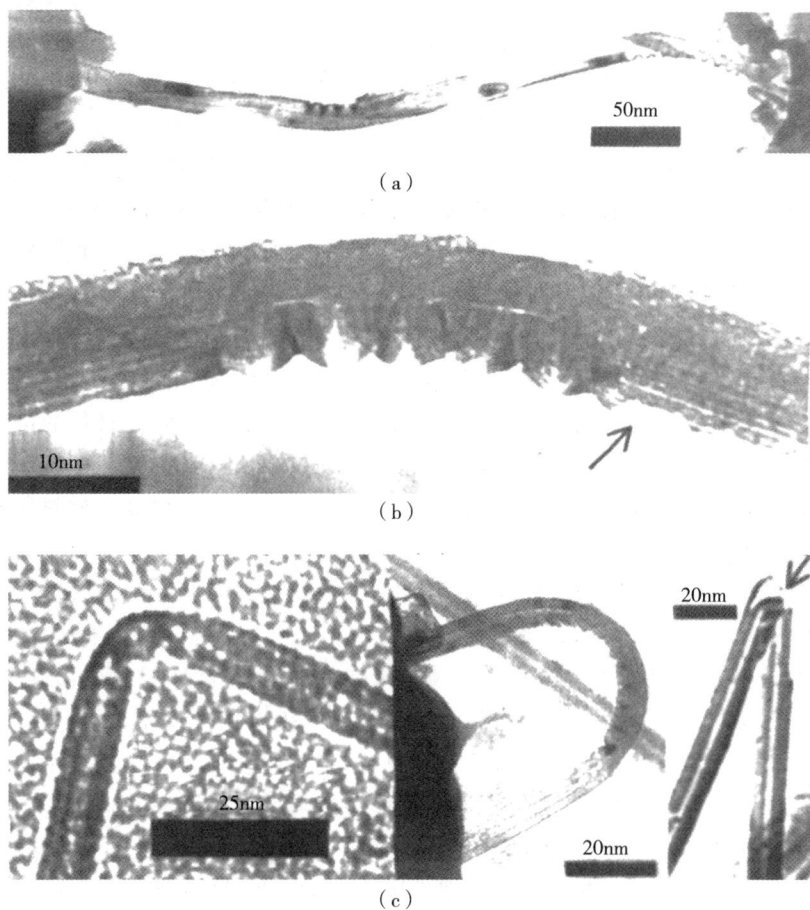

图 1-13　碳纳米管发生不同程度起皱和断裂变形时透射图

提高聚合物基体的导电性能。Ago 等将碳纳米管与聚苯乙炔［polv（p-phenvlenevinylene），PPV］采用多层复合的方式制得层状复合材料。首先将碳纳米管制成高浓度、高黏度的分散体系并浇铸制成碳纳米管膜，然后在其表面涂覆聚对苯乙炔预聚物，在210℃环境下加热聚合制得复合材料。由于多壁碳纳米管具有较高功函数且与聚合物形成紧密的接触，利用这种复合材料可制得高效率的光电器件，其光子效率达到标准氧化咽锡（indium tin oxide，ITO）材料的两倍以上。Tang 等采用原位聚合方法合成了碳纳米管/聚苯炔复合材料，聚苯炔以螺旋线形缠绕在碳纳米管表面，可易于溶解在四氢呋喃、甲苯、氯仿等溶剂中形成宏观均相的溶液，碳纳米管在溶液中易于在剪切力的作用下发生定向排列。这种聚苯炔缠绕碳纳米管的结构可用于制作分子尺度的电磁装置"纳米电机"，具有光电导性能的聚苯炔分子起到螺线管的作用，进而可使得碳纳米管发生磁化。Gao 等用电沉积法制备聚苯胺包覆的碳纳米管，碳纳米管为导电聚苯胺提供了支撑骨架，使得聚苯胺的力学强度和电热传输性能得到显著提高。此外，碳纳米管加入发光聚合物中亦可明显改善其发光性能。Curran 等将 PmPV 包裹在单壁碳纳米管表面，使得PmPV 发光强度和发光量均得到有效增强；Star 等将不同类型的共轭发光聚合物包覆于单壁碳纳米管表面,将这种复合物制成光电管,在光照射下会引起电流的显著变化并表现出光选择效应。

碳纳米管具有优异的导热性,制得的导热复合材料在热界面材料、印刷电路板以及其他高性能热管理系统领域具有很大的应用潜力。相对于碳纳米管/聚合物导电复合材料而言,影响复合材料热导率的因素更为复杂,不仅取决于碳纳米管的长径比、分散状况、网络构型,而且与碳纳米管网络的搭接程度与接触热阻密切相关。Biercuk 等发现在环氧树脂中加入 1% 的未经纯化的单壁碳纳米管后,复合材料室温下的热导率增加了125%;Choi 等观察到当单壁碳纳米管的掺量达到 3% 时,复合材料的热导率增加了300%;Huang 等将多壁碳纳米管阵列与硅橡胶进行复合,碳纳米管贯穿整个复合薄膜,裸露在端部的碳纳米管可与外界热源形成良好接触,有利于热量的定向传输,使得复合材料的热导率有显著提升。值得指出的是,与碳纳米管/聚合物复合材料的电导率增加几个数量级不同,碳纳米管/聚合物的热导率仅仅只有中等程度的增加,这归因于纳米复合材料体系中诸多影响导热因素的复杂性,对于碳纳米管/聚合物复合材料导热性能的增强未来仍有很大的提升空间。

此外,碳纳米管因其纳米尺度、丰富界面以及独特的结构形态可以赋予复合材料更为优异的阻尼减振特性。碳纳米管在变形过程中相互之间发生挤压、滑移,通过摩擦作用产生能量耗散,从而表现出具有优异的黏弹阻尼性能。该性能受到诸多因素的影响,如碳纳米管之间的范德华力、碳纳米管长度、碳纳米管固有振动频率等。Buldum 采用分子动力学方法研究了碳纳米管的界面滑移状况,结果表明变形过程中碳纳米管之间的相对滑移会造成位移对力的相对滞后,从而产生能量耗散。此外,Xu 等通过化学气相沉积法制备出网格状结构的碳纳米管宏观体,研究发现这种碳纳米管相比于硅橡胶而言,在很宽的温度范围内(−140~600℃)仍表现出优异的黏弹性能(如图 1-14)。从图 1-14(b)中可以看到,碳纳米管在周期应变过程中相比于硅橡胶可产生更多的能量耗散(较大的应力应变回滞曲线面积)。碳纳米管这种优异的黏弹性能归因于碳纳米管之间的滑移、节点的搭接/断开,从而导致更高的能量耗散。Pathak 等研究了碳纳米管泡沫的黏弹性能,发现变形过程中碳纳米管之间的摩擦作用可以产生较高的能量耗散;碳纳米管长

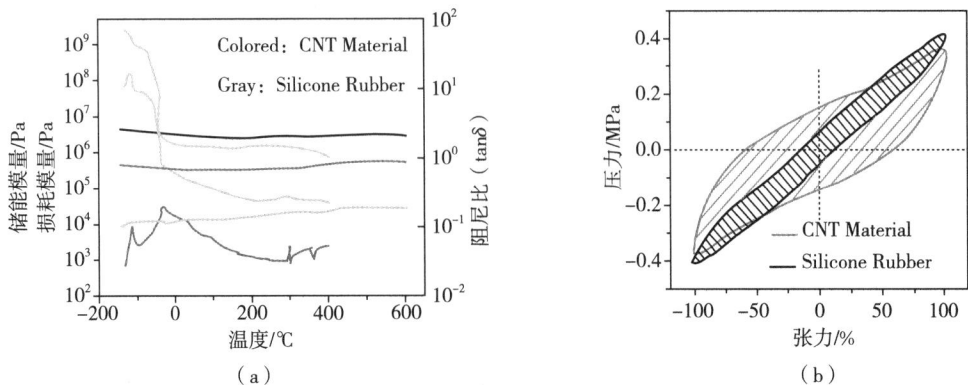

图 1-14 碳纳米管的黏弹行为及作用机制

度越短、单位体积数量越多,能量耗散就越显著。Chun 等将碳纳米管阵列作为前驱体纺织成碳纳米管绳,研究发现碳纳米管之间的扭曲、缠结和滑移可以显著提高碳纳米管绳的阻尼性能,且能量耗散与拉伸应变量成正比。碳纳米管/聚合物复合材料以其丰富的界面以及优异的黏弹性能,为未来发展高强、高阻尼减振材料提供了新的思路。

1.5.2　碳纳米管/金属基复合材料

碳纳米管具有独特的结构和优异的物理化学性能,故可作为金属的增强材料来提高其综合性能。但因碳纳米管与金属结构差异比较大,二者的理化性能悬殊较大(如不能相互浸润、密度差异明显等),要将碳纳米管分散到金属基体中远比分散到树脂中更为困难。近年来,科研人员开发出了多种分散技术,如强机械分散、分子级别混合、片状金属粉末法、碳纳米管原位生长、电化学共沉积等,一定程度上解决了碳纳米管在金属基体中的分散、碳纳米管与金属的良好结合以及取向控制等制备过程中的关键问题。

1.5.2.1　铜基碳纳米管复合材料

Ahmad 等人制备出了碳纳米管/Cu 基复合材料,采用了粉末冶金法,加入了 2% 体积分数的碳纳米管便可将 CNTs/Cu 基复合材料的导热系数提高 9%,这证明了碳纳米管确实能够有效地提高封装材料的散热性能。Shahil 等人发现单层石墨烯和多层石墨烯优化配合可以极大地增强复合材料的水平导热能力。Kordas 等人认为碳纳米管沿着轴向方向导热性能好,并应用该性能使用垂直阵列碳纳米管作为芯片的热封装材料,测试结果证明。芯片产生的大量热量得到了快速有效的散失。

陈传盛等人经过研发制备出了碳纳米管增强的铜基复合材料,主要原料为催化热解法制备的碳纳米管,用化学镀方法在碳纳米管的表面镀一层金属镍,将镀镍的碳纳米管和铜粉均匀混合,混合后的粉末中碳纳米管的质量分数控制在 1%~4%,经过 800℃ 的高温真空烧结得到碳纳米管/铜基复合材料。测试结果表明:随着碳纳米管质量分数的增加,复合材料的硬度也显著提高,摩擦实验研究也表明在高载荷条件下,碳纳米管/铜基复合材料的磨损率在一定范围内降低,这源于碳纳米管质量分数的增加。当材料处在高循环应力作用下时,在较高孔隙率的复合材料中碳纳米管与基体界面开裂引起复合材料磨损表面的片层状破损脱落,从而致使复合材料磨损率不断增大;而在低载荷和中等载荷条件下,磨损率逐渐减低,进而要求碳纳米管的质量分数不断增加,这样提高的材料抗塑性流变能力主要源于碳纳米管的增强作用,从而使其耐磨性得到提高。

Dong 等人首先将碳纳米管和铜粉进行混合,再采用均衡等温热压烧结的方法制备碳纳米管铜基复合材料,测试研究表明:铜基复合材料的磨损失重和摩擦系数的降低,源于加入的碳纳米管。但这种方法的一个缺点是在球磨过程中会削断碳纳米管,碳纳米管断裂,其增强效果就会降低。Yang 等人制备得到的碳纳米管增强的铜基复合材料,是采用电化学沉积的方法,测试结果表明这种铜基复合材料具有良好的导电性。许龙山团队在溶液中将铜离子和碳纳米管混合,然后进行还原处理,制得了碳纳米管铜基复合材料,测试结果表明,这样的复合材料具有较强的屈服应力和较低的热膨胀系数。但这两种工艺方法具有一定的缺陷,第一是耗时较长,工序复杂;第二是碳纳米管的质量分数低于 5%,装载量较低。

1.5.2.2 铝基碳纳米管复合材料

与铜基复合材料相比,基于铝基的碳纳米管复合材料方面的研究也取得了一定的进展。如钟荣等人采用氢电弧法制备单壁碳纳米管,并提纯后将其与纳米铝进行混合,经室温冷压成型之后在 $260\sim480℃$ 真空中热压处理,制备出相对密度大于 90%、单壁碳纳米管弥散分布于纳米铝基体中的铝基碳纳米管复合材料。测试结果显示:碳纳米管对纳米铝基体的增强效果达到 55%,与在不同的热压温度下和同温度下的纳米铝相比,碳纳米管/纳米铝基复合材料的硬度有所提高,并得到在 $380℃$ 热压温度下达到最大值,硬度提高的百分数为 36.4。Xu 等人制备出 CNTs/Al 复合材料,其采用的工艺是热压工艺。测试结果表明,随着温度的升高,复合材料呈现出典型的金属性升高和电阻减小的现象,只有温度降低到 80K 左右时其电阻突然下降 90% 以上,呈现出超导特性,之后在继续降低温度时,电阻值便不再改变。

但是上述材料的热导率已不能满足现代大功率器件的要求。基于上述原因,科研人员开始考虑,试图将金属优良的导热性能和陶瓷材料低膨胀系数的特性结合起来,获得既具有良好导热性又可在较宽范围内与多种不同类型材料的热膨胀系数相匹配的新型金属基复合材料。自 20 世纪 80 年代以来,以 SiCp/Al 系列复合材料为典型代表的第二代金属基电子封装材料迅速发展,其中以美国、日本等国家的研究较为深入。利用粉末冶金技术合成的高体积分数,其值在 $58\%\sim70\%$ 之间的 SiCp/Al 基复合材料,热导率为 $160\sim230W/(m\cdot K)$,$25\sim100℃$ 期间热膨胀系数 $7\times10^{-6}/℃$,且其密度仅在 $3.0g/cm^3$ 左右。何卫等人制备理论氮掺杂的碳纳米管铝基复合材料,采用了化学气相沉积的方法,并对其性能进行了研究,实验结果显示:出现了竹节状的碳纳米管并呈周期性排列,氮掺杂成功,与纯碳纳米管相比,铝基碳纳米管具有更高的抗拉强度和电导率,由于引入了氮原子进而提升了碳纳米管铝基复合材料中的电子的传递效率。

1.5.2.3 铁基碳纳米管复合材料

在碳纳米管领域,增强铁基复合材料方面也有一定的研究。如张继红等人制成的碳纳米管/球墨铸铁熔覆层,采用了激光熔覆技术红外后续热处理,测试结果显示:得到的复合材料的硬度比石墨/球墨铸铁的洛氏硬度 HRC 值高 2~3 个目,其硬度随淬火温度的升高而出现不断增大的现象。马仁志等人制备的碳纳米管/铁基复合材料是采用直接熔化方法,选择适当的淬火工艺,碳纳米管复合材料比相同工艺下的普通铁碳合金的 HRC 高出 5~10 个目,其硬度值达到 65,同时显微组织分析发现对复合材料的强度有强化作用的白亮相,进一步高分辨透射电镜观察发现,复合材料中弥散分布着强化作用的碳纳米管。魏秉庆等人制备出了碳纳米管与 45 号钢复合材料,采用的是激光熔覆和后续淬火处理方法,并对涂层进行改性,测试研究发现,利用碳纳米管涂层可明显强化 45 号钢表面,用激光进行辐照后,碳纳米管与 Fe 发生反应而生成 Fe_3C,表面变成亚共晶合金化层,而碳纳米管的结构可保留下来,保温一定时间淬火后表面硬度 HRC 值可达 70,具有优异的耐磨性,同时也改善了表面的耐腐蚀性。Li 等人制备了 CNTs/$Fe_{80}P_{20}$ 复合材料,采用了快速凝固的工艺,其 CNTs 的质量分数为 $1\%\sim2\%$。测试研究显示,复合材料的热稳定性和电阻的提高,源于碳纳米管的加入,才降低了其饱和磁力矩,研究还表明,在 180K、碳纳米管的质量分数在 2% 时,CNTs/$Fe_{80}P_{20}$ 复合材料出现了反铁磁性改变。

1.5.3　镁基碳纳米管复合材料

碳纳米管在增强镁基复合材料方面的相关研究,有李圣海等人对碳纳米管增强镁基复合材料的温室拉伸断裂与强化机理进行研究,采用的是搅拌铸造的方法,通过将镀镍和未镀镍的碳纳米管直接加入熔化的镁金属液中搅拌制备复合材料,实验测试结果表明,符号和材料的抗拉强度均高于纯镁,复合材料的拉伸强度随增强体含量的增加而增加,并得到碳纳米管的加入量的最大值在 0.67% 附近,因为实验显示当再增加增强体的含量时,抗拉强度便会下降,在纯镁中加入碳纳米管及镀镍碳纳米管,抗拉强度分别提高70.9% 和 99.7%,增强体量小于 1% 时的复合材料延伸率也优于纯镁金属;当再增加碳纳米管的含量时,延伸率便随之下降;当碳纳米管含量较高时,由于碳纳米管的表面效应,易在复合材料中发生团聚,再加上制备工艺的限制,分散不充分的碳纳米管也会导致复合材料效果下降。

1.6　碳纳米管的应用

1.6.1　超级电容器

德国物理学家亥姆霍兹在进行固体与液体界面现象的研究中发现,将金属板或其他导电体插入电解质溶液时,由于库伦引力、分子间作用力或原子间作用力(共价力)的作用,使金属表面出现稳定的、符号相反的双层电荷,称为电双层。电双层电容器既可以用作电容器,也可以作为一种能量存储装置,其存储能量的多少由电容器电极板的有效表面积确定。作为电双层电容器的电极材料,要求该材料结晶度高、导电性好、比表面积大、微孔大小集中在一定的范围内。而目前一般用多孔做电极材料,不但微孔分布宽(对存储能量有贡献的孔不到 30%),而且结晶度低,导电性差,导致容量小。没有合适的电极材料是限制电双层电容器在更广阔的范围内使用的一个重要原因。

碳纳米管比表面积大、结晶度高、导电性好、微孔大小可通过合成工艺加以控制,比表面积利用率可达到 100%,具备理想的超级电容器电极材料的所有要求,因而是一种理想的双电层电容器电极材料。碳纳米管制备的电极,可以显著提高电双层电容器的电容量。电双层电容器的出现使得电容器的极限容量骤然上升了 3~4 个数量级,达到了近1000F 的大容量。由于碳纳米管具有开放的多孔结构,并能在与电解质的交界面形成电双层,从而聚集大量的电荷,功率密度可达到 8000W/kg。其在不同的频率下测得的电容容量分别为 102F/g(1Hz) 和 49F/g(100Hz)。

碳纳米管用作超级电容器电极材料的研究最早见诸 Niu 等人的报道。他们将烃类催化热解法制得的相互缠绕的多壁碳纳米管制成薄膜电极,测试了在质量分数为 38% 的H_2SO_4 电解液中的电容性能。所制得的 CNTs 管径均一,8nm 左右,用 HNO_3 处理后比表面积为 $430m^2/g$。组装成单一电容器,在 0.001Hz~100Hz 的不同频率下,比电容量达到 49F/g~113F/g。CNTs 电极片的电阻率为 $1.6 \times 10^{-2} \Omega \cdot cm$，其等效串联内阻（ESR）为 0.094Ω，功率密度大于 8kW/kg。马仁志等用高温催化 C_2H_4/H_2 混合气体制备多壁碳纳米管，采用两种不同的工艺制备碳纳米管固体电极，以质量分数 38% 的 H_2SO_4 为电解液恒流充放电测试其电容性能。在氩气保护下，高温热压纯碳纳米管成型电极的比电容为 $78.1F/cm^3$；将碳纳米管与质量分数为 20% 的酚醛树脂混合压制成型，再炭化后所得固体电极的比电容为 $70.5F/cm^3$，但其等效串联内阻小于前者。

由于单壁碳纳米管（SWNTs）具有比多壁碳纳米管更高的理论比表面积，因而可望获得更高的比容量，但 SWNTs 制备和纯化的难度加大，成本也远高于 MWNTs。Panasenko 等人设计并研究了基于电化学沉积在独立 SWNTs 膜上的 PANI 的独特的无"自重"超级电容器。通过简单的干转移技术制备了独立的 SWNTs 膜（如图 1-15）。将膜从过滤器转移到具有 $1 \times 1cm^2$ 正方形开口的 3mm 厚的聚甲基丙烯酸甲酯（PMMA）框架上，PMMA 框架上的独立 SWNTs 膜被用作电化学沉积 PANI 的工作电极。结果表明，由于膜中纳米管密度较低，导致电阻较高，因此沉积有 PANI 的 SWNTs 的薄膜不易自放电。然而，这种薄膜能够实现更好和更均匀的沉积，从而达到 $541F \cdot g^{-1}$ 的最大重量电容值。这种协同性能允许创建用于柔性超轻和强大超级电容器的电极材料。具有高纵横比和互连导电网络的多孔碳纳米管可促进快速离子传输，已被视为超级电容器最有前途的电极材料之一。此外，当用作电极材料时，皱褶的表面可以提供比其他光滑的碳表面更高的活性面积、更大的接触概率和更好的润湿性。Zong 报道了一种快速模板共组装方法，以 3-氨基苯酚甲醛树脂（AM）为碳和氮前驱体，以埃洛石为模板，合成 N 掺杂的皱褶碳纳米管（NCT）。通过改变 AM 的量和反应温度，可以很好地调节 NCT 的表面形态，实现不同皱缩程度和壁厚的转变，这对电化学性能有显著影响。优化的 NCT 显示出 $336F \cdot g^{-1}$ 的高电容、出色的循环稳定性（10000 次循环后电容保持率为 96.1%）和良好的速率性能，表明超级电容器的巨大潜力。

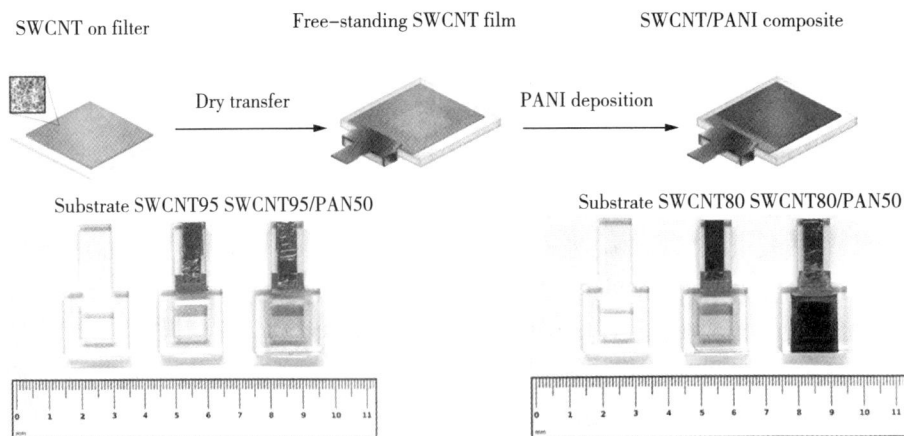

图 1-15　SWNT/PANI 复合材料制备的示意图，衬底、独立 SWCNT95 和
SWCNT80 以及复合材料 SWCNT95/PANI50 和 SWCNT80/PANI50 的图像

1.6.2 锂离子电池

锂离子电池已被研制成功并实现商品化,由于其具有高电压、高比能量、大比功率、无记忆效应和无环境污染等优点而得到了广泛的应用。在较早实现商业化的锂离子电池负极材料中,碳材料具有储锂量高、原材料丰富、电极电位低、廉价、无毒和稳定等优点,得到了快速的发展。尽管传统碳材料较好地解决了电池安全性的问题,但其比容量较低,理论容量仅为 372mAh/g,目前一些高容量材料的不可逆容量较大,无法满足高比能电池的需要。

碳纳米管的管径和管与管之间相互交错的缝隙都属纳米数量级,这种特殊的微观结构具有优异的物理及化学特性和嵌锂性能,使得锂离子的嵌入深度小、行程短、嵌入位置多(管内和层间的缝隙、空穴),同时碳纳米管导电性能很好,有较好的离子运输和电子传导能力,适合用作锂离子电池极好的负极材料。碳纳米管具有良好的导电性,这对于锂离子电池负极材料来说非常有利,也是负极材料的必备条件,对快速充放电和减少极化有利。作为嵌锂材料,碳纳米管的长度短,因而锂离子嵌入脱嵌时深度小,行程短,电极在大电流下充放电极化程度也变小,有利于提高锂离子电池的充放电容量及电流密度,因而也将改善电池的大电流充放电和快速充放电能力。由于特有的管状结构,使得锂在嵌入—脱嵌过程中能够保持结构稳定,使碳纳米管具有良好的循环性能。同时碳纳米管特殊的纳米微观结构及形貌,可以更加有效地提高材料的可逆嵌锂容量。其大的层间距使锂离子更容易嵌入脱出,筒状结构在多次充放电循环后不会塌陷,可以大大提高锂离子电池的性能和寿命。

Tang 等人研究了一种在高度稳定的 3D 框架内捕获多孔硅(PSi)的合理策略,该框架由互连的 N 掺杂石墨烯(NG)和碳纳米管(CNT)构建,以形成一种新型的复合材料 PSi@NG/通过改进的镁热还原方法开发 CNT,以减轻大体积膨胀和颗粒破裂,并提高电子传导性。更重要的是,首次分析了 3D 框架内捕获的 PSi 中的空位缺陷。当作为阳极探索时,PSi@NG/CNT 表现出优异的锂存储性能,具有高的比容量、显著的倍率容量(在 $5A \cdot g^{-1}$ 时为 $850mAh \cdot g^{-1}$)、在 200 次循环中 79.7% 的良好循环保持率,以及在 $0.2A \cdot g^{-2}$ 的电流密度下始终保持较高的哥伦比亚效率。具有 $C \!=\! O$ 基团和 C6 环的聚酰亚胺(PI)被认为是一种很有前途的锂离子电池负极材料。然而,PI 的潜在应用受到其固有性质的极大阻碍,锂离子扩散和电子导电性不理想。Liu 等人通过原位聚合方法 PI 纳米片生长在碳纳米管(CNT)上以构建电缆状结构(PI@CNTs)。分散的 PI 纳米片提供了更短的锂离子传输距离,CNT 衬底促进了电子传输,从而提高了电化学性能。当用作阳极材料时,PI@CNTs 在2000 次循环后,在 $1a \cdot g^{-1}$ 下的比容量为 $493mAh \cdot g^{-1}$,显示出显著的长期循环性能。此外,动力学分析表明,容量的增加可归因于扩大的扩散控制过程。

1.6.3 氢气存储

氢气在未来能源方面将扮演一个重要的角色。氢能源蕴含值高,不污染环境,资源丰富,但氢气能源实用化的关键环节是氢气的储存。因碳纳米管的中空部分是极好的微容器,可吸附大小适合其内径的各种分子,可储存包括氢在内的各种气体。目前普遍认为:碳纳米管的吸附作用主要是由于纳米粒子碳管的表面羟基作用。碳纳米管表面存在的羟基能够和某些阳离子键合,从而达到表观上对金属离子或有机物产生吸附作用;另外,纳米碳管粒子具有大的比表面积,也是纳米碳管吸附作用的重要原因。通过对碳纳米管的吸氢过程研究发现,氢可能以液体或固体的形式填充到碳纳米管的管体内部以及碳纳米管束之间的孔隙,纯的表面活性高的碳纳米管有利于储氢。

Punya 等人研究了氢气分子在碳基纳米材料上的物理吸附,即新型石墨烯-碳纳米管杂化物上的存储。使用分子动力学模拟从原始纳米管和石墨烯片制备了新型碳纳米结构,如图 1-16 所示。为了量化氢吸附,我们计算了所有 CNS 在不同压力下的重量容量(G),如图 1-17(a)所示。我们观察到,重量容量随压力的增加而增加,这归因于压力的增加降低了气体分子的热运动,进而导致结构和气体分子之间范德华相互作用的增加。图 1-17(b)显示了在 1Pa 至 100Pa 的不同压力下,CNS_1、CNS_2 和 CNS_3 这三个系统的 1/A 对 1/P 的朗缪尔等温线图。Chen 等人用量子分子动力学模拟方法研究了填充有氢分子的扭转双壁碳纳米管(DWCNT)的吸附等温线。影响 DWCNT 储氢响应的关键因素是吸附能和表面张力效应。我们的模拟结果表明,在螺旋约束下,观察到了双面效应,H_2 分子的动力学直径缩短了约 4.11%。结果进一步揭示,在 77K 下计算储氢量 wt%,发现原始和扭曲 DWCNT 的储氢量分别为 1.77wt% 和 3.92wt%。最后,结果表明,反映表面性质的吸附热是扭曲相关的。

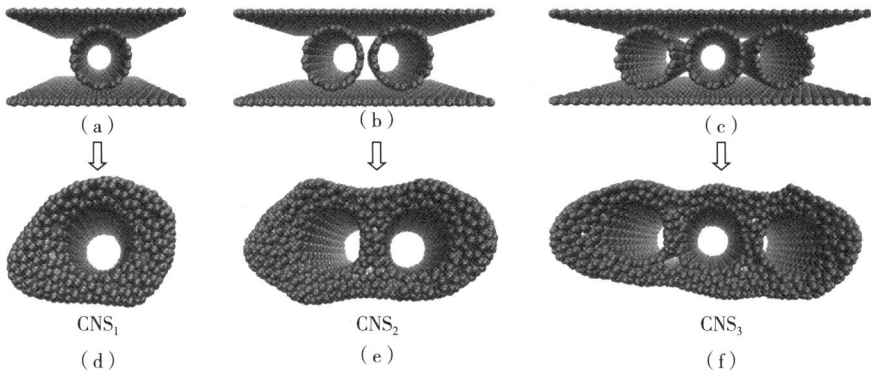

图 1-16 (a),(b),(c)具有不同数量碳纳米管的石墨烯单壁碳纳米管混合物的理想排列。新型碳纳米结构(CNS)由(d)一个单壁碳纳米管(CNS_1)、(e)两个单壁纳米管(CNS_2)、(f)三个单壁纳米碳管(CNS_3)组成

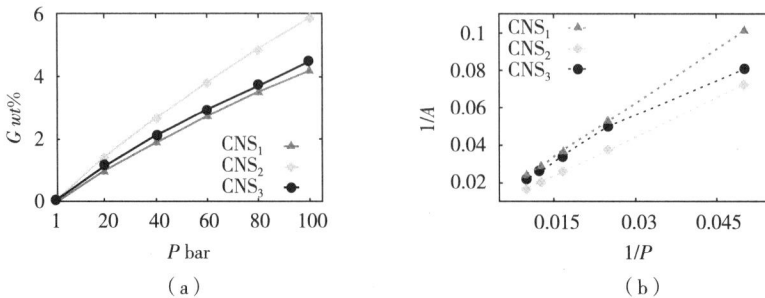

图 1-17 (a)在 1Pa 至 100Pa 的不同压力下,所有三种碳纳米结构 CNS_1、CNS_2 和 CNS_3 的储氢重量容量(G)为 wt%。(b)不同压力下 CNS_1、CNS_2 和 CNS_3 这三个系统的朗缪尔等温线图

1.6.4 纳米机械

纳米动力是实现纳米机械的重要条件,如何在纳米尺度上将其他能量转化为动能是当前纳米科技研究的热点。上海大学应用数学和力学研究所的张田忠教授通过计算机模拟首次发现碳纳米管在一定条件下可实现热能与机械能相互转换,这项成果有望令纳米"能量转换器"成为可能。一定直径以上的碳纳米管经触发后会发生多米诺骨牌式的塌陷,释放相应的势能。单壁碳纳米管具有两种可能稳定存在的结构——管状或塌陷的层状。张田忠用分子动态方法模拟了管状 SWNTs 在一头被外力压塌后的行为,结果发现,半径大于 3.5nm 的 SWNTs 从能量较高的管状塌陷为能量较低的层状,并且从外力作用处开始沿着管的延伸方向发生多米诺骨牌式的连续塌陷,直至整条碳纳米管完全塌陷,并在此过程中释放相应的范德华势能。研究发现,发生多米诺骨牌的原因是,当管状 SWNTs 的一圈碳原子发生塌陷时,所释放的动能足以触发邻近的一圈碳原子也发生塌陷,从而触发更远的部分发生塌缩。这种多米诺效应的速度高达 1km/s。基于这一现象,他进一步模拟了 SWCNTs 中装入 C_{60} 分子形成的"纳米豆荚"(nanopea pods)结构。当"纳米豆荚"外的 SWNTs 发生塌陷时,其内的 C_{60} 分子被迫挤出的行为,并形象地将其比喻为"纳米枪"。经计算,C_{60}"子弹"射出 SWNTs 管口的出口速度高达 1.13km/s,是 AK47 冲锋枪的 1.5 倍,沙漠之鹰手枪的 10 倍。该研究工作首次表明碳纳米管可在纳米器件中作为供能单元,为碳纳米管器件的设计提供了全新思路。供能单元有两个必备条件:其一,有能量转换;其二,能量转换能反复发生。为此,研究人员开始寻找能让扁了的碳纳米管恢复"圆柱状"的条件。实验结果表明,加热正是他们需要的答案——加温至 100℃ 这个临界温度以上,吸收了热能的扁管子能重新鼓起来,而一旦降到 100℃ 以下,管子又扁了。这一新特点的发现无疑在碳纳米管上找到了热能、机械能不断相互转换的桥梁。如果能控制好热环境,碳纳米管的能量转换甚至可能"永动"。

单壁碳纳米管的管径约 1.5nm 左右,是一种非常理想的纳米通道。当流体通道减小到纳米尺度时,流体分子与通道之间的相互作用将对流动产生重要影响,使纳米通道中的流体表现出与宏观流体完全不同的特性。对生命极为重要,人体组成物质中含量最高的水在纳米通道中的填充、结构以及传输等方面的性质尤其引人瞩目。国家纳米中心孙连峰研究小组和他们的合作伙伴通过构建单根单壁碳纳米管多端器件,独创性地开发了一种新型的四电极测量方法,首次对"内腔含水的"单根单壁碳纳米管进行了研究。通过一系列试验,他们证明:水分子进入到碳纳米管内腔后,通过施加和改变纳米管上的电流、电压能够驱动管内的水分子流动,水流动速度与电流的大小呈线性关系(具有"纳米泵"的功能)。同时,水的流动会在碳纳米管中产生一个电压差。该工作作为在纳米尺度内将机械能转换成电能,为制备纳米发电机的研究提供了一个新思路。

Mokhalingam 等人分别描述了螺旋形单壁碳纳米管(HSWCNT)对机械载荷和静电载荷的轴向响应。该研究考虑了自然状态下不同匝数的低螺距(闭合)和高螺距(开放)HSWCNT。在 0 K 附近和 300 K 下使用分子动力学进行计算。在机械载荷下,低节距 HSWCNT 显示出双线性载荷(F)-应变(ε)关系,通过克服:①线圈间范德华力和弹性恢复力,②仅弹性恢复力。然而,在两个线性区域之间出现了可调谐的塑料状区域,这取决于有源线圈的数量。低节距 HSWCNT 在弹性极限内的卸载在 F-∈ 图表。然而,从超出其弹性极限的点卸载低节距和高节距 HSWCNT 会导致塑性应变累积。HSWCNT 的静电负载导致线圈间库仑排斥,在克服它们之间的范德瓦尔吸引力和机械恢复力后,产生净伸长。有趣的是,发现高间距 HSWCNT 在其弹性极限之前的每原子电荷(q)-应变(∈)图遵循幂律:$q \infty \in^{3/5}$,从超出其弹性极限的点完全排出 HSWCNT 显示塑性变形。还对 HSWCNT 至断裂点的机械和静电加载、卸载和重新加载进行了检查。

美国、巴西和德国已经制成了纳米秤。纳米秤与悬挂的钟摆相似,通过测量振动频率,可以测出黏接在悬臂梁一端的微小颗粒的质量,它是目前世界上最敏感的和最小的量器。有专家认为,此纳米秤将可以用来衡量大生物分子的质量和生物颗粒,例如病毒,还可能导致一种纳米质谱仪的产生。碳纳米管作为探针型电子显微镜等的探针,是碳纳米管最接近商业化的应用之一。

1.6.5 碳纳米管复合材料

碳纳米管复合材料是碳纳米管应用研究的一个重要方向。可将其应用于金属、塑料、纤维、陶瓷等诸多复合材料领域,将碳纳米管作为复合材料增强体,可表现出良好的强度、弹性、抗疲劳性和各向同性。利用 CNTs 对酚醛树脂(PF)进行改性,CNTs 能够明显提高 PF/CF 复合材料弯曲强度、压缩强度、层间剪切强度和冲击强度。以 CNTs 为填料制备聚四氟乙烯(PTFE)基复合材料,CNTs/PTFE 复合材料的摩擦系数随着 CNTs 含量的增加呈降低的趋势,其耐磨性能明显优于纯 PTFE,以 CNTs 作为填料可有效地抑制 PTFE 的磨损。利用合成的两种新型阻燃剂 SPS 和 PTE 与聚磷酸铵(APP)及 MWNTs 的复配,并应用于低密度聚乙烯(LDPE),得到膨胀性阻燃 LDPE-MWNTs 复合材料,大大降低了低密度聚乙烯的可燃性和热释放速率,而且燃烧后的残碳量大大增加。

碳纳米管复合材料不仅可以利用其力学性能来制备增强复合材料,而且还可以作为功能增强剂填充到聚合物中,提高其导电性、散热性等。将碳纳米管均匀地扩散到塑料中,可获得强度更高并具有导电性能的塑料,可用于静电喷涂和静电消除材料,目前高档汽车的塑料零件采用了这种材料,可用普通塑料取代原用的工程塑料,简化制造工艺,降低了成本,并获得形状更复杂、强度更高、表面更美观的塑料零部件,是静电喷涂塑料的发展方向。同时由于碳纳米管复合材料具有良好的导电性,不像绝缘塑料会产生静电堆积,因此是用于静电消除、晶片加工、磁盘制造剂洁净空间等领域的理想材料。还可以利用其静电屏蔽功能来消除电子设备外部静电干扰,保证电子设备正常工作。另外,将经化学修饰的碳纳米管衍生物与聚合物共混纺制碳纳米管复合纤维,其不仅具有导电或抗静电性,还具有高的强度和模量,该类复合纤维有望应用于轻便且刀枪不入的装甲和防弹背心或服装材料。

碳纳米管表现出优良的吸波性能,同时具有质量轻、高温抗氧化性强及吸波频带宽等特点,是新一代最具有发展潜力的吸波材料,可用于隐形材料、电磁屏蔽或暗室吸波材料。美国专利报道了在树脂中添加质量分数为 1.5%、长径比大于 100 的碳纳米管,这种厚度为 1mm、密度为 1.2~1.4g/cm³ 的薄膜材料对 20kHz~1.5GHz 的宽频电磁波具有好的吸收，能够吸收 86％的 1.5GHz 的电磁波。该材料在民用领域具有广泛的应用前景，可用于防止电子仪器造成的电磁辐射污染，从而净化电磁环境，保护人类健康和保障电子仪器的正常工作。

1.6.6　在生物医学方面的应用

碳纳米管是一种十分理想的生物分子检测材料，可应用于分子探针和生物传感器方面。这主要基于下列几个原因：①直径小，可以探测生物分子深的裂缝和沟槽结构；②高比表面积；③可以进行弹性弯曲，减小对生物分子样品的损坏；④可以在其末端修饰具有反应性的官能团，随着其表面结构修饰的改变而改善其电学性质，并提高生物相容性。如 Sotiropoulou 等人将葡萄糖氧化酶嵌入到 MWNTs 阵列的每个 MWNTs 内壁，使MWNTs 不仅充当固定酶的基质，而且起电子传递的作用，使电子直接从酶沿 MWNTs传递到生长 MWNTs 的铂片上。这种 MWNTs 阵列电极显示了对葡萄糖检测的极低的检测限，同时具有较好的稳定性。由于 CNTs 具有很好的弹性，受较大负荷时既不破裂也不发生塑性变形，在生物医学研究方面作为纳米探针，具有巨大的应用潜力：如在免疫球蛋白的结构探测方面，碳纳米管探针可以在室温下重复获得清楚的传统 AFM 研究看不到的 IgG 抗体的 Y 形结构，清楚地显示 GroES 蛋白的对称七聚体结构。在 DNA 序列分析以及细胞的结构观察等方面，碳纳米管探针所获的形貌图像较传统探针记录到的图像更清楚，细节更丰富，分辨率更高。

碳纳米管自身的结构具有高度稳定性，比表面积大，可通过自身吸附或化学改性引入官能团携带大分子物质，同时它可穿透细胞膜或被吞噬细胞吞噬进入细胞内部，具有潜在的缓释性。这表明碳纳米管有可能作为药物分子和生物分子的载体，达到缓释药物、进行靶向输送、降低药物副作用等效果，在生物医学方面具有良好的应用前景，尤其在恶性肿瘤等疾病的临床治疗方面具有十分重要的意义。碳纳米管在携带生物分子进行疾病治疗方面具有巨大的潜力，利用功能化 CNTs 作为一种新型的药物分子载体可以连接多肽、核酸、蛋白质、药物等生物活性分子，穿过细胞膜进入细胞，应用于不同类型的治疗方法（如化学药物治疗，基因治疗等）。Pantarotto 等人通过 1,3 -偶极环加成反应将带正电荷的铵盐修饰到 SWNTs 和 MWNTs 的侧壁，制备出高水溶性的碳纳米管，然后通过静电吸附将带负电性的质粒 DNA 和生物活性肽等分子与功能化的 SWNTs 或MWNTs 相互作用，形成复合物，第一次证明了这种功能化的 CNTs 能携带生物活性肽穿透细胞膜进入细胞，且比其他蛋白质载体具有更高的负载传递效率。与此同时，他们还研究了功能化 SWNTs 进入细胞的机理，并在最近证明了功能化 SWNTs 在体内可以通过血液循环系统进行快速的代谢。注射入生物体内的 SWNTs，多数由具有吞噬功能的抗原呈递细胞（巨噬细胞、树突状细胞）吞噬。同时，碳纳米管可携带抑制肿瘤生长的核酸片段进入细胞，抑制其特定基因的表达，达到抑制肿瘤生长和治疗肿瘤的目的。这些都为发展直接以碳纳米管为载体的癌症靶向治疗提供了前提条件。杨晓英等人通过化学改性后带正电荷的 SWNTs 与带负电性荧光标记的双股 DNA 片段作用，得到SWNTs-dsDNA-FAM 复合物，再用连有叶酸的磷脂分子包裹该复合物，制得了具有靶向性和示踪功能的双功能化 SWNTs，它能较快地靶向叶酸受体表达较高的鼠卵巢癌细胞，并高效携带 ds-DNA 进入细胞,少量能进入细胞核,同时该功能化的 SWNTs 也可以很快地靶向叶酸缺乏的人宫颈癌细胞。

  Ahmadian 在文中介绍了碳纳米管应用于肝脏和胰腺,图 1-18(a)为人体肝脏和胰腺,图 1-18(b)为三种不同策略。首先,CNT 可以用作模板,其上附着有诸如抗体的传感组件。然后,将这种混合结构暴露于特定刺激(例如:癌症蛋白)可能会改变杂交体的电学或光学性质,这是各种光电子方法可以测量的。其次,CNT 因其在 UV-IR 范围内的高吸收而闻名。因此,用适当波长和功率的光照射会产生热量,从而可以消融肿瘤组织。再次,CNT 可以发挥纳米载体的作用。因此,癌症药物可以在适当的官能化之后装载到CNT 中。先前的报告表明,CNT 的表面修饰对于提高其效用至关重要。随后,这种载体可以被导向癌细胞,在那里释放货物进行治疗。

  Muhammad 等人研究旨在评估修饰的 MWCNT 在体外和体内的亚急性毒性。在这项研究中,聚乙二醇 MWCNTs(PEG-MWCNTs)通过标准表征分析进行了表征。PEG-MWCNTs 在体外暴露于正常人成纤维细胞上显示出高百分比的细胞活力,而体内评估显示大鼠的行为、体重和血清生化分析没有显著变化。此外,器官组织学分析表明 PEG-MWCNTs 给药后没有显著变化。本研究中未发现 4mg/kg 的不良反应水平(NOAEL)值。Almeida 等人提出了一种在单个步骤中将免疫球蛋白 G(存在于兔血清中的 IgG)附着在多壁碳纳米管(MWCNT)上的过程强化方法,评估了几个参数(即 MWCNTs 外径、兔血清浓度、MWCNTs 功能化和 pH 值)对 IgG 附着产率的影响。血清的稀释降低了其他蛋白质附着,即血清白蛋白(RSA),同时将 IgG 产率提高到 100%。在 pH 从 5.0 至8.0 的范围评估 IgG 和 MWCNT 之间的相互作用机制。IgG 氨基酸的质子化表明 N 项是抗体结构中反应性最强的氨基酸。在 pH 8.0 下对 N 项反应性的鉴定允许指示抗体在MWCNT 表面上的可能取向,称为"端对端"。由于附着在 MWNT 上的 RSA 的量随着血清稀释度的增加而减少,因此 IgG 定向和胺活性不受影响。这种取向表明,在MWCNT 表面上的 IgG 附着可以是保持抗体对抗原识别的有效策略,并可用于生物医学应用。

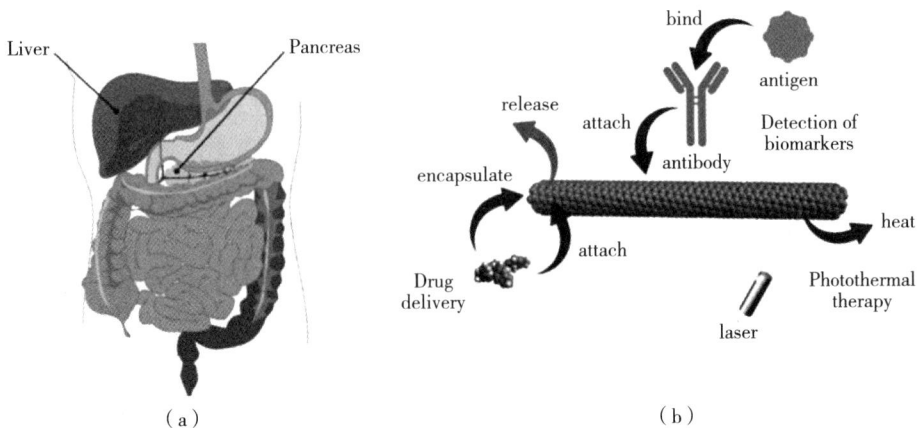

      (a)   (b)

图 1-18 (a)人体肝脏和胰腺,(b)CNTs 在肝癌和胰腺癌治疗领域的主要应用策略

思考题：

1. 碳纳米管的由来是什么，请简要说明。
2. 碳纳米管常见制备方法的优势在哪里？
3. 碳纳米管在生活中还有那些常见应用？
4. 你认为，对于碳纳米管，在以后发展中优势在哪里？

参考文献

［1］IIJIMA S. Helical microtubules of graphitic carbon［J］. Nature，1991，354
(6348):56 - 58.

［2］IIJIMA S, ICHIHASHI T. Single-shell carbon nanotubes of 1 - nm diameter
［J］. Nature,1993,364(6430):737 - 737.

［3］BETHUNE D S, KLANG C H, DEVRIES M S, et al. Cobalt-catalysed growth
of carbon nanotubes with single-atomic-layer walls ［J］. Nature, 1993, 363
(6430):605 - 607.

［4］ALLAMANDOLA L J. Carbon in the Universe［J］. Science,1998,282(5397):
2204 - 2210.

［5］KRASHENINNIKOV A V, LEHTINEN P O, FOSTER A S, et al. Bending the
rules:Contrasting vacancy energetics and migration in graphite and carbon nanotubes
［J］. Chemical Physics Letters,2006,418(1 - 3):132 - 136.

［6］BEHESHTI Z, SHAMSUDDIN S M, SULAIMAN S. Fusion Global-Local-Topology
Particle Swarm Optimization for Global Optimization Problems［J］. Mathematical Problems
in Engineering,2014,2014(1):1 - 19.

［7］DAI H, RINZLER A G, NIKOLAEV P, et al. Single-wall nanotubes produced
by metal-catalyzed disproportionation of carbon monoxide ［J］. Chemical Physics
Letters,1996,260(3 - 4):471 - 475.

第2章 富勒烯

2.1 富勒烯的简介

富勒烯是一类由多个碳原子构成的多面体封闭笼状分子的总称。富勒烯在结构上与石墨很相似,石墨是由六元环组成的石墨烯层堆积而成,而富勒烯不仅含有六元环还有五元环,偶尔还有七元环。

早在 1965 年,二十面体 $C_{60}H_{60}$ 被认为是一种可能的拓扑结构。20 世纪 60 年代,科学家们对非平面的芳香结构产生了浓厚的兴趣,很快就合成了碗状分子碗烯(Corannulene,也可译作心环烯),如图 2 - 1 所示。1965—1970 年,日本科学家大泽映二预言了 C_nH_n 分子的存在:由 sp^2 杂化的碳原子组成,几个碗烯拼起来具有共轭球状结构。1971 年,大泽映二出版《芳香性》一书,其中描述了足球状 C_{60} 分子的几何设想。但遗憾的是,这种优美的结构只能是一个超时代的有趣的理论设想,因为当时没有人能用

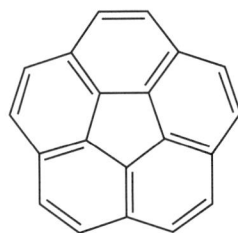

图 2 - 1 碗烯(心环烯)

什么简单的办法制备它。与此同时,苏联理论家 Bochva 和 Galpern 也发表了与大泽映二类似的计算结果,猜测包括了碳炔、多面体状的碳分子、奇异的无穷碳原子网络。1981 年美国科学家 Robert Davidson 再次重复了 C_{60} 的休克尔计算,指出这一结果对芳香族分子具有典型意义,足球状 C_{60} 分子如果真的能够制备出来,那它将是第一种具有三维芳香性的分子。1981—1985 年,美国有机化学家 Chapman 开始了足球状 C_{60} 的制备研究。但大多数人对这种分子能否被制备出来持怀疑的态度。

1985 年 9 月,英国萨塞克斯大学的克罗托(Kroto)、美国赖斯大学的斯莫利(Smalley)和柯尔(Curl)等提出的一种全碳分子 C_{60},这是除了石墨和金刚石之外的碳的第三种同素异形体,这一发现于 1985 年 11 月 14 日以《C_{60}巴克明斯特·富勒烯》为题发表在《自然》杂志上,标志着富勒烯的神秘面纱被揭开。他们是在研究星际尘埃中的长链碳形成过程中,在美国莱斯大学的实验室,通过激光蒸发石墨的质谱实验敏锐地捕捉到了富勒烯 C_{60}-巴克明斯特·富勒烯(Buckminster Fullerene)的信号,并率先提出了其封闭的笼状分子结构。确切地说,C_{60} 具有完美的球形对称结构,可以看作是一个截角二十面体,具有 32 个多边形面,包括 12 个正五边形和 20 个正六边形。我们可以想象一下足球表面的图案,它是由 12 个黑五边形和 20 个白六边形缝合在一起的,这样五边形就不会与另一个五边形接触,其结果是具有

60 个顶点的高度对称结构,如果我们想象在这 60 个顶点的每一处放置一个碳原子,这就形成了克罗托、斯莫利和柯尔他们提出的巴克明斯特富勒烯分子(如图 2-2),不过,它的直径是足球的三亿分之一,相当于地球上的一粒乒乓球。

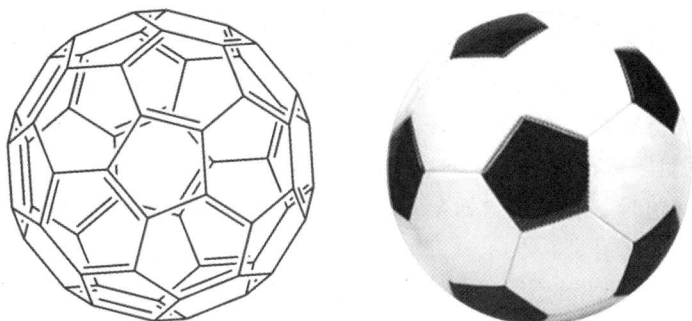

图 2-2 C_{60} 分子模型(a)和足球(b)

富勒烯的命名则与著名建筑师巴克敏斯特·富勒(R. Buckminster Fuller)有关。富勒最著名的发明是将建筑的穹顶设计成圆形的"网球格顶"(如图 2-3)。富勒用六边形和少量五边形创造出的"宇宙中最有效率"的造型,让这三位化学家深受启发,从而最终确定了 C_{60} 的分子结构模型:有 12 个五边形和 20 个六边形,每个角上有一个碳原子,这样的碳簇球与足球的形状相同。"富勒球"中蕴含的哲学理念,其影响力超越了建筑领域。

图 2-3 富勒于 1967 年设计的蒙特利尔世博会美国馆

最初的研究认为,富勒烯在实验室的苛刻条件下或者是星际尘埃中存在,然而 1992 年,美国科学家布塞克(Buseck)等最早在俄罗斯圣彼得堡附近的一处前寒武纪时代的岩石中发现了富勒烯 C_{60} 和 C_{70},并称之为"地质富勒烯"(Geological Fullerene)。他们用高分辨透射电镜观察,并用激光解析傅里叶变换质谱加以验证。1993 年,布塞克小组还在美国科罗拉多州的闪电熔岩中提取到了富勒烯 C_{60} 和 C_{70}。1994 年,美国海曼(Hymann)小组和贝克尔(Becker)小组分别在不同地质界线黏土层中发现了富勒烯。在我国云南的煤层中,也发现了富勒烯。1998 年,国内科学家王震遐还在河南西峡恐龙蛋化石中发现了富勒烯 C_{60}。

到了 2010 年,富勒烯 C_{60} 在距离 6500 光年以外的宇宙尘埃云中被发现。加拿大西安大略大学的卡米(Cami)小组利用美国航天局的斯皮策红外望远镜观察到了 C_{60} 的红外信号。克罗托兴奋地评价道:"这一最令人激动的突破提供了令人信服的证据,正如我怀疑的一样,巴克明斯特·富勒烯自古就存在于我们银河系黑暗的深处。"克罗托在 AP2 中研究宇宙尘埃问题时发现了 C_{60},如今 C_{60} 绕了一圈又重新出现在了星际尘埃中。不得不说这是一个完美的巧合。

比起人类 300 多万年的历史,富勒烯至少已经存在数十亿年,要更加悠久古老得多。富勒烯又是无处不在、分布极广的,无论是在遥远太空红巨星向外喷射的含碳颗粒里,还是在地球深处的化石岩层中,抑或是人们祭祀庆典的香灰和烛烟中,我们都能看到这个完美对称的分子的印迹。也许它就是上天赐予我们的宝藏,只是我们还没有完全发掘它的魅力。

2.2 富勒烯的结构特点

富勒烯是由 sp^2 杂化碳原子组成的封闭笼状碳簇分子。按照碳笼的大小,富勒烯 C_n 一般可以分为小富勒烯($n=20\sim58$)、富勒烯($n=60\sim70$)和大富勒烯($n=72\sim100$)以及巨富勒烯($n>100$)。唯一例外的是具有经典结构的富勒烯 C_{22} 因为不满足空间拓扑要求而不存在。

富勒烯碳笼上处于顶点的碳原子与相邻顶点的碳原子各用近似于 sp^2 杂化轨道重叠形成 σ 键,每个碳原子的三个 σ 键分别为一个五边形的边和两个六边形的边。每个碳原子的三个 σ 键不是共平面的,键角约为 108° 或 120°,因此整个分子为球状。每个碳原子用剩下的一个 p 轨道互相重叠形成一个含 60 个 π 电子的闭壳层电子结构,因此在近似球形的笼内和笼外都围绕着 π 电子云。这种碳碳成键方式使得富勒烯的碳骨架形成一个多面体,每个碳原子都在多面体的顶点上,所有的碳碳键都在多面体的边上,形成不同数目的多边形(碳环)。欧拉定理可以在数学上描述一个多面体的顶点数(Vertices,V)、边数(Edges,E)及面数(Face,F)之间的关系:$V+F=E+2$。

富勒烯碳笼所对应的多面体,具有的顶点数(V)等于其组成碳笼的碳原子的个数(n);由于每个碳原子都与相邻的三个碳原子形成三个碳碳键,其具有的边数(E)就等于 $3n/2$。因为多面体的边数一定是整数,决定了碳笼的碳原子个数 n 一定是偶数。因此,富勒烯一定是具有偶数个碳原子的碳簇分子。根据欧拉定理,富勒烯碳笼上的碳环的个数(即多面体的面数)为:$F=n/2+2$。这个等式决定了富勒烯碳笼上碳原子的个数与碳环数之间的关系,满足所有的富勒烯结构。

富勒烯碳笼上的碳环通常是由六元环和五元环组成的,但是随着富勒烯研究的发展,含有四元环或七元环的富勒烯也被相继发现、制备和表征。目前,我们把只含有六元环和五元环组成的富勒烯称为经典富勒烯,而含有四元环或七元环的富勒烯称为非经典富勒烯。而就已发现的富勒烯结构来说,绝大多数都只含有六元环和五元环,属于经典富勒烯。对于经典富勒烯而言,设其含有 p 个五元环和 h 个六元环,则其碳环数可以表述为:$F=p+h$;而顶点数可以表述为:$(5p+6h)/3=n$,结合前面碳环数和碳原子个数之间的关系:$F=n/2+2$。联立这两个方程,其整数解为 $p=12,h=n/2-10$。因此,对于所有的经典富勒烯来说,他们都是由 12 个五元环和 $(n/2-10)$ 个六元环组成。这也决定了富勒烯碳笼的碳原子个数一定不小于 20,结构上决定了最小的富勒烯是 C_{20}。如果碳原子个数为 22,12 个五元环和 1 个六元环无法构筑成富勒烯结构。因此,富勒烯的碳原子个数为 $n \geqslant 20$,不等于 22。

综上所述,简单总结富勒烯结构的要点:①由 $n \geqslant 20$,$\neq 22$ 偶数个碳原子组成;②每个碳原子与相邻的三个碳原子形成碳碳键;③对于只由五元环和六元环组成的经典富勒烯,一定含有 12 个五元环和 $(n/2-10)$ 个六元环。

2.2.1　富勒烯碳笼的编号原则

由于五元环和六元环的排布方式不同,对于给定碳原子数的富勒烯而言,存在大量的同分异构体,特别是五元环的排列方式对于富勒烯的性质有着巨大的影响。早在 1987 年,富勒烯的发现者之一的克罗托就指出,当富勒烯碳笼上存在相邻的五元环时,富勒烯碳笼的张力增大,将变得不稳定,这个规则被称为"独立五元环规则"(isolated pentagon rule,IPR)。随后的研究也指出,相邻五元环结构具有非芳香性的电子结构,这使得含有相邻五元环结构的富勒烯过于活泼,实验上难以获得。因此,可以将五元环是否相邻作为划分富勒烯种类的依据,将富勒烯划分为独立五元环富勒烯和相邻五元环富勒烯两大类。顾名思义,独立五元环富勒烯其碳笼上的五元环直接都被六元环隔离开,不存在相邻的五元环结构;反之,相邻五元环富勒烯则具有相邻的五元环结构。

随着富勒烯碳原子数目增大,富勒烯 C_n 的同分异构体的数目成倍地增加(见表 2-1)。值得注意的是,当碳原子数 $n<60$,或 $60<n<70$ 时,富勒烯不能满足独立五元环规则的异构体结构,而 C_{60} 和 C_{70} 则分别含有一个独立五元环富勒烯结构,即最为广泛研究的具有 I_h 对称性的 I_h-C_{60} 和 D_{5h} 对称性的 $D_{5h}-C_{70}$。当碳原子数目 $n>70$ 时,相对应的富勒烯 C_n,具有的满足独立五元环规则的异构体数目也大幅增多。但是,我们可以发现非独立五元环富勒烯异构体仍然在数量上占绝对优势。针对富勒烯随碳原子数目的变化的情况,人们也把 $n<60$ 的富勒烯称为小富勒烯(small fullerene),而 $n>70$ 的富勒烯称为大碳笼富勒烯(higher fullerene)。

表 2-1　由五元环和六元环构成的富勒烯的同分异构体数

n	non-IPR	IPR	n	non-IPR	IPR
20	1	0	62	2385	0
24	1	0	64	3465	0
26	1	0	66	4478	0
28	2	0	68	6332	0

（续表）

n	non-IPR	IPR	n	non-IPR	IPR
30	3	0	70	8148	1
32	6	0	72	11189	1
34	6	0	74	14245	1
36	15	0	76	19149	2
38	17	0	78	24104	5
40	40	0	80	31917	7
42	45	0	82	39710	9
44	89	0	84	51568	24
46	116	0	86	63742	19
48	199	0	88	81703	35
50	271	0	90	99872	46
52	437	0	92	126323	86
54	580	0	94	153359	134
56	924	0	96	191652	187
58	1205	0	98	230758	259
60	1811	1	100	285463	450

对于拥有相同碳原子数目的富勒烯 C_n 而言，由于其碳笼结构中五元环和六元环的不同联结方式而产生同分异构体，同分异构体的数目随着碳原子数目 n 的增加而急剧增加。在 1995 年，Fowler 和 Manolopoulos 发展出一套被广泛接受的命名方式：螺旋算法（Spiral Algorithm）。该算法为富勒烯异构体的编号提供了一种独一无二的方式。

一般来说，在命名富勒烯 C_n 的同分异构体时，在 C_n 之前加上碳笼的最高对称性及其在螺旋算法中的异构体编号（异构体编号在对称性后面用括号标出）。由于满足 IPR 的同分异构体的广泛存在，而其在螺旋算法中的编号是最靠后边的（也就是编号的数值是最大的），所以对于 IPR 同分异构体通常采用简化版的编号系统（仅对 IPR 同分异构体进行编号，在该编号系统中，按照螺旋算法，排在最前面的 IPR 同分异构体的编号为 1，如果只有一个 IPR 异构体，则编号 1 省略，如 I_h-C_{60}、$I_h(7)$-C_{80}［对应于 $I_h(39712)$-C_{80} 的简化版编号］。然而，随着违反独立五元环规则（non-IPR）的富勒烯同分异构体的发现，对于 non-IPR 同分异构体的编号必须使用完整的螺旋算法编号（对于已经报道的 non-IPR 富勒烯，一般相连的五元环数目小于或等于 3 个，所以其螺旋算法编号是一个比较大的数值）。因此，遵循领域的惯例，涉及的富勒烯碳笼结构命名中的编号问题采用两套编号系统：①对于 IPR 同分异构体富勒烯，采用简化版的螺旋算法编号系统。②对于 non-IPR 同分异构体富勒烯的编号则采用完整的螺旋算法编号系统。这可以一方面便于从命名上直接区分 IPR 和 non-IPR 富勒烯；另一方面，由于现在报道的 non-IPR 富勒烯异构体的螺旋算法编号是一个比较大的数值，所以不会产生 IPR 和 non-IPR 异构体编号的混淆。为统一起见，本书将采用该规则，但对于不影响讨论的地方将略去编号。

2.3　富勒烯的性能

2.3.1　物理性能

C_{60} 在室温下为紫红色固态分子晶体,具有金属光泽,有微弱荧光。C_{60} 的直径约为 7.1Å,密度为 $1.68g/cm^3$,不导电,熔点 $>553K$,易升华,易溶于含有大 π 键的芳香性溶剂中。分子中的 60 个碳原子是完全等价的。由于球面的弯曲效应、五元环的存在,使得碳原子的杂化方式介于 sp^2 和 sp^3 之间。从立体构型来看,C_{60} 具有点群对称性,分子价电子数高达 240 个。分子轨道计算表明,富勒烯具有较大的离域能。

非极性分子 C_{60} 具有高度对称性,它在不同有机溶剂中的溶解性不同,在脂肪族溶剂中的溶解度明显低于在芳香族溶剂中的溶解度。C_{60} 在芳香族溶剂中的溶解速率不快,且在脂肪烃中的溶解度存在着一定的规律:随着溶剂分子中碳原子数目的增加,溶解度逐渐增大。溶解性不仅受溶剂影响,还受温度影响。

C_{60} 分子球体中的磁流是中性的,但是它的五元环有很强的顺磁性,而六元环具有较为缓和的介磁性。由于 C_{60} 分子内部可以容纳各种金属原子和离子,科学家们正致力于研究金属离子加入 C_{60} 球形笼体后对其磁性性质的影响。

2.3.1.1　非线性光学特性

富勒烯 C_{60} 具有良好的非线性光学性质,它是电子共轭的笼形结构,存在着三维高度非定域,大量的共轭 π 电子云分布在其内外表面上。C_{60} 在光的激发后会发生光电子的转移,形成电子-空穴对,因此 C_{60} 是很好的光电导材料,如在实际应用中可作为光学限幅器。C_{60} 薄膜光电导有温度依赖性,在某个温度附近,光电流会随着晶格类型的转变发生一次突跃。C_{60} 具有吸电子性,易与供电子的有机物结合,生成电荷转移型材料,光的吸收增大会得到更多的电子、空穴载流子,电导率因而增大,这样的材料可以用于光敏器件、静电复印等方面。C_{60} 还具有较大的非线性光学系数和高稳定性等特点,有望在光计算、光记忆、光信号处理及控制等方面有所应用。

2.3.1.2　超导

C_{60} 自身不能成为三维有机导体,因为球形对称性会影响它贡献电子和接受电子的能力。从能量方面来说,由一个或多个基本的苯型六边形组成的烃类化合物,通常既喜欢贡献电子也喜欢接受电子,且两种能力差不多,因此拥有平展六边形平面的石墨,在作为电子给体和受体方面有相似的性质。但是通过引入五边形缺陷把平面扭曲成球对称后,能态受到影响,所有电子都被化学键所束缚,C_{60} 倾向于接受电子而不是贡献电子。使固态 C_{60} 变成导体所需的方法就是引入载流子,意味着要掺杂一些“能愉快地满足 C_{60} 对电子的欲望”的原子。合适的给体将会放弃电子而将其贡献给 C_{60} 分子,造成电子的过量。这些超额电子变得有空闲充当载流子,通过从一个足球 C_{60} 跳跃到下一个,而在晶格中运动。元素化学家们提出了适于作掺杂原子的候选者,如碱金属原子,容易失去一个电子,并与电子受体一起形成稳定的复合型离子化合物。较早关于掺碱金属的 C_{60} 和 C_{70} 薄膜的制备和超导性的研究,于1991年3月发表于Nature杂志,随后掺入原子锂、钠、钾、铷和铯都变成了导体,其中掺入钾后合成的富勒钾 K_3C_{60} 具有超导性,由于有3个未配对电子充当载流子,所以 K_3C_{60} 是导电的;而在 K_6C_{60} 或 K_4C_{60} 中,由于电子都是配对的,它们反而是绝缘的。不同的富勒烯和不同的给体可以提供几乎无穷无尽的组合系列,当然配对数也是一个关键。

2.3.2 化学性能

尽管 C_{60} 表现出了稳定性,但在一定条件下,富勒烯还是具有独特的化学性质。研究富勒烯的化学反应性质对深入了解富勒烯的结构特点有着十分重要的作用,也为开辟富勒烯的应用提供了支持。对于富勒烯化学反应性质的研究,读者可参考Hirsch等人编写的归纳详尽的专著《Fullerenes:Chemistry and Reactions》。

最典型的反应包括:①与金属反应;②加成反应;③聚合反应。

2.3.2.1 与金属反应

芳烃一般都具有易与亲电试剂发生亲电取代反应的特征。C_{60} 却十分反常,它具有缺电子化合物的性质,倾向于得到电子,易与亲核试剂(如金属)反应。C_{60} 与金属反应有两种方式:其一,金属位于 C_{60} 碳笼的内部,碳笼内配合物反应;其二,金属位于 C_{60} 碳笼的外部,即碳笼外键合反应。C_{60} 碳笼是中空的内腔,其直径为7.1Å,几乎可以容纳所有元素的阳离子。目前金属原子如K、Na、Cs、La、Ba等碱金属、碱土金属和绝大多数稀土金属都已经成功地被包笼到 C_{60} 碳笼内,形成了单原子、双原子、三原子金属包合物。合成 C_{60} 金属包合物方法主要有电弧法和离子束轰击法。

2.3.2.2 加成反应

C_{60} 具有不饱和性,加成反应主要有 C_{60} 亲核加成反应和 C_{60} 亲电加成反应。它可以和胺类、磷酸盐、磷化物等发生亲核加成反应,还可以与 CH_3I 在格氏试剂作用下反应,生成烷基化物。C_{60} 可以与富电子的炔胺类化合物在活性 C＝C 双键上,发生[2+2]环加成反应。C_{60} 还是一个亲二烯体。自身的LUMO轨道与二烯体的HOMO轨道组合,得到球链系结构的产物。除此之外,C_{60} 还可以羟基化,生成醚类和醇类。

2.3.2.3 聚合反应

在光辐射的条件下,C_{60} 分子可以发生聚合反应。C_{60} 聚合反应有两种,珍珠链式和一种链悬挂式。链悬挂式聚合物具有二维和三维的空间结构。Yeretzian等在激光蒸发 C_{60} 膜上加氢气冷却,在气相中合成了一个由5个 C_{60} 形成的大分子,如果用紫外辐射 C_{60} 薄膜,C_{60} 分子之间更容易实现价键结合,聚合物可以高达20个 C_{60} 分子。

2.4 富勒烯的分类

自从1985年发现富勒烯之后,不断有新结构的富勒烯被预言或发现,并超越了单个团簇本身。根据修饰位点的不同我们可以简单地将富勒烯分为四类。

第一类:空心富勒烯;常见的,也是最初发现的,不作任何修饰。

第二类：内嵌富勒烯；针对富勒烯空腔结构，在里面填充一些新的物种，如：金属原子、离子、非金属原子或者一些原子簇。内嵌富勒烯由于同时具备空心富勒烯和内嵌物种的双重性质，由二者通过电荷转移发生相互作用衍生出一些新的性质，一直是科学家们的研究焦点，已经迅速成长为富勒烯家族中最为庞大的成员。

第三类：富勒烯的衍生物；基于化学反应对富勒烯进行笼外修饰，外接上一些新的化学基团。

第四类：杂环富勒烯；对富勒烯碳笼进行修饰，通过一些其他的原子（如 B 或者 N）对部分碳原子进行取代。由于这种实验难度较大，可操作性较小，所以目前有关这方面的报道还是比较少。

2.5　富勒烯的制备

2.5.1　富勒烯的形成机理

富勒烯是由五元环和六元环组成的完美球状分子，很难想象这种具有高度对称性的分子居然是由石墨在极端条件下形成的。有关富勒烯的形成机理，在富勒烯的发现之初就已经进入了科学家们的研究视野。发展至今，各种不同类型的富勒烯形成机理相继被提出，可以分为两大类：自下而上机制（bottom-up）和自上而下的机制（top-down）。

自下而上的机制普遍认为：富勒烯是由石墨在高温条件下分解成的较小碎片重新聚合而成。这些细小的石墨碎片是如何连接并长大成最终的富勒烯？比较主流的一些说法包括"The Pentagon Road"、"Party Line"、"The FullereneRoad"、"Ring Coalescence and Annealing"和"Closed Network Growth"。这里只简单介绍"The Pentagon Road"（五元环道路或五元环规则）。

该机理认为能量最低的碳簇应该具有三个特征，第一，只由五元环和六元环组成；第二，这些碳簇结构中要有尽可能多的五元环；第三，五元环之间不能相邻，并尽可能分离。在等离子体高温下，碳原子首先生长成链状的碳簇，再长成环状。这些碳簇和碳环周边的悬键具有很高的活性，活性的边缘又与以 C_2 单元或其他较小的或中等尺寸的碳簇发生加成反应而不断增加。在这个过程中，体系为了减少悬键的数目以降低能量，会形成含有五元环的碗状结构，并沿着碗、杯、笼的生长线路发展，一旦封闭的笼形成，就会因活性边缘的消失而停止生长。含有五元环的碗状结构是富勒烯形成过程的中间体。

自上而下的生长机制跟自下而上的生长机制是一个相反的过程，这种机制普遍认为富勒烯可以由石墨或者石墨烯在高温条件下直接裂解卷曲成富勒烯。但由于这种机制的中间体很难通过实验原位检测，所以报道比较少。

2010 年科学家们通过原位透射电镜（in-situ TEM）首次发现石墨烯在高能电子束的轰击下可以直接卷曲生成富勒烯，第一次从实验上发现石墨烯生成富勒烯的过程，为自上而下机制提供了有力的证据（如图 2-4）。

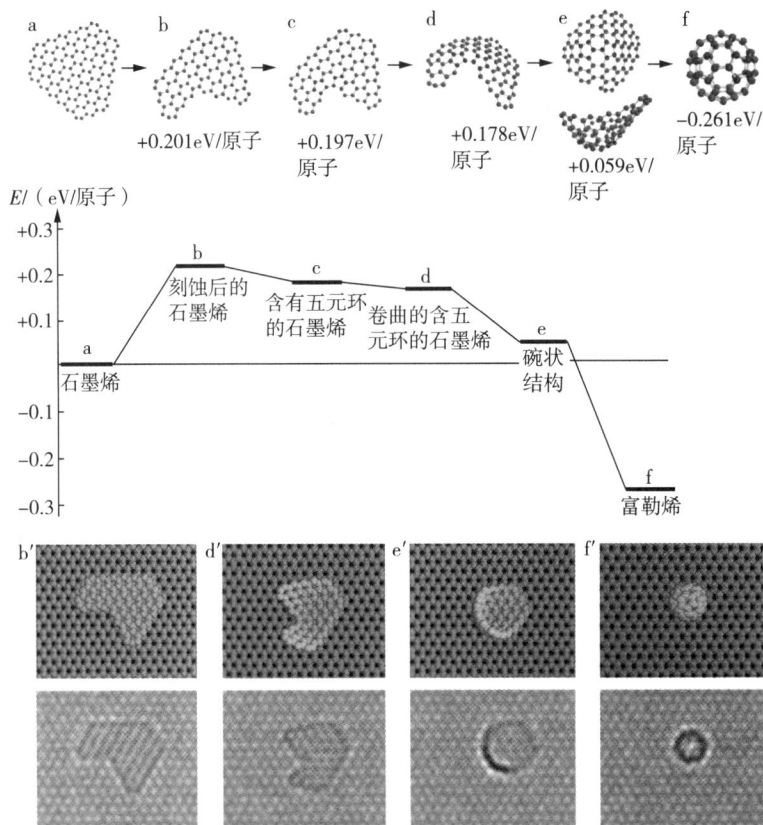

图 2-4 通过透射电镜观察到的石墨烯转变成富勒烯的过程

(a～f 为化学模型,b′～f′为富勒烯在基板上形成过程的 TEM 图)

具体来说,用高能电子束轰击石墨烯,石墨烯周边的碳原子会逐渐解离,边缘碳原子的离去会使得石墨烯四周悬键数目增加,造成这种结构的不稳定性。为了消除悬键的个数,彼此相邻的悬键会自动成键形成五元环,五元环的出现进一步造成石墨烯层的卷曲,而这一过程是热力学有利的过程,所以很容易发生。通过连续电子束轰击,这一过程会持续发生,造成更多五元环的出现,并最终形成更大曲率的碗状中间体。碗状中间体为了进一步消除剩余的悬键,会最终长成一个闭合的笼状结构,从而形成富勒烯。

由于富勒烯周边没有开口的边缘,不存在悬键,是 sp^2 杂化最稳定的构型,所以就不会再受到电子束轰击的显著影响。但是如果形成的富勒烯不是最稳定的结构,它会在电子束提供的高能环境下,通过 Stone-Wales 转变发生结构的重排,转变成更稳定结构的富勒烯。该过程中,石墨烯的尺寸是非常重要的,它将决定最终得到的富勒烯碳笼的大小。石墨烯尺寸太大(由几百个碳原子组成),那么石墨烯层与层之间会形成很强的范德华力,并会阻碍石墨烯边缘的卷曲;尺寸太小,在卷曲过程中 C—C 键的应力也会增大,同样阻碍石墨烯进一步卷曲形成富勒烯。这些势垒需要持续的高能电子束轰击克服,从而达到热力学稳定有利的过程来形成富勒烯。

2.5.2　C$_{60}$的制备方法

因为C$_{60}$是石墨、金刚石的同素异形体,因此有科学家联想到用廉价的石墨作原料合成C$_{60}$,也有人想到它含有苯环单元的结构,或许可以选用苯作原料合成C$_{60}$。这些设想最后都实现了。

目前制备富勒烯的方法主要有两大类:石墨蒸发法和火焰(加热)法。因加热方式不同,石墨蒸发法又包含激光法、电阻加热法、电弧法、高频诱导加热法和太阳能聚集加热法等。火焰(加热)法则包含CVD催化热裂解法、苯火焰燃烧法、萘热裂解法和低压烃类气体燃烧法等。

2.5.2.1　电弧放电法

电弧放电法由Kratschmer和Huffman在1990年首次发现,是以石墨圆盘和削尖的石墨棒作为电极,在低压氦气气氛中通过电流使之产生富勒烯烟灰。当时产率仅为1%,该法又称为Kratschmer-Huffman法。制备C$_{60}$/C$_{70}$的实验步骤:首先将电弧室抽真空,然后通氦气。当两根纯石墨电极靠近电弧放电时,石墨电极蒸发产生的大量颗粒状烟灰在气流作用下沉积在反应器内壁上,然后将烟灰收集即可。电弧的放电方式、放电间距、放电电流和氦气压力等对C$_{60}$/C$_{70}$混合物的产率都有影响。目前电弧法是广泛用于制备C$_{60}$/C$_{70}$和碳纳米管的典型方法。这种方法使用的设备简单,操作方便,并且能够制备克量级的富勒烯,实现了富勒烯的大批量生产。但是该方法消耗了大量的惰性气体,以及具有富勒烯产量偏低等缺点。

2.5.2.2　激光蒸发石墨法

1985年,Kroto等以脉冲激光束蒸发石墨靶(图2-5),产生的碳蒸气在高密度氦气气氛中迅速冷却,形成了一系列碳团簇产物,首次观察到了C$_{60}$的原位飞行时间质谱信号,并由此开始了激光蒸发法宏量制备富勒烯C$_{60}$的研究。然而,经过很长一段时间的努力,他们都未能获得足量的C$_{60}$。通过不断改进实验方法,他们发现将脉冲激光作用于高温炉(1200℃)中的纯石墨靶或掺杂有氧化镧的石墨靶可大大提高C$_{60}$或内嵌金属富勒烯的产率。尽管这一方法仍不能得到宏量的C$_{60}$,但是在某些金属的催化作用下,该方法可作为合成单壁碳纳米管的有效途径之一。

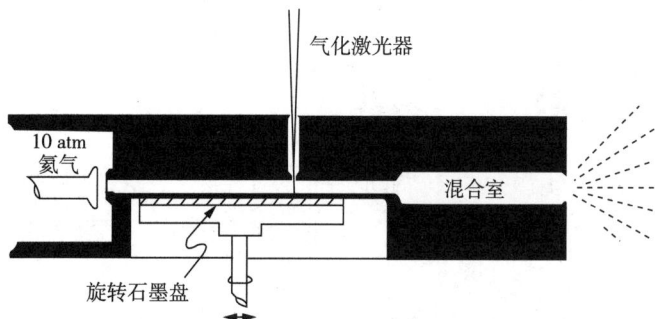

图2-5　激光蒸发法制备富勒烯装置示意图

厦门大学谢素原等从含有富勒烯基本结构单元(含一个五元环和两个六元环)的全氯代苊烯($C_{12}Cl_8$)出发,在惰性气体下进行脉冲激光溅射作用也得到了微量的 C_{60}。具体做法是:将全氯代苊烯置于真空度为 10^{-3} Torr 的密闭激光溅射反应腔中,让激光直接作用于全氯代苊烯数小时,得到克量级的混合产物。对产物的高效液相色谱-紫外可见光谱-质谱联用(HPLC-UV-vis-MS)分析表明,产物中不仅含有 C_{60},还含有丰富的全氯代碳簇化合物。

2.5.2.3 热解法

长时间以来,多环芳烃都被认为是富勒烯形成过程中的中间体,理论和实验也都表明了由芳烃组分直接构造 C_{60} 或 C_{70} 的可能性。1993 年,Tavlor 等首次报道了由萘热解直接制备富勒烯的实验:将萘置于直径为 1cm、长为 40 cm 的石英管一端,另一出口端依次导入冷阱和丙酮鼓泡器。在氩气气氛中,以丙烷-氧气火焰加热至 1000℃ 得到热解产物,产物的质谱分析表明热解产物中含有富勒烯 C_{60} 和 C_{70}。尽管这一过程得到的富勒烯产率很低(<0.5%),但却从实验上证明了含 10 个骨架碳的萘是可以缀合在一起形成 C_{60} 和 C_{70},这一过程有助于人们对富勒烯形成机理的理解。

Scott 等在 600~1200℃ 条件下研究萘、荧蒽和碗状心环烯等多环芳烃的热解反应,他们认为 1000℃ 是萘热解制备富勒烯 C_{60} 的最佳温度,在此温度下富勒烯的产率约为 1%。金属镍、钴和钯有助于提高富勒烯 C_{60} 的热解产率。此后又相继有文献报道其他的碳氢化合物也能热解合成得到富勒烯,包括戊二烯、芘、苯并菲、菲、荧蒽、十环烯等。

2.5.2.4 等离子法

从 20 世纪 90 年代开始,厦门大学郑兰荪课题组就开展了低温等离子体法宏量合成富勒烯的研究,发展了包括微波等离子体合成和辉光等离子体合成在内的多种富勒烯合成方法。他们利用自行设计的微波等离子体合成装置(图 2-6),以氯仿为反应原料,成功地合成得到 C_{60}(0.3%~1.3%)和 C_{70}(0.1%~0.3%)。研究表明,在微波等离子体合成反应过程中,体系的真空度、微波能量、氯仿的进样量以及稀释气体(氩气)的流速都将直接影响到富勒烯的生成。在反应体系的不同温区,C_{60}、C_{70} 的产率以及 C_{60}/C_{70} 的比例

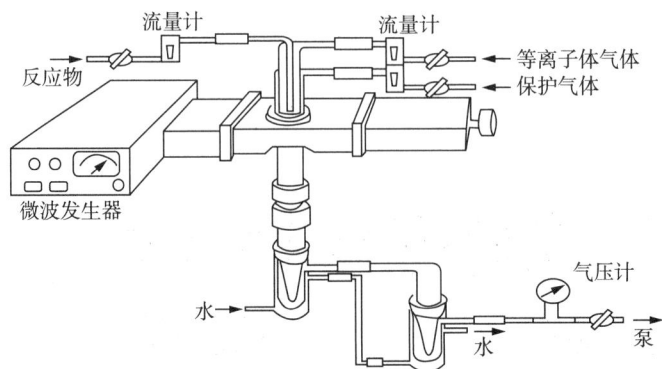

图 2-6 微波等离子体合成富勒烯装置示意图

也不尽相同。值得一提的是,在微波等离子体合成产物中,该组还首次检测到小富勒烯 C_{50} 的氯化衍生物 $C_{50}Cl_{10}$ 的质谱和光谱信号,只是由于产物种类过多、合成条件难以控制和重现而未能进一步研究。

厦门大学谢素原等在氯仿的辉光等离子体反应中也合成得到了 C_{60} 和 C_{70}。为了提高产物的转化率,增加大团簇形成的机会,他们将两个反应腔体串接在一起(图 2-7),通过对产物的 HPLC-UV-MS 联用分析,发现第一个反应腔体主要含富勒烯及其全氯代碎片,第二个反应腔体主要含石墨微晶及其全氯代碎片。采用辉光等离子体法合成富勒烯,虽然其产率(小于 1‰)还有待提高,但作为一种合成方法,具有装置简单、可连续进样的优点,为富勒烯的合成增添了一种新方法。同时,产物中丰富的全氯代富勒烯碎片,如 $C_{10}Cl_8$、$C_{12}Cl_8$、$C_{16}Cl_{10}$、$C_{20}Cl_{10}$ 和 $C_{30}Cl_{10}$ 等,它们与 C_{60} 在相同的辉光反应条件下生成,为研究富勒烯的形成机理提供了直接的实验证据。

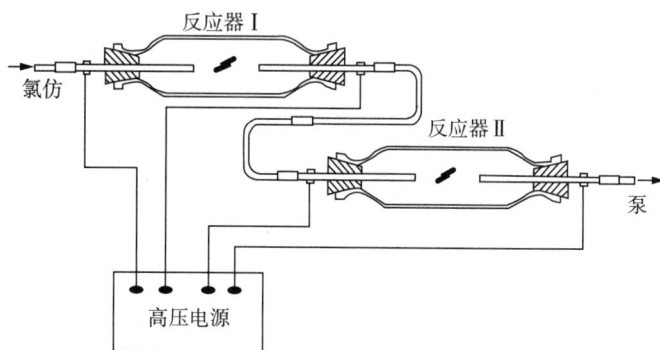

图 2-7 辉光等离子体合成富勒烯装置示意图

2.5.2.5 有机合成法

尽管石墨电弧放电法和火焰燃烧法等可以方便地合成富勒烯,但是通过化学全合成法合成富勒烯,对选择性合成确定结构的富勒烯,以及研究富勒烯的形成机理及修饰都有重要意义。

Rubin 等报道了环状的含 60 个碳原子的多炔烃前驱体 $[C_{60}H_6(CO)_{12}]$(图 2-8),在激光解析质谱实验中这种多炔烃前驱体通过骨架异构化完全地失去羰基和氢原子,可以观察到 C_{60} 的信号。Tobe 等也合成出了类似稳定的大环多炔烃前驱体 $[C_{60}H_6(Ind)_6]$(图 2-8),并在质谱中证实了这个化合物可以通过失去六个芳香化合物(茚)的碎片,伴随着脱氢和剧烈的分子骨架异构化,形成富勒烯 C_{60} 但是这些实验都仅仅停留在质谱研究阶段,并未找到有效的化学合成途径来完成转化成富勒烯这最关键的一步。

2000 年,Prinzbach 等采用结合力相对较弱的溴原子取代十二面体的烷烃 $C_{20}H_{20}$ 上的氢原子得到 $C_{20}H_{0\sim3}Br_{14\sim11}$,然后通过气相脱溴,生成笼状的富勒烯 C_{20},并通过光电子能谱对其性质进行了研究。但是将这种方法扩展到 C_{60} 或者含更多碳原子的富勒烯的合成是非常困难的。2001 年,Scott 等采用有机合成的方法,通过八步合成了多环芳烃 $C_{60}H_{30}$,这个化合物包含了形成 C_{60} 所需的 60 个碳原子及其 90 个碳碳键中的 75 个。通过

C₆₀H₆（CO）₁₂

C₆₀H₆（Ind）₆

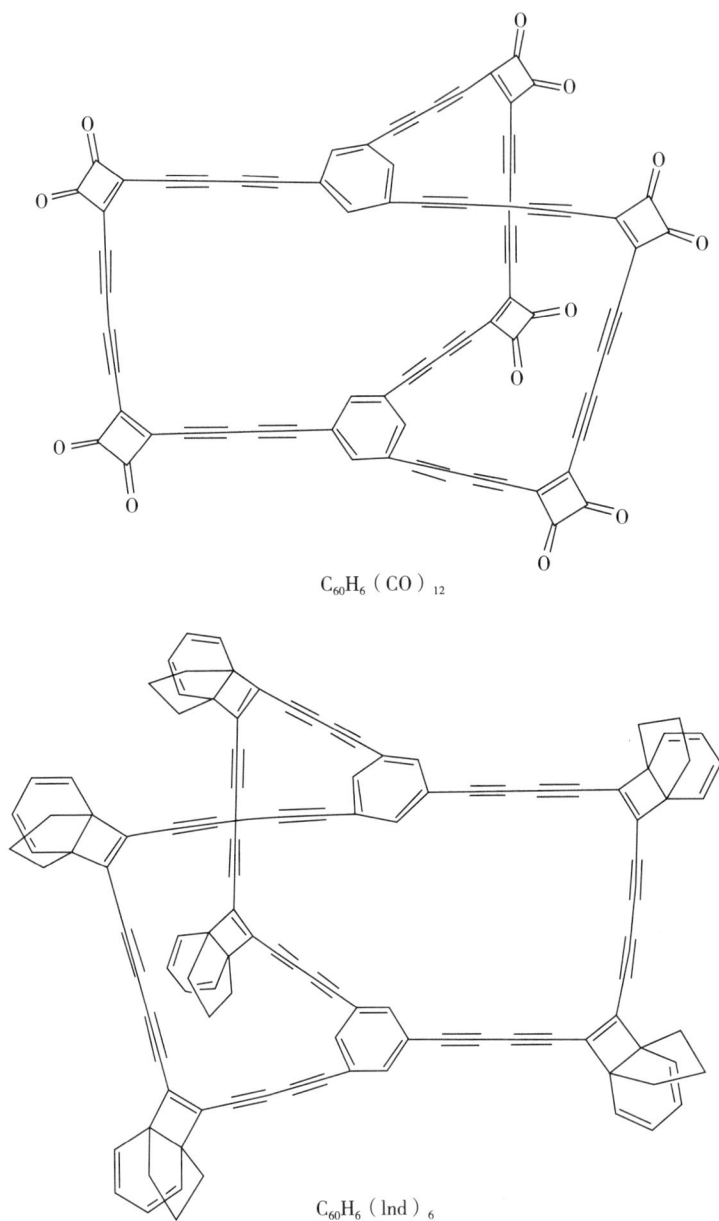

图 2-8　多炔烃前驱体 $C_{60}H_6(CO)_{12}$ 和 $C_{60}H_6(Ind)_6$ 的分子结构

用 337nm 的激光照射这个化合物,可以实现脱氢生成 C_{60}(图 2-9)。作者通过[13]C 同位素标记和同系物 $C_{48}H_{24}$、$C_{80}H_{40}$ 对照实验证实,C_{60} 是通过直接从多环芳烃 $C_{60}H_{30}$ 分子转化形成的,而不是通过激光诱导多环芳烃降解为较小的碎片,然后这些碎片以热力学驱动的方式重组形成的。遗憾的是,这种方法合成的富勒烯产率极低,生成的富勒烯不能分离。后来,Scott 等对多环芳烃 $C_{60}H_{30}$ 分子进行进一步的设计,对分子关键位置上的氢用氯进行取代,通过十一步有机化学反应全合成得到富勒烯 C_{60} 的前驱体分子 $C_{60}H_{27}$

Cl_3,然后将闪式真空热解技术(FVP)运用到脱氢成笼反应,这是合成富勒烯 C_{60} 最关键的一步,结果表明在 1100℃ 的高温条件下可以得到 0.1%～1.0% 的富勒烯 C_{60},没有发现其他富勒烯副产物的形成,成功实现了 C_{60} 的有机合成(图 2-9)。

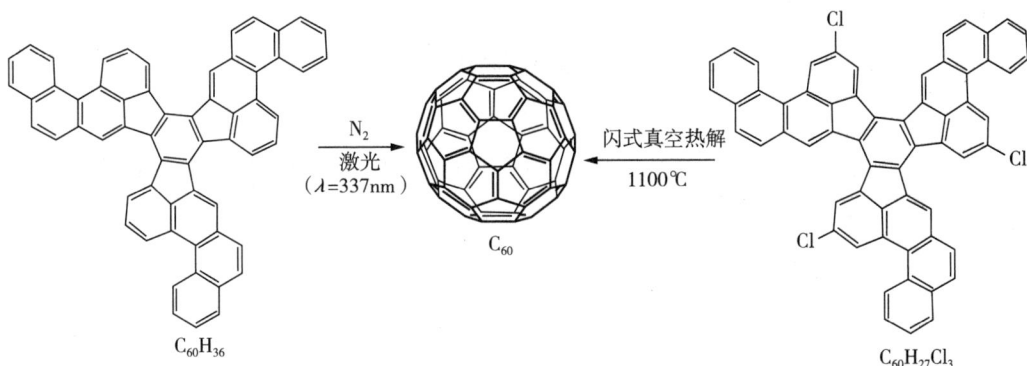

图 2-9 通过多环芳烃 $C_{60}H_{30}$ 或 $C_{60}H_{27}Cl_3$ 合成 C_{60}

利用 FVP 技术,其他大碳笼富勒烯,如 C_{78}、C_{84},也有可能通过有机合成的方法合成。2008 年,Martin 课题组通过五步有机合成的方法合成了大碳笼富勒烯 C_{78} 的热解前驱体 $C_{78}H_{38}$(图 2-10),这个化合物包含了形成 C_{78} 所需的全部 78 个碳原子以及 117 个碳碳键中的 93 个。激光解析电离质谱分析 $C_{78}H_{38}$ 在 1000℃ 条件下 FVP 热解的产物,可以观察到明显的 C_{78} 信号。尽管在质谱中 C_{78} 的信号相对很强,但通过 HPLC 尝试分离 C_{78} 并没有获得成功。根据 $C_{78}H_{38}$ 成笼前基团单元的取向不同,Martin 等推测通过这个前驱体分子热解可以得到 C_{78} 五个 IPR 富勒烯异构体结构中的两个,即 C_{78}：$1(D_3)$ 和 C_{78}：$4(D_{3h})$。2009 年,该课题组通过八步有机反应设计合成了多环芳烃 $C_{84}H_{42}$(图 2-10),由于该分子中不含弱的碳碳单键,因此有利于通过高温热解合成理论预测富勒烯 C_{84} 24 个

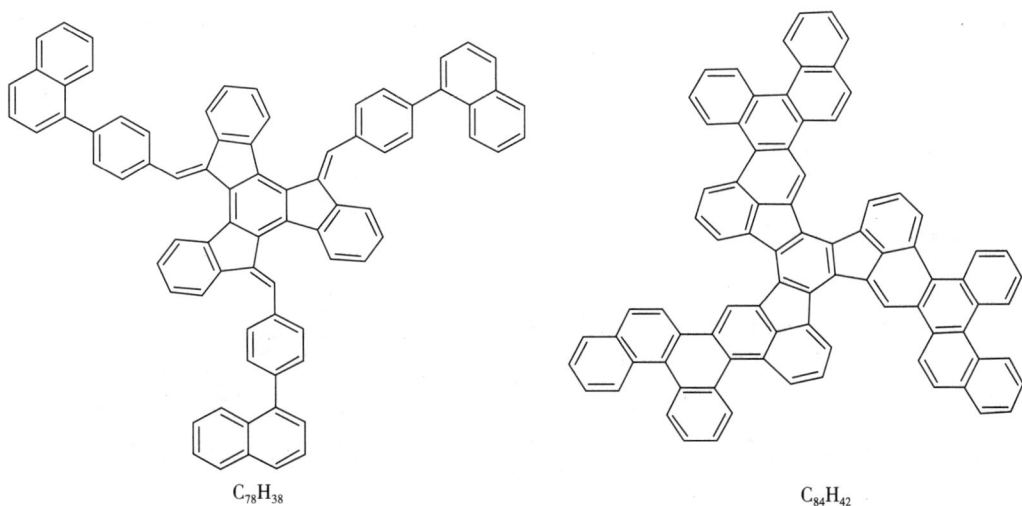

图 2-10 稠环芳烃前驱体 $C_{78}H_{38}$ 和 $C_{84}H_{42}$ 的分子结构

IPR 异构体中的 C_{84}(20)。通过质谱检测 $C_{84}H_{42}$ 的 FVP 热解产物,可以清楚地观察到 C_{84} 的信号。以上这些实验结果有力地证明了通过 FVP 方法可经由多环芳烃直接形成相应的富勒烯。

2.6 富勒烯的复合

针对富勒烯的复合材料,按照结构的不同,可以分为内嵌富勒烯、富勒烯衍生物和非经典富勒烯三大领域。

2.6.1 内嵌富勒烯

内嵌富勒烯按碳笼内包含物质的类型,富勒烯的包合物可分为:金属包合物、惰性气体包合物和非金属包合物,其中对金属富勒烯包合物的研究最为广泛。并且对于传统的空心富勒烯而言,内嵌富勒烯具有独特的性质,不仅保留了空心富勒烯原有的性质,同时也会表现出新的性质,这是由于内嵌富勒内部所内嵌的物种可以转移特定数目的电子到外部的碳笼上,所以具有特殊物理和化学性质。如碱金属的引入,会使富勒烯表现出低温超导性质;磁性金属的引入会使整个分子表现出更优异的磁学性质。所以基于内嵌不同种类的金属原子会表现出不同的性质,内嵌富勒烯在不同领域如超导、核磁造影器、功能分子开关等有着潜在应用价值。

$La@C_{60}$ 是最早检测到的单金属富勒烯,然而,目前并没有相关的分离报告,这可能归因于该分子的高活性。目前,除了 $M@C_{82}$(M=Sc、Y 以及绝大多数 La 系元素)和 $La@C_{60}$ 外,金属原子还可以嵌入 C_{72}、C_{74}、C_{76} 等碳笼而形成相应的单金属富勒烯。对于单金属富勒烯,目前的实验发现,内嵌于 C_{82} 的金属富勒烯是最多的,而 $La@C_{82}$ 也是最早大量制备和提取的金属富勒烯。Nishibori 等对 $La@C_{82}$ 进行了研究,结果表明内嵌金属 La 在笼内一定范围内运动,但是基本上是位于 C_{2v} 碳笼的六边形的前面,如图 2-11 所示。

图 2-11 是 $La@C_{82}$ 的二维电荷密度图,从图中可以看出,在笼内有一个半圆形。对半圆形区域的电荷密度进行积分,得到这一个区域的电荷数目是 53.7,这一数值与正三价 La^{3+} 的电子总数 54.0 接近。毫无疑问,这样大的电荷密度集居区是金属 La 原子的位置。这一结果清楚地表明了金属原子是内嵌在碳笼之中而且是偏离中心的;同时,表明了金属原子与碳笼间存在电荷转移。因此,这一分子的电子态应写为 La^{3+} $@C_{82}^{3-}$。测试结果显示,La 所对应的电荷密度最大区域点到富勒烯六边形上的碳原子

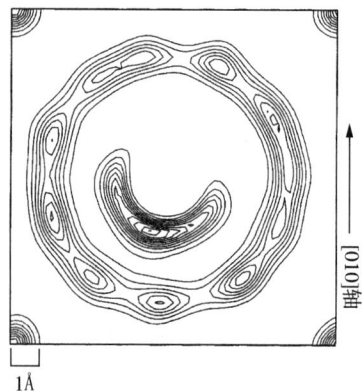

图 2-11 $La@C_{82}$ 的二维电荷密度图

之间的距离是 2.558Å,笼的中心到 La 的距离是 1.96(9)Å。这些结果与已有的理论计算结果相吻合。对于 La 所对应的电荷密度图的形状为半圆形而不是球形这一现象,完全可以认为内嵌原子在一定的区域内的运动只需要克服极其微小的势能。

双金属富勒烯 Sc_2C_{66} 于 2000 年被发现,众所周知独立五边形原则(IPR)是稳定富勒烯遵从的原则,也是判断某一个富勒烯结构是否稳定的依据。自 1985 年 C_{60} 的发现到 2000 年被制备、分离出的所有空心富勒烯都满足这一原则。相应地,几乎所有的内嵌富勒烯方面的研究者也想当然地认为,内嵌富勒烯的碳笼也应该是满足独立五边形原则的。实际上,当时已经测试到明确结构的内嵌富勒烯的碳笼也确实满足独立五边形原则。但是,独立五边形原则也不是神圣不可动摇的,它的存在也是有特定限制条件的,那就是碳笼不与其他的原子或原子团有强的相互作用。当碳笼与其他的原子或原子团有强的相互作用时,独立五边形原则是完全可以被打破的。2000 年,王春儒等对合成的样品进行质谱实验时发现有一物种的组成是 Sc_2C_{66}。众所周知,没有任何 C_{66} 的异构体满足独立五边形原则,也没有任何人制备出 C_{66} 富勒烯。假设这一分子的碳笼是富勒烯 C_{64} 或 C_{62} 的话,C_{64}、C_{62} 也没有任何异构体满足独立五边形原则;假设这分子的碳笼是富勒烯 C_{60} 的话,剩余的团簇是 S_2C_6,由于这样的团簇太大而不能够内嵌于 C_{60} 笼中;若是与 C_{60} 相连于外面的话,从化学常识看,这种结构的稳定性应该是极低的。因此,这一新结构的合成预示着一定有当时没有发现的控制金属富勒烯稳定性的原则或原理存在。使用同步辐射技术,结合 MEM(maximum-entropy method)分析方法,王春儒等成功地确定了 Sc_2 的内嵌本质,即两个 Sc 原子是内嵌在 C_{66} 笼中的。

这一新奇结构的实验测定为研究者提供了理解独立五边形原则被打破的关键线索,即内嵌原子向富勒烯转移电子从而稳定本来不稳定的富勒烯 C_{66}。因为 non-IPR 异构体数远远大于 IPR 异构体数,这个研究工作预示着金属富勒烯的数量可以有大幅度的增长,也有望合成出性质更加丰富多样的新金属富勒烯。这项研究以及同期的 $Sc_3N@C_{68}$ 的报道引发了合成金属富勒烯的新热潮。同时,这两项工作从实验角度,揭示了内嵌金属原子或团簇向富勒烯转移的电荷,能够稳定原本是高活性的富勒烯这一富勒烯科学中的重大基本原理。当然,对于 $Sc_2@C_{66}$,随着更先进的实验表征技术的出现,精细结构的研究结果之间存在微小争论,但是,对于内嵌属性、稳定化机制等根本性问题上的看法是统一的,该工作在金属富勒烯科学发展上的推动作用也是巨大的。

2010 年 Popov 等采用改进的电弧放电法合成金属富勒烯过程中,通过质谱测试,显示一系列的三金属内嵌富勒烯 M_3C_{80} 已经生成,由于产量和稳定性低,他们没有分离出可进一步进行结构表征的样品。他们对 Y_3C_{80} 进行了系统的密度泛函理论计算,结果显示,Y_3C_{80} 可能是一个真正存在的三金属内嵌富勒烯。电子定域函数计算结果如图 2-12 所示,虽然没有非金属原子,三个金属 Y 原子的中心仍然有很大电荷密度聚集,这个电荷聚集区相当于 $Y_3N@C_{80}$ 中的 N 原子;计算结果还显示,三个金属原子在碳笼中没有成键,而是分别与 C_{80} 间存在强的作用,但是其动力学行为与 Y_3N 高度相似。

如果 Y 是内嵌在 I_h-C_{80} 中的,该分子内嵌原子向 I_h-C_{80} 转移的电子数应子的电子结构和性质应该比 Y_3N 向 I_h-C_{80} 转移的多,则该分子的电子结构和性质应该与 $Y_3N@C_{80}$ 有重大差异,到目前为止,尚未分离出电荷转移量超过 6 电子的内嵌金属富勒烯。因此,

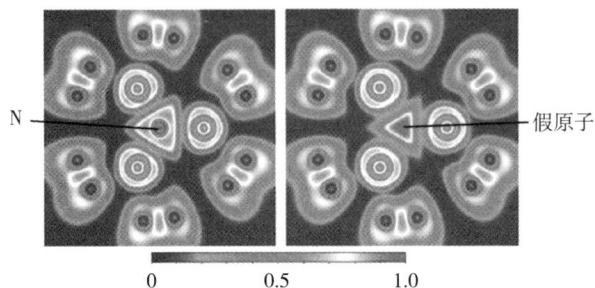

图 2-12 Y_3C_{80} 的电子定域函数图

分离、证实该分子的结构仍然有重要意义。它有助于理解金属原子与富勒烯的作用,也可能发现到目前为止尚未知晓的控制金属富勒烯稳定性的重要因素。

由于金属原子之间的排斥作用,纯三金属原子或四金属原子填充的内嵌金属富勒烯的合成面临极大困难而进展缓慢。电弧放电法是合成金属富勒烯的传统方法。早期的合成实验中,研究人员采用的方法是首先将反应器抽真空,之后充入惰性气体,在这样的气氛下,对含有金属或金属氧化物的石墨棒进行电弧放电,将石墨气化为原子或原子团,在冷却的过程中形成金属富勒烯。这样的操作自然将氮气、氧气等排除在反应物之外。1999 年,Stevenson 等在反应器中充入氮气(也许是对反应器抽真空不彻底,误打误撞留下了少量氮气在反应器中)。反应后,惊奇地发现烟灰中含有大量的金属氮化物富勒烯 Sc_3NC_{80}。将该化合物分离纯化之后长出单晶,测试得到该化合物的结构是 $Sc_3N@C_{80}$,即 N 与 3 个 Sc 原子形成团簇 Sc_3N 并嵌入 I_h-C_{80} 中。这一发现为合成多金属原子内嵌富勒烯提供了新思路,即将金属原子与非金属原子形成团簇而极大抵消金属原子之间的排斥作用,从而使得相应的内嵌金属团簇富勒烯的稳定性得到提高。

该分子是目前产量最高的内嵌金属富勒烯,其产量在优化的条件下甚至超过了富勒烯 C_{84} 而仅次于最丰富的富勒烯 C_{60} 和 C_{70}。正因为这种化合物易于制备,于是受到了广泛的研究。由此,三金属氮化物富勒烯的合成和性质研究成了金属富勒烯研究领域的热点。后续实验发现,I_h-C_{80} 是最易于嵌入三金属氮化物团簇的富勒烯笼,包含 Y 和 La 系的许多金属原子以三金属氮化物的形式嵌入该碳笼之中。

除了金属氮化物富勒烯之外,还存在金属碳化物、氧化物、硫化物、氰化物等富勒烯,富勒烯家族在结构上存在广泛的内在联系,即不同团簇内嵌富勒烯的生长有不同的路径。然而,某些碳笼对两种或以上的内嵌团簇都是优选的碳笼,表明金属富勒烯之间具有三维的结构关联性。这些结果完美解释了金属富勒烯在生产过程中产物的多样性和产率的差异性。

要使金属富勒烯真正走向应用,提高金属富勒烯的产量是不可逾越的障碍。目前而言,如果按照最常用的电弧放电法来生产,高效液相色谱法来分离的话,金属富勒烯的日产量处于毫克数量级,远远不能够满足应用上的需求。因此,产量的提高是必须解决的问题。然而,要提高产量,必须开发新的方法。要开发新合成方法,搞清金属富勒烯的形成机理是前提。欲阐明形成机理,研究金属富勒烯结构演化关系是根本要求。

2.6.2　富勒烯衍生物

1985 年 C_{60} 的发现开创了碳元素研究的新时代。从结构上看,C_{60} 既不同于金刚石,也不同于石墨,而成为碳元素的一种崭新的存在形态。由于其新奇的结构和性质,该物质吸引了化学家、物理学家、材料学家等的研究兴趣。1990 年电弧放电法的发明,使得以 C_{60} 为代表的富勒烯能够大量地合成。因富勒烯不溶于通常的溶剂而在应用上受到极大的限制,科学家们开始对富勒烯进行外部衍生化。到目前为止,富勒烯衍生化已经成为富勒烯科学的新兴发展方向。从结构上看,目前合成报道的富勒烯衍生物种类甚至比富勒烯还多;从性质上看,富勒烯衍生物通常具有更好的水溶性和改善的光、电等性能。因此,富勒烯衍生物展示了更好的应用前景。本章在阐述富勒烯衍生物的结构和性质基础上,概述富勒烯衍生物在太阳能电池、生物医药、光敏剂和光催化剂等领域的应用。

$C_{60}H_{36}$ 是 C_{60} 的氢化物中研究得最为广泛的分子。Nossal 采用 Birch 还原法合成了 $C_{60}H_{36}$。不过,这种低温方法往往得到的产物成分十分复杂,得到两个主要异构体,没有完全确认分子的结构。Gakh 等在高温条件下合成了 $C_{60}H_{36}$ 的三个异构体,并用氢谱等技术表征了三个异构体。结果显示 C_1 对称的异构体是最丰富的($60\%\sim70\%$),其次是 C_3 对称的异构体($25\%\sim30\%$),T 对称的异构体占的比例最小($2\%\sim5\%$)。三个异构体的结构紧密相关,每个五边形上都有三个相邻的氢原子,表明在高温条件下,氢原子可在富勒烯笼上发生迁移。

$C_{60}H_{60}$ 和 $C_{20}H_{20}$ 两种富勒烯氢化物也被广泛研究,将其全部氢化,在计算操作上避免了加成位置的困扰,能够排除部分衍生化物质中多种效应的影响而不能够确定主要影响因素的问题。然而,尽管经过各国学者的努力,$C_{60}H_{60}$ 的实验合成仍然未实现。理论研究显示,其能量最低的结构中,部分 C—H 键是在笼内的。鉴于 H…H 之间在碳笼覆盖度高时可能存在显著的 H…H 排斥效应,合成 $C_{60}H_{60}$ 这个理想的分子看来是不可能的。C_{20} 是最小的富勒烯结构,全由五边形围成。由于所有的五边形都是比邻的,总共有 30 个 B_{55} 键(两个五边形共享的键),是所有富勒烯结构中 B_{55} 键数最多的。根据独立五边形原则和五边形比邻数最小化原则,该分子是高度活泼的。实验上确实也多年来没有得到 C_{20} 的信号,更不要说成功的分离了。2000 年,Prinzbach 等通过改进方法,成功合成了 $C_{20}H_{20}$。实验表明,该分子是具有 I 对称性的,也就是说,碳笼骨架就是高度活泼的 I_h-C_{20}。

由于氢的覆盖度高时存在 H…H 排斥,中等或以上富勒烯的全氢化物是不可能合成的,而只能够得到部分碳原子被氢化的物质。

富勒烯的氢化反应实际上是 H_2 对富勒烯的加成反应,形成 C—H 键。对于富勒烯氢化物 C_nH_m,由于奇数个 C—H 键会使得整个分子的电子数为奇数,相应的 C—C 键中有一个碳原子上会有单电子,使得整个分子具有自由基特性而不稳定。因此,氢化富勒烯的计量式中,氢原子的个数是偶数;而且对于氢化富勒烯,即便知道氢化加成产物中的氢原子个数,由于加成模式的极端多样性和富勒烯的碳原子性质的相似性,仍然难以确定该氢化物结构。目前已经有多种方法合成氢化富勒烯,最重要的方法是 Birch 还原,即用富勒烯与熔融状态的二氢蒽(dihydroanthracene)进行反应;其次是氢转移反应;再一个就是富勒烯与锌和盐酸的还原反应。这些方法得到的产物都是高度复杂的,共同的特征是主产物都是 $C_{60}H_{18}$ 和 $C_{60}H_{36}$。还有一种方法就是直接通过电弧放电法,这种方法合成阶段涉及的步骤最少,但是分离、纯化非常耗时,而且产率也很低,不适合于需要大量产物的场合;从结构化学上讲,H…H 键的键能大,要进行氢化反应,通常要在高温高压下进行,这可能导致富勒烯的破损。这是富勒烯氢化物合成反应中,产物成分极端复杂的一个主要原因。另外一个原因就是富勒烯的原子的反应特性差异相对较小,随着反应时间、温度和压强以及催化剂的不同,加成模式和覆盖度差异大,这也会导致产物种类繁多,即使是同一组成的氢化物,其异构化现象也很严重,这些都为结构表征带来麻烦和挑战。

富勒烯衍生物除了氢化物以外,还有氟化物、氯化物、溴化物等。Troshin 等在 550℃条件下将 C_{60} 进行氟化,得到了毫克级的 $C_{58}F_{18}$ 和 $C_{58}F_{17}CH_3$。他们通过质谱测试和氟核磁共振谱测试,认为产物的结构是含有一个七边形的 C_{58},氟化物结构见图 2 - 13。令人感兴趣的是,这一结构中,五边形-五边形共用的碳原子并没有被饱和完的情况下,部分氟原子加成到了非活性的碳原子上。结构测定表明,$C_{58}F_{18}$ 中,部分氟原子加成到六边形上而形成环形结构。计算含有 18 个活性碳原子的 C_{58} 的衍生物 $C_{58}X_{18}$(X=H、F、Cl),结果表明,即使所有 X 原子都加到了活性位点上,得到的所有结构的能量都高于已经报道的含有一个七边形的 C_{58} 为母体碳笼的氢化物和氟化物。

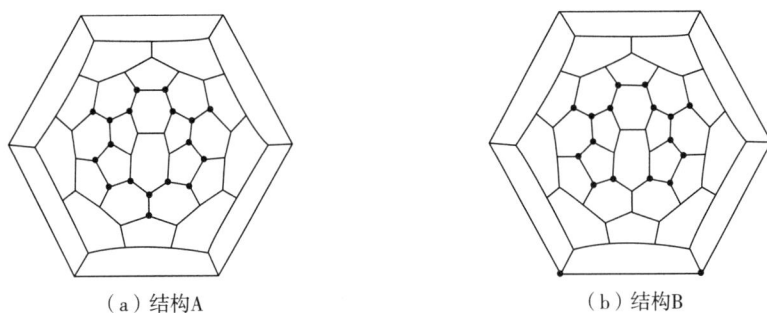

（a）结构A   （b）结构B

图 2 - 13 $C_{58}F_{18}$ 的结构

受到含有七边形的非经典富勒烯衍生物 $C_{58}F_{18}$ 成功合成的激励,Chen 等采用密度泛函理论方法对 $C_{58}F_{18}$ 进行了更广泛的研究。计算发现了图 2 - 13(a)所示的衍生化模式比报道的图 2 - 13(b)所示衍生化模式更加稳定,结构中同样含有七边形,只是外部的原子的加成位置有所变化。他们还计算了两个分子的核独立化学位移值,发现结构 A 的芳香性比 B 的强,并认为结构 B 的合成是特定生产条件的结果,结构 A 同样能够被合成出来。这些结果说明,富勒烯衍生物在引入了七边形后,稳定化机制相比于经典富勒烯衍生物都有所不同;另外,这些结果还说明,富勒烯衍生物是否能够合成,不仅仅取决于热力学因素,还取决于动力学因素。

Darwish 等将 MnF_3 或 COF_3 在 500℃下与 C_{84} 反应,得到两个衍生物 $C_{84}F_{40}$ 和 $C_{84}F_{44}$。^{19}F NMR 结构测定表明,对于 $C_{84}F_{40}$,结构中含有四个苯环和两个萘环;对于 $C_{84}F_{44}$,含有四个苯环和两个有点错位的苯环。在这两个结构中,每一个苯环的周围都含有 6 个

sp^3 杂化碳原子,而每个萘环的周围含有 8 个 sp^3 杂化碳原子。这些氟原子加成位置使得结构中满足最大离域性。其中,从苯环数量上讲,$C_{84}F_{44}$ 是目前分离的芳香性最强的富勒烯衍生物。

Kawasaki 等合成了 $C_{60}F_{36}$ 和 $C_{60}F_{48}$,并采用质谱、XRD 和电子衍射等对合成的样品进行了表征。结果显示,$C_{60}F_{36}$ 和 $C_{60}F_{48}$ 在室温下,其晶体分别为体心立方和体心四方结构,$C_{60}F_{48}$ 在高温时其结构从体心四方转变为面心立方结构。

由于富勒烯衍生物的种类特别多,即使是同组成的衍生物,其异构体也特别多,导致富勒烯氟化物研究过程中,常常是合成容易纯化难。在纯化后的产物基础上的进一步研究更少,上述是少见的将衍生物纯化进行进一步的 XRD 测试的报道。

$C_{50}Cl_{10}$ 为富勒烯氯化物,通过将四氯化碳引入反应器,谢素原等人合成了该富勒烯的衍生物他们通过 NMR 实验确定的结构如图 2-14 所示,即 10 个氯原子加成到了 C_{50} 的五组 B_{55} 碳原子上,恰好将活性碳原子中和掉。吕鑫等的理论计算结果也是与实验结构高度一致并解释了 $C_{50}Cl_{10}$ 高度稳定的原因。最近,谢素原课题组将 $C_{50}Cl_{10}$ 生长为单晶,通过 XRD 实验再次验证了原来确定的结构(在富勒烯科学领域,对于富勒烯及其相关化合物的结构测定,公认的最可靠的结构测定结果是单晶 XRD 的测试结果)。这些结果清楚地表明,外部原子确实容易加成到五边形-五边形共用的碳原子上,将张力释放而得到稳定的 sp^3 杂化碳。

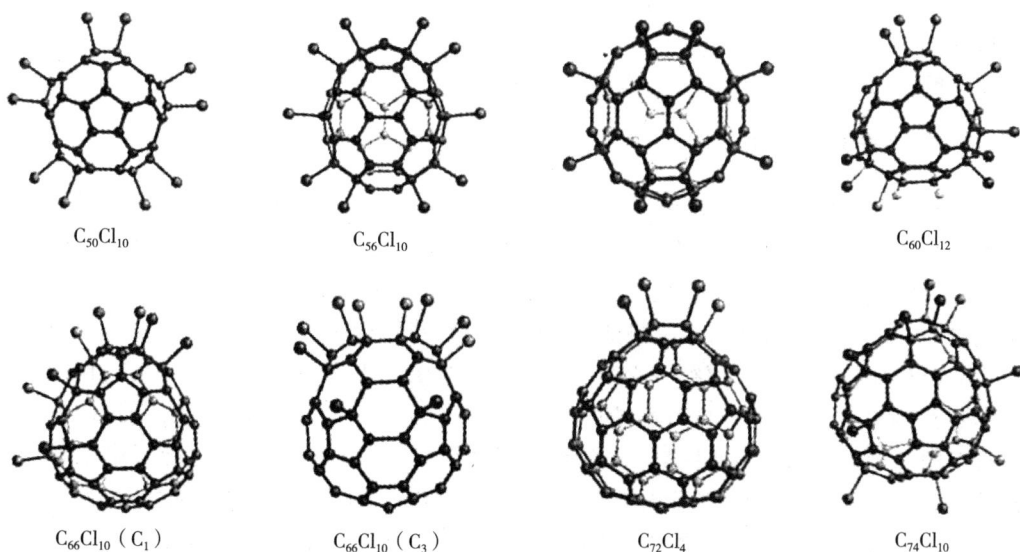

图 2-14　富勒烯氯化物的分子结构

在 $C_{50}Cl_{10}$ 报道之前,对于富勒烯衍生物,无论是氢化物、卤化物,还是其他基团连接的化合物,都是通过化学合成得到的。也就是首先合成、分离出富勒烯,在此基础上将富勒烯与化学试剂反应,得到富勒烯的衍生物。这种方法的缺点是显而易见的,即多步反应,产率会受到限制;另外,由于产物的多样性,分离纯化也非常困难。然而,谢素原等采用的方法是一步法,直接在反应器中生成了富勒烯氯化物,这是技术层面的进步。从学术上讲,这个化合物的合成和报道还表明,不稳定的非独立五边形富勒烯可以通过衍生化实现稳定,富勒烯衍生物的碳笼也从 IPR 结构拓展到了整个经典富勒烯结构。因此,预示着富勒烯衍生物的种类可以大幅度增长,理论意义巨大。这个工作的意义,类似于金属富勒烯领域中 $Sc_2@C_{66}$ 和 $Sc_3N@C_{68}$ 的报道的意义,都是极大促进了相关分支学科的发展。

多数理论研究都是针对单一分子或单一加成元素进行的。为了考察富勒烯不同类型的加成衍生物的结构、稳定性与加成元素种类的关系,采用密度泛函理论方法对 $C_{60}X_{18}$、$C_{70}X_{10}$ 和 $C_{80}X_{12}$(X=H、F、Cl、Br)进行了系统的计算研究。计算结果显示,对于 $C_{60}X_{18}$ 和 $C_{70}X_{10}$ 的最有利结构,其加成模式与加成原子的尺寸和电负性都有关系,加成原子的电负性和加成原子之间的立体张力影响相应衍生物的结构和性质。对于 $C_{80}X_{12}$(X=H、F),最低能量的异构体都是违反五边形分离原则的;然而,在 $C_{80}X_{12}$(X=Cl、Br)异构体中,最低能量的异构体都是满足五边形分离原则的。由于范德华半径较小,H 或 F 加成到笼上时外部原子之间的排斥作用小,因此在其优势结构中,H 或 F 优先加成到五边形共用的碳原子上。相反,对于氯化、溴化富勒烯,为了避免外部加成原子之间存在严重空间排斥作用,其优势结构中 Cl 或 Br 优先加成到 1,4 位点上。计算结果还显示,氢化、卤化的反应热遵循如下顺序,即氟化>氯化>氢化>溴化。这些结果表明富勒烯衍生物的稳定性和衍生化模式与加成原子的尺寸和电负性有关。

总体而言,关于富勒烯的衍生化模式,理论模拟和计算能够得到很有价值的结论。但是,由于加成模式的多样性,目前的理论计算和模拟在实验数据严重缺乏的情况下尚不足以精确预测富勒烯衍生物的最终结构。

2.6.3 非经典富勒烯

自从发现富勒烯 C_{60} 以来,经典富勒烯(仅由五边形和六边形组成的碳笼)得到了广泛的研究,几十种异构体已经在实验中被分离出来,并且其结构也得到了表征。所报道的富勒烯的形貌都有一个显著的特征,即它们都满足五边形分离原则(IPR)。从理论的角度看,从 C_{20} 到 C_{100} 且在数学上可能存在的所有经典结构都已经得到了计算研究,稳定性高的经典异构体通常都遵循一个普遍规律,即邻接五边形的数目尽可能小。目前,从化学和材料学的视角看,经典富勒烯的结构和性质已经研究得很透彻,研究的重心已经从早期的基础研究向应用研究转变,即研究富勒烯作为材料或原料在太阳能电池、生物医药、超导等领域的应用。然而越来越多的实验和理论研究结果表明,含有七边形的非经典异构体在内嵌金属富勒烯和富勒烯衍生物的形成过程中起着重要作用,含有四边形的非经典富勒烯的衍生物也得到合成和报道。另外,非经典富勒烯在结构上可以看作是富勒烯结构和 $(BN)_n$ 笼状团簇材料以及其他笼状团簇材料之间的桥梁。因此,研究非经典富勒烯异构体的结构和性质是富勒烯科学研究向纵深发展或与其他学科实现交叉融合的必然要求。

2.6.3.1 小尺寸非经典富勒烯

非经典富勒烯主要分为小尺寸、中等尺寸、大尺寸三种。对于小尺寸非经典富勒烯,在进行系统的量化学研究之前对其异构体的分布进行概述是有利于后续的系统研究的。

在新开发的螺旋算法的帮助下,系统生成了从 C_{20} 到 C_{60} 的分别含有一个四边形和七边形的所有异构体,并按照五边形-五边形邻接数(B_{55})进行分类统计,各个类别的异构体数如表 2-2 和表 2-3 所示。

表 2-2　含有一个四边形的非经典富勒烯异构体总数(m)以及分别含有 0～13 个 B_{55} 的异构体数

C_n	$0B_{55}$	$1B_{55}$	$2B_{55}$	$3B_{55}$	$4B_{55}$	$5B_{55}$	$6B_{55}$	$7B_{55}$	$8B_{55}$	$9B_{55}$	$10B_{55}$	$11B_{55}$	$12B_{55}$	$13B_{55}$
20	0	0	0	0	0	0	0	0	0	0	0	0	0	0
22	1	0	0	0	0	0	0	0	0	0	0	0	0	0
24	1	0	0	0	0	0	0	0	0	0	0	0	0	0
26	3	0	0	0	0	0	0	0	0	0	0	0	0	0
28	5	0	0	0	0	0	0	0	0	0	0	0	0	0
30	10	0	0	0	0	0	0	0	0	0	0	0	6	0
32	20	0	0	0	0	0	0	0	0	0	1	5	8	0
34	37	0	0	0	0	0	0	0	0	1	8	15	7	0
36	57	0	0	0	0	0	0	0	1	8	23	16	8	0
38	109	0	0	0	0	0	0	1	12	35	31	17	11	0
40	163	0	0	0	0	0	9	36	54	37	21	5		4
42	278	0	0	0	0	0	2	42	82	75	45	23	6	3
44	406	0	0	0	0	0	22	95	134	88	41	21	4	1
46	656	0	0	0	0	10	81	171	195	106	54	26	8	1
48	951	0	0	0	0	38	190	271	238	134	46	20	8	
50	1416	0	0	0	0	116	347	397	299	157	61	20	12	0
52	1995	0	0	0	0	255	540	556	331	171	57	18	6	0
54	2929	0	0	0	10	502	828	708	431	204	76	25	8	4
56	3953	0	0	1	24	868	1132	859	487	199	74	12	7	0
58	5647	0	0	8	98	1350	1540	1088	599	245	100	26	8	1
60	7475	0	0	24	209	1960	2021	1270	598	280	67	20	4	1

表 2-3　含有一个七边形的非经典富勒烯异构体数以及含有 0～13 个 B_{55} 的异构体数

C_n	$0B_{55}$	$1B_{55}$	$2B_{55}$	$3B_{55}$	$4B_{55}$	$5B_{55}$	$6B_{55}$	$7B_{55}$	$8B_{55}$	$9B_{55}$	$10B_{55}$	$11B_{55}$	$12B_{55}$	$13B_{55}$
20	0	0	0	0	0	0	0	0	0	0	0	0	0	0
22	0	0	0	0	0	0	0	0	0	0	0	0	0	0
24	0	0	0	0	0	0	0	0	0	0	0	0	0	0
26	0	0	0	0	0	0	0	0	0	0	0	0	0	0
28	0	0	0	0	0	0	0	0	0	0	0	0	0	0

（续表）

C_n	$0B_{55}$	$1B_{55}$	$2B_{55}$	$3B_{55}$	$4B_{55}$	$5B_{55}$	$6B_{55}$	$7B_{55}$	$8B_{55}$	$9B_{55}$	$10B_{55}$	$11B_{55}$	$12B_{55}$	$13B_{55}$
30	1	0	0	0	0	0	0	0	0	0	0	0	0	0
32	2	0	0	0	0	0	0	0	0	0	0	0	0	0
34	8	0	0	0	0	0	0	0	0	0	0	0	0	0
36	16	0	0	0	0	0	0	0	0	0	0	0	0	0
38	42	0	0	0	0	0	0	0	0	0	0	0	0	0
40	92	0	0	0	0	0	0	0	0	0	0	0	0	4
42	205	0	0	0	0	0	0	0	0	0	0	0	8	34
44	264	0	0	0	0	0	0	0	0	0	0	3	41	76
46	815	0	0	0	0	0	0	0	0	0	12	77	180	211
48	1514	0	0	0	0	0	0	0	0	12	105	266	370	341
50	2784	0	0	0	0	0	0	0	5	98	351	639	637	503
52	4842	0	0	0	0	0	0	3	73	394	892	1143	1014	662
54	8406	0	0	0	0	0	2	41	338	1120	1798	1896	1484	900
56	13898	0	0	0	0	1	18	202	1080	2431	3198	2853	1999	1147
58	22789	0	0	0	1	7	102	813	2690	4572	5116	4149	2761	1467
60	36295	0	0	0	2	33	442	2242	5585	7914	7704	5724	3532	1787

表 2-2 结果显示随着尺寸的增大，异构体总数快速增大，如 C_{60} 的含有一个四边形的异构体总数已经达到 7475 个，远多于 C_{60} 的经典富勒烯的异构体数 1812 个。不过，这些非经典异构体中，没有任何满足独立五边形的异构体，甚至没有只含有一个 B_{55} 键的异构体。实际上，从 C_{20} 到 C_{44}，含有 0～5B_{55} 的异构体数都为 0，换句话说，在这些尺寸的非经典富勒烯结构中，B_{55} 很多，即五边形-五边形邻接现象频繁。其中，全由五边形围成的 C_{20} 的 B_{55} 数达到经典富勒烯的极限（因五边形数目不大于 12 个，五边形涉及的边数不大于 60，一条边是两个面共有，因此，富勒烯结构中五边形-五边形共享边数最大极限是 30）。因此，可以认为，这些尺寸的富勒烯的稳定性都很差。

从表 2-2 中还可以得到如下规律：对于某个尺寸的 C_n，异构体数随着 B_{55} 数目的增加而先增大后减小。这是因为，在这些非经典富勒烯结构中，由于五边形相对于六边形和四边形的数目而言是较多的，五边形实现分离的可能性小，所以，异构体数随着 B_{55} 的增加而增加。然而，对于含有一个四边形的非经典富勒烯，由于五边形数固定为 10 个，五边形-五边形邻接数越大，形成碳笼的可能性越小，因此，异构体数达到峰值之后开始下降。

从表中还可以得到如下规律：对于非经典富勒烯 C_n，随着 n 的增大，含有最多异构体的 B_{55} 键数从 C_{30} 的 12 组减小到 C_{60} 的 6 组。这个现象显然是随着碳笼尺寸的增大，六边形数增多，五边形得到更好的分散所致。

对应含有一个七边形的非经典富勒烯，从表 2-3 可以看出，异构体数随着 n 的增大而以更快的速度增大,当 $n=60$ 时,异构体数达到 36295 个,远远大于 C_{60} 的经典结构的异构体数。从 C_{20} 到 C_{28},根本就没有异构体(从数学上讲,从 C 开始就有可能构造出含有一个七边形的非经典结构)。相对于含有一个四边形的非经典富勒烯,表的上方和左方以及左上方区域,有更大的区域的异构体数目为 0。这是因为,含有一个七边形的非经典结构的五边形数是 13,比含有一个四边形结构的多 3 个。因此,五边形-五边形邻接现象更加严重,B_{55} 数目更多。与含有一个四边形的非经典结构相比,峰值异构体数对应的 B_{55} 键数也随着 n 的增加自右向左移动,这个变化趋势是相同的,也是因为随着碳笼尺寸的增大,六边形增多,五边形得到更好的分散所致。

　　并且从 C_{24} 开始,每个富勒烯 C_n 的异构体数随着 n 的增大而快速增大。根据富勒烯的定义,C_{24} 是第 1 个同时含有五边形和六边形真正意义上的富勒烯,含有 12 个五边形和 2 个六边形。An 等对该富勒烯进行了全局最小化搜索,发现能量最低的 4 个异构体中,第 1 个是经典的富勒烯异构体,另外 3 个是含有至少 1 个四边形的非经典结构。关于 C_{24},由于原子数特殊,根据欧拉定理,C_{24} 的其中之一异构体可以是由 6 个四边形和 8 个六边形围成,对称性为 O_h。由于含有四边形,该分子的立体张力大,活性高,不可能稳定存在。但是,这个结构中,6 个四边形位于高对称的位置,如果选取这样的结构单元构建三维空间结构,可以向空间展开而形成周期性的高对称结构,在材料研究上或许是很有价值的模型体系,图 2-15 为 C_{24} 的结构图。

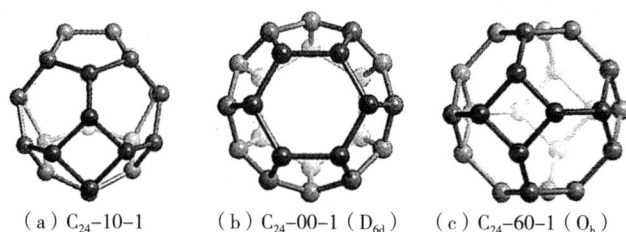

(a) C_{24}-10-1　　　　(b) C_{24}-00-1 (D_{6d})　　　　(c) C_{24}-60-1 (O_h)

图 2-15　富勒烯 C_{24} 的结构(a)含有 1 个四边形;(b)经典异构体;(c)含有 6 个四边形

2.6.3.2　中等尺寸非经典富勒烯

　　对于小尺寸的碳笼 C_n,其异构体数不是特别巨大,在筛选工具或判据的辅助下利用量子化学计算进行系统研究尚是可能的。然而,对于中等或以上尺寸的富勒烯,即便是利用简单判据排除掉一部分异构体,利用量子化学方法进行系统的研究在目前来看也是不可能的。同时,因碳的最稳定的同素异形体——石墨全由六边形镶嵌而成,可以将富勒烯笼上的六边形看作富勒烯稳定性的源头或基石。富勒烯的 12 个五边形可以看作是促使富勒烯之所以是球形的源头和基石,是不稳定的因素。

　　欧拉定理指出,增加四边形会减少五边形的数量,相反,增加七边形会增加五边形的数量。也就是说,四边形和七边形的效应是相反的。另外,增加七边形还伴随六边形的减少,即稳定化因素减少。因此,从原理上讲,由于四边形张力巨大,将四边形和七边形同时嵌到碳笼上不可能提高富勒烯的稳定性。为此,在几何结构上限制异构体的结构类别基础上的分而治之的研究思路就是必需的。鉴于中等尺寸富勒烯的多数五边形可实现彼此分离,在中等尺寸富勒烯上引入四边形的稳定化效应不很明显。基于计算的可行性和必要性考虑,选择含有七边形的非经典富勒烯 $C_{46} \sim C_{52}$ 作为考察对象,采用密度泛函理论系统地研究了这些尺寸的经典结构和非经典结构。能量最低异构体的优化结构如图 2-16 所示。

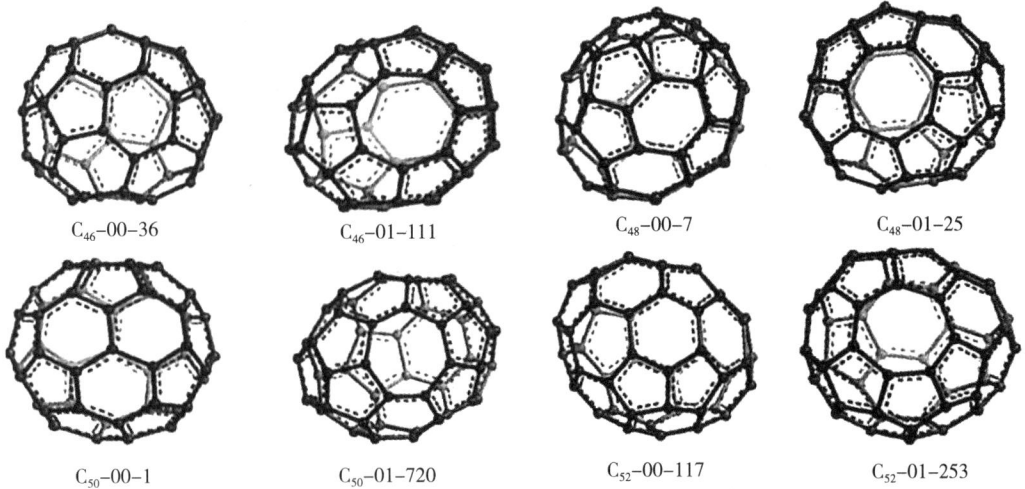

| C_{46}-00-36 | C_{46}-01-111 | C_{48}-00-7 | C_{48}-01-25 |

| C_{50}-00-1 | C_{50}-01-720 | C_{52}-00-117 | C_{52}-01-253 |

图 2-16 能量最低的经典和含有 1 个七边形的非经典异构体

表 2-4 C_n 的异构体数以及最小 B_{55} 键数,N_{567}(1hep)表示含有 1 个七边形的异构体数

多面体	N_{56}	N_{567}(1hep)	N_{567}	B_{55} 数目(经典)	B_{55} 数目(非经典)
C_{46}	116	815	9838	8	10
C_{48}	199	1514	29317	7	9
C_{50}	271	2784	65535	5	8
C_{52}	437	4842	253693	5	7

从表 2-4 可以看出,经典富勒烯的异构体数 N_{56} 随着 n 的增大而快速增大,如果是含有 1 个七边形的非经典富勒烯,其异构体数 N_{567} 增长更加迅速,对于由五边形-七边形围成的非经典富勒烯,其异构体数目呈指数式增长。

富勒烯 C_{60} 是受到最广泛、最深入研究的物种。该富勒烯含有 1812 个异构体,其中,只有一个异构体是满足 IPR 原则的,即 I_h-C_{60},这个异构体即是实验上第一个被发现的富勒烯,也是电弧放电法和激光气化法生产富勒烯中产率最高的物种。

在经典结构中插入五边形和六边形之外的碳环就会形成非经典结构,其中,插入三边形或四边形会导致整个分子的五边形数的降低,而插入七边形或以上的碳环会导致结构中五边形的增加而六边形减小。非经典富勒烯的一个极限情况就是,七边形增加导致六边形减少直到整个分子都是由五边形和七边形围成,形成所谓的 F_5F_7 非经典富勒烯。对由五边形和七边形围成的非经典富勒烯进行系统的计算研究,结果显示,虽然这些非经典富勒烯的能量都远远高于经典结构,但是其含有部分内嵌式 C—H 键的氢化物的能量比 IPR-C_{60} 的氢化物的能量低 350kcal/mol 以上。这个理论计算结果表明,富勒烯氢化物的稳定化机制与富勒烯的有根本的差异,且为寻求新的低能量的富勒烯衍生物提供了启示。

2.6.3.3 大尺寸非经典富勒烯

关于大尺寸非经典富勒烯的研究相当缺乏。主要原因有两点:一是大尺寸非经典富勒烯的异构体数量巨大,要进行第一性原理的计算基本上是不可能的;二是非经典结构的构造比经典结构的复杂得多,难以系统处理。最近,与英国谢菲尔德大学 Fowler 合作,修改了他们的经典富勒烯生成程序,拓展了其功能,使得该程序能够系统生成非经典富勒烯的所有异构体。更为重要的是,对程序结构进行了修改和优化,使得我们能够选择性地生成需要的异构体,这为系统研究非经典富勒烯奠定了基础。

根据修改的螺旋算法,发现随着富勒烯尺寸的增大,异构体数目爆炸式增长。但是,整体上看,非经典结构的平均能量比经典结构的高,而且随着结构中四边形或七边形的增加而增加。根据拓展的螺旋算法,直到 C_{78} 才有第一个满足独立五边形原则且含有一个七边形的非经典富勒烯。即便是在这个集合条件的束缚下,异构体数随着尺寸的增加也是快速增加,以下为 C_{78}、C_{80} 和 C_{82} 的计算研究结果,如表 2-5、图 2-17 所示。

表 2-5 含有一个七边形的非经典富勒烯异构体数以及含有 0~10 个 B_{55} 的异构体数

n	总数	$0B_{55}$	$1B_{55}$	$2B_{55}$	$3B_{55}$	$4B_{55}$	$5B_{55}$	$6B_{55}$	$7B_{55}$	$8B_{55}$	$9B_{55}$	$10B_{55}$
78	1193705	1	24	602	6729	38965	119228	219993	262998	229077	156803	87293
80	1655562	1	71	1438	13957	70341	194323	324004	364838	299144	195932	106740
82	2271952	6	177	3165	27088	121361	303944	470049	492306	387510	242567	127696

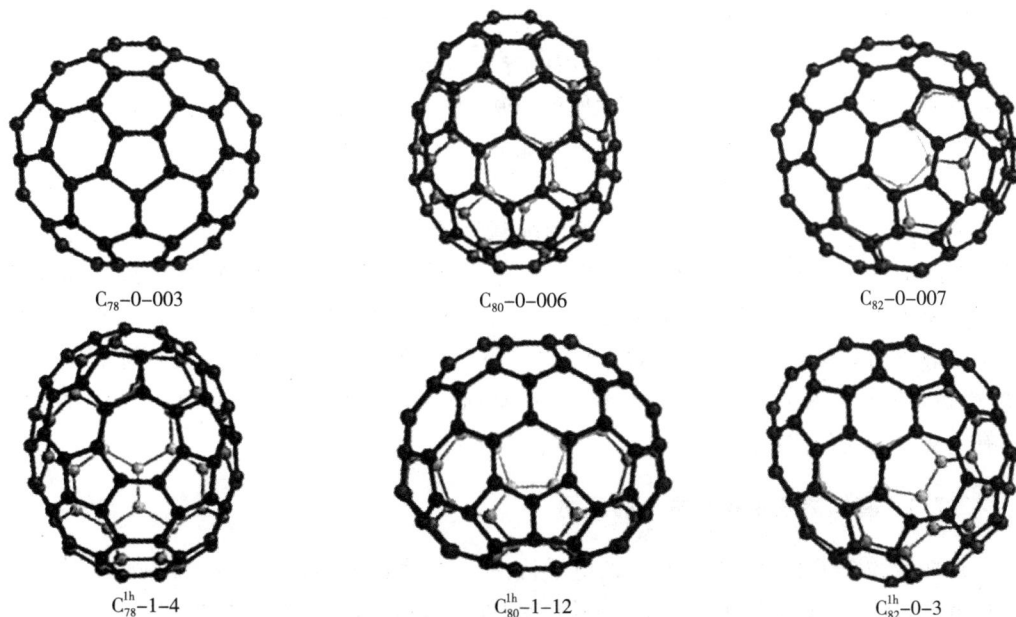

C$_{78}$-0-003   C$_{80}$-0-006   C$_{82}$-0-007

C$_{78}^{1h}$-1-4   C$_{80}^{1h}$-1-12   C$_{82}^{1h}$-0-3

图 2-17 C_{78}、C_{80} 和 C_{82} 的最有利经典异构体和含有一个七边形的
非经典异构体两短线之间的数字表示 B_{55} 的数目

从形貌上看,对于含有一个七边形的 IPR 异构体,在七边形中插入 C_2 单元可以得到新的 IPR 结构。非经典的 IPR 结构在同类结构中具有相对较高的稳定性,因此,非经典 IPR 结构可能在富勒烯的形成中发挥了重要作用。

从基础研究的角度讲,研究非经典富勒烯及其衍生物具有重大意义,它是富勒烯科学与硼氮团簇材料之间的桥梁,可以实现富勒烯科学研究与硼氮团簇材料研究的融合,从更大的视角审视富勒烯科学,实现学科的交叉融合。这是非经典富勒烯研究的意义所在。实际上,如前所述,已经开发出系统而快速地生成非经典富勒烯的新程序,为非经典富勒烯的系统的理论研究扫清了一个关键的障碍。然而,由于异构体数目巨大,要真正进行系统而全面的研究,目前的计算方法显得力不从心,目前的计算资源也是难以承受的。这些制约富勒烯科学研究的困难已经不是富勒烯科学本身的问题,而是量子力学和计算机科学的问题。从广义范围看,非经典富勒烯及其衍生物的研究需要跳出富勒烯科学的范畴而与其他无机非金属团簇材料的研究相融合,将富勒烯科学研究过程中产生的思路和形成的方法在相近学科的研究中引以为鉴,这或许是非金属富勒及其衍生物研究走向新阶段,为整个团簇材料研究领域做出贡献的一种途径。

2.7 富勒烯的应用

早期,新涌现出的富勒烯专家的主要精力还集中在从分子和材料的角度,阐述这种新物质的特征。后来,重点运用光谱学分析确定 C_{60} 具有足球状结构,转而集中到探测它的性质。富勒烯由于其奇特且新颖的结构,具有非常优异的物理化学特性。例如,掺杂的富勒烯具有超导特性,其导电性比常用的导线材料铜强,但是质量只有铜的 1/6,是非常有潜力的导电材料。除此之外,富勒烯的硬度比金刚石强。延展性达到钢的数百倍,这些优异的机械性能是富勒烯广泛应用的基础富勒烯优异的电磁学性能、光学性能等使其在信息、能源等领域有着巨大的应用前景。以信息产业为例,当硅半导体材料在电子器件等领域的发展受到尺寸和量子效应的限制时,纳米器件概念应运而生。富勒烯本身属于零维碳纳米材料,其独特的性能使其在纳米器件领域有巨大的应用潜力。目前,很多研究聚焦于富勒烯的理化性质的改善以及富勒烯表面修饰。对富勒烯的电子结构和电子传输方面的研究无疑加速了富勒烯的应用。富勒烯在材料、化学、超导与半导体物理、生物等学科和激光防护、催化剂、燃料、润滑剂、合成、化妆品、量子计算机等工程领域具有重要的研究价值和应用前景。

2.7.1 富勒烯在生物医学上的应用

富勒烯和金属富勒烯具有独特的电子特性,其较大的共轭电子结构可高效淬灭过剩的自由基,从而减少自由基对机体的损伤。此外,它们具有良好的生物相容性,在生物医学领域具有广阔的应用前景。

近年来,中国科学院科学家团队——化学研究所分子纳米结构与纳米技术院重点实验室王春儒课题组研究发展了多种基于富勒烯和金属富勒烯的疾病治疗新策略,揭示富勒烯通过极化肿瘤相关巨噬细胞激活肿瘤免疫的作用机制,并联合免疫检查点抑制剂(PD-L1 单抗)实现高效的肿瘤免疫治疗;利用富勒烯进行了再生障碍性贫血的治疗,证实富勒烯可以通过促进血液中网织红细胞的成熟,增加血液中红细胞含量;将富勒烯纳米材料拓展到代谢类疾病的治疗中,在细胞水平上证实富勒烯可有效缓解氧化应激以及胰岛素抵抗;深入研究了富勒烯在活体水平上治疗 2 型糖尿病的效果和作用机制,发现金属富勒烯不仅可降糖,且停药后血糖不反弹,效果优于阳性药物二甲双胍,机理研究表明,金属富勒烯通过修复受损的胰腺组织和改善肝脏胰岛素抵抗,来实现糖尿病治疗。

近期,该课题组在小鼠模型上进行金属富勒烯纳米材料治疗肝脏脂肪变性疾病研究,证实金属富勒烯对肝脏脂肪变性具有很好的改善作用。该研究对各组小鼠肝脏组织进行蛋白质组学分析,分类对脂质合成、脂质分解和脂质转运的差异蛋白进行统计,并通过蛋白质印记方法进行验证。结果发现,相比于脂质合成和脂质分解过程的蛋白,将脂质转运出肝脏的脂质转运蛋白 ApoB100(主要负责输运肝脏中甘油三酯)的表达水平在金属富勒烯治疗后显著提高。此外,金属富勒烯还可改善受氧化应激损伤的肝细胞线粒体,促进其结构、膜电位和呼吸链功能的恢复。代谢研究表明,金属富勒烯腹腔给药后主要分布在胰腺、肝脏、脾脏、肺和肾脏,而且可以逐渐代谢出体外,治疗后对于主要脏器未显示有明显毒性。

2.7.2　富勒烯在太阳能电池领域的应用

富勒烯类化合物已经在有机光伏(OPV)领域被广泛应用了 20 多年,随着非富勒烯受体的开发,富勒烯材料在有机太阳能电池领域的重要性正在慢慢淡化。不过在最近几年,富勒烯类化合物找到了新的用武之地,在钙钛矿太阳能电池(PSC)领域作为电子传输层(ETL)材料带来了重要的性能提升,引起了科学家的广泛关注。由于与钙钛矿太阳能电池的结合,富勒烯类材料呈现复兴之势。以发表论文的数量为例,可以明显地看出这种变化趋势(图 2-18)。

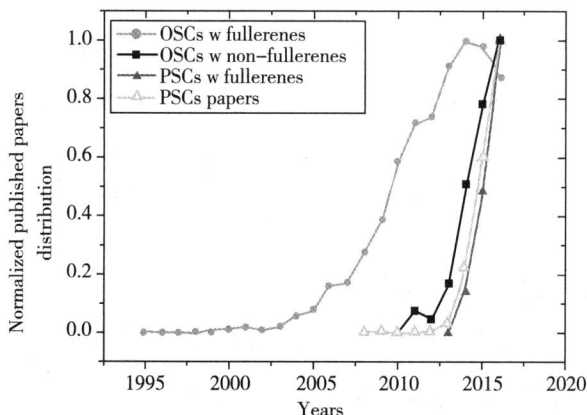

图 2-18　从 1995 年到 2016 年有机太阳能电池(OSC)领域及钙钛矿电池领域发表论文情况

(图片来源:Nano Energy)

科学家发现了富勒烯与钙钛矿紧密接触的重要性,如图 2-19 所示,将 0.1 wt% 富勒烯衍生物 PCBM 混入 PbI_2 层,随后转换成钙钛矿层。之后发现钙钛矿层的电荷扩散长度有了实质性增加,这个方法可以完全消除迟滞现象,取得了 82% 的高填充因子(FF),光电转换效率高达 16%。

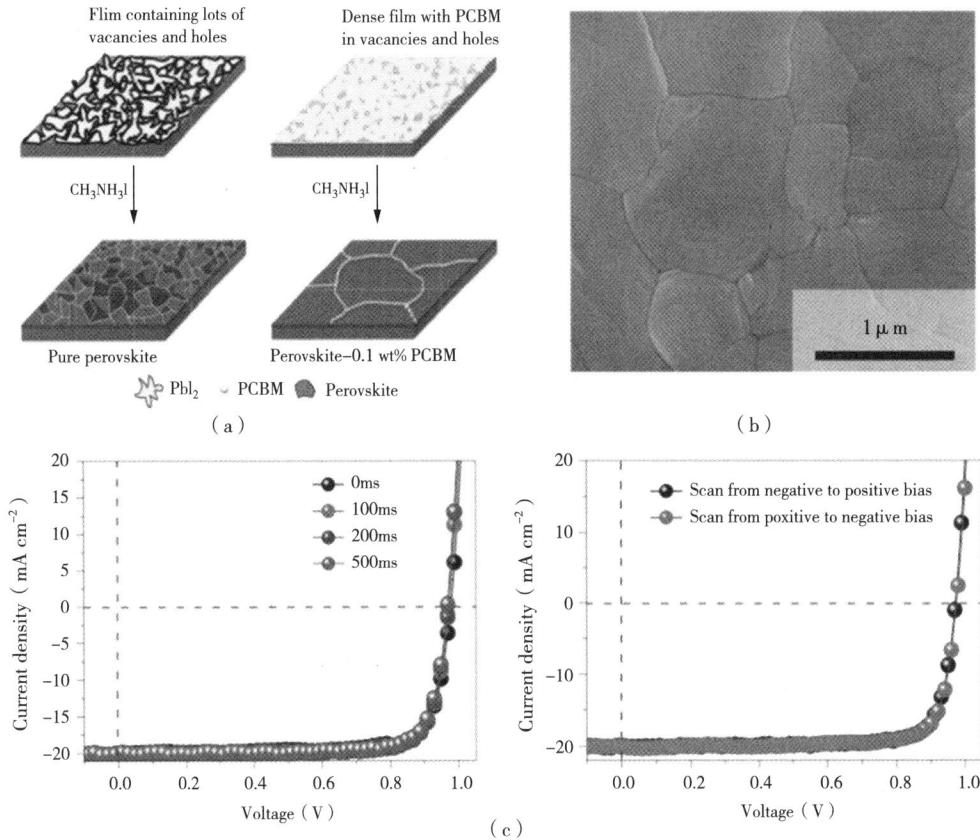

图 2-19 高 FF 的器件制备方法及器件性能

如图 2-20 所示,作者列出了近几年来富勒烯材料在钙钛矿太阳能电池中应用的各个里程碑式的进展。通过分析如今富勒烯材料在钙钛矿太阳能电池中应用的问题,及前人对于解决问题做出了哪些努力,会给大家提供更多的思路,为早日实现钙钛矿电池的大规模应用而增添一份力量。

2.7.3 富勒烯在催化领域的应用

少层黑磷作为一种新型二维材料,具有带隙随层数可调、载流子迁移率高的特点,在能量转换和存储、催化、生物医药等领域有着重要的应用前景。然而,少层黑磷纳米片很容易被氧化降解,其在空气及水环境中稳定性差的问题严重制约了黑磷的应用。如何提高黑磷的稳定性是当前黑磷材料研究急需解决的问题。

基于以 C_{60} 为代表的富勒烯在水、氧气和空气环境下具有很高的稳定性的特点,该研

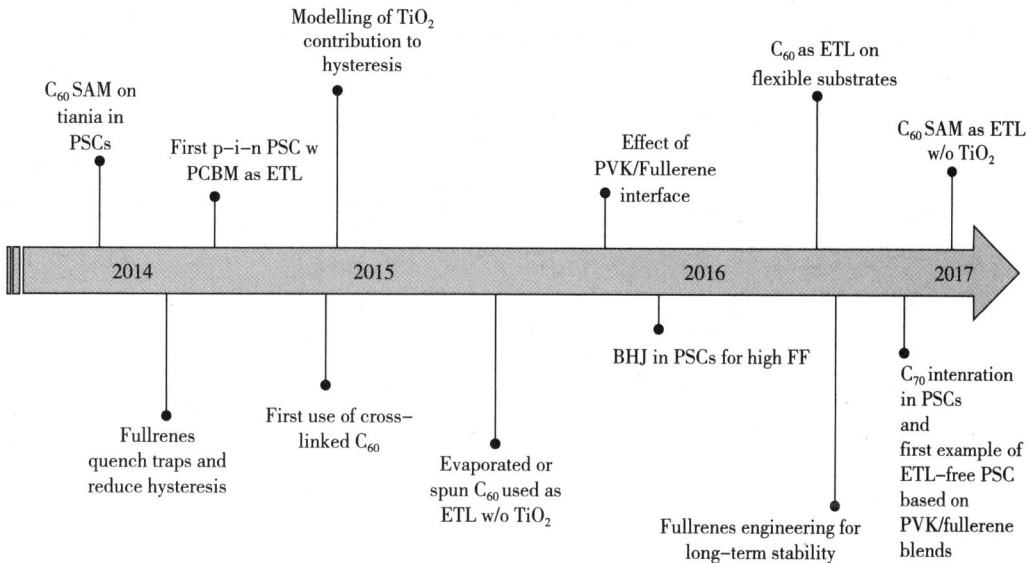

图 2-20 富勒烯在钙钛矿电池中具有里程碑意义的工作

究人员利用固相机械化学法(高能球磨法)制备少层黑磷纳米片的基础上,通过在球磨块体黑磷时加入 C_{60} ,成功地制备了一种新型黑磷-C_{60} 杂化材料,对该黑磷-C_{60} 杂化材料进行了一系列的光谱和能谱表征,证明了 C_{60} 分子选择性地共价连接在黑磷纳米片边缘。由于少层黑磷纳米片更容易从边缘被氧化降解,其边缘连接了高稳定性的 C_{60} 分子后,C_{60} 起着保护盾牌的作用,有效地抑制了少层黑磷纳米片被氧化降解,从而其在水中的稳定性相对于未嫁接 C_{60} 的少层黑磷纳米片提高了约 4.6 倍。此外,由于 C_{60} 具有强的接受电子的能力,形成黑磷-C_{60} 杂化材料后可以发生黑磷到 C_{60} 的光诱导电子转移,从而显著提升了少层黑磷纳米片的光电流响应和光催化活性。这一结果不仅为提高黑磷的稳定性提供了新的思路,而且对于开发富勒烯材料的新应用有着重要意义。

剑桥大学卡文迪许实验室青年研究员彭博在《美国化学会志》(Journal of the American Chemical Society)上发表独立作者论文,通过理论计算详细研究了一种潜在的高效光催化剂——二维富勒烯。文章发现,二维富勒烯的晶体结构表面积大、活性位点多,具有较高的反应效率。在光照下,二维富勒烯可以产生大量拥有高迁移率的载流子,从而源源不断提供电子,用于水的还原反应产生氢气。二维富勒烯中的光生载流子能在热力学上自发分解水产生氢气。此外,富勒烯分子本身就是潜在的储氢材料。二维富勒烯的这些特性,有可能应用于制备和存储一体的氢燃料电池,拥有广阔的应用前景。

该研究提出,由于二维富勒烯中的静电屏蔽较弱,需要在杂化泛函中考虑弱屏蔽效应对电子能带、光学吸收和激子结合能的影响,从而更准确地描述二维富勒烯的电子结构和光学性质(图 2-21)。准六边形结构的二维富勒烯光学吸收效率较高,可以产生大量电子空穴对;而准四边形的二维富勒烯可以抑制电子和空穴的复合,从而让更多电子参与氢离子的还原反应。此外,单层富勒烯的三个相都拥有较高的载流子迁移率,可以有效分离电子和空穴,从而防止载流子复合,提高光催化效率。与此同时,利用单层富勒烯和其他二维材料(如 SnTe、PbTe 等)组成双层异质结,可以实现第二类能带对齐,进一步提高载流子的利用效率。不同相的单层富勒烯同样可以组成双层异质结,例如双层 qTP1-qHP 富勒烯异质结可以实现第一类能带对齐(图 2-22),从而在空间上有效限制载流子的分布。这一特性可能应用于激光和其他发光器件。

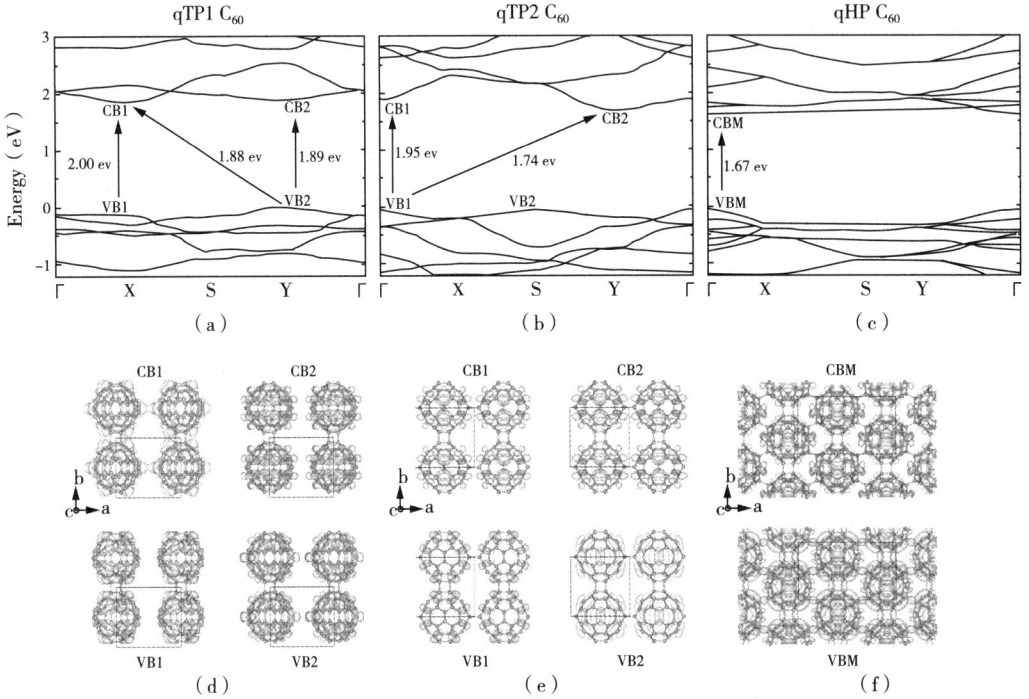

图 2-21 二维富勒烯三个相的电子结构(a)－(c)及其导带底、价带顶电荷密度(d)－(f)

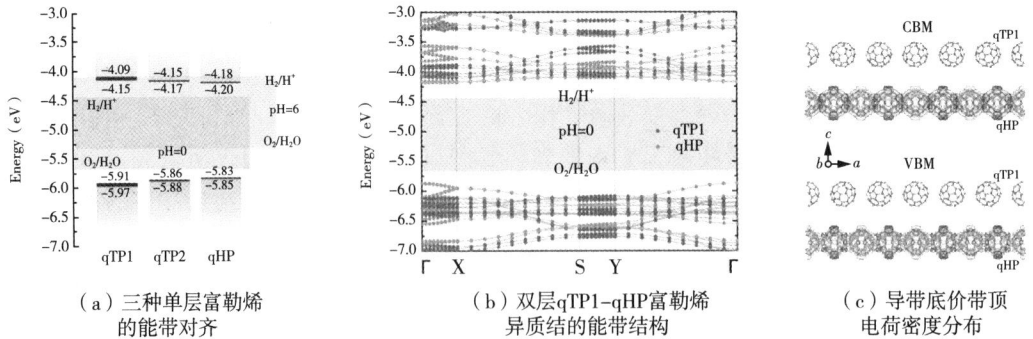

(a)三种单层富勒烯的能带对齐   (b)双层 qTP1-qHP 富勒烯异质结的能带结构   (c)导带底价带顶电荷密度分布

图 2-22

该研究预测,在光照下,单层富勒烯可以在热力学上自发分解水产生氢气和氧气(图 2-23)。另外,由于富勒烯分子本身就是潜在的储氢材料,经过金属掺杂之后可以吸附大量氢气分子。因此,理论上可以通过二维富勒烯的光催化和氢存储,实现制备和存储

氢能一体的新型电池,从而广泛应用于氢燃料电池,这在新能源汽车等领域拥有广阔的
应用前景。

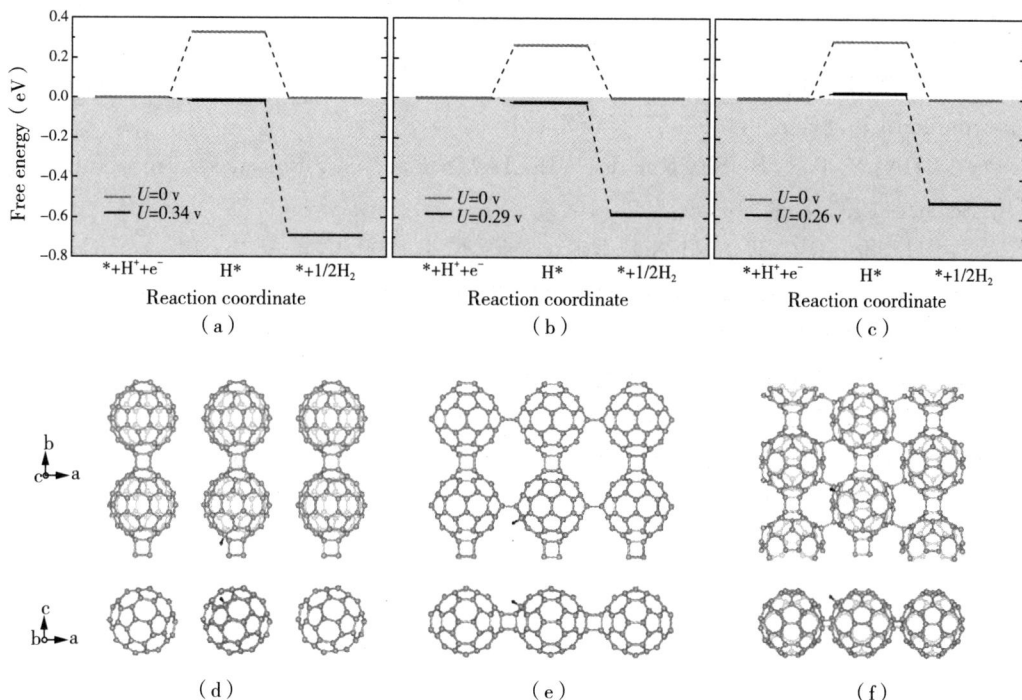

图 2 - 23　富勒烯三个相的还原反应自由能(a)－(c)和吸附氢离子后的中间产物(d)－(f)

　　从富勒烯的发现到现在已经有 30 多年了,人们对富勒烯的基础和应用研究取得了
不少成果。富勒烯独特的分子结构和特殊的物理化学性质,对化学、物理、生物医学、材
料科学等学科产生了深远的影响,在有机电子学、生物医学、化妆品、催化剂、超导体、非
线性光学、润滑剂、分子磁体、储氢材料、燃料电池等领域显示出诱人的前景。

　　虽然富勒烯的应用前景广阔,但是,目前除了少数含富勒烯的产品已经面世,富勒烯
在大部分领域上的应用仍处在起步阶段,还没有真正成为商品进入市场。其中一个重要
的原因是富勒烯的生产成本较高,直接影响到富勒烯的应用和进一步开发。不过,成本
的问题未来可以通过规模化生产加以解决。随着富勒烯研究的不断深入和发展成熟,人
们将目光逐渐聚集到最有前途的方向,从而带动富勒烯的实际应用。

思考题:

1. 查找资料,请思考还有哪些制备富勒烯的方法。
2. 富勒烯衍生物在生活中有哪些运用?
3. "富勒烯"护肤品风靡全球,你对此的看法是?
4. 你认为富勒烯未来的发展方向是?

参考文献

[1] KROTO H W,HEATH J R,O'BRIEN S C,et al. C60:Buckminsterfullerene [J]. Nature,1985,318(6042):162－163.

[2] BUSECK P R,TSIPURSKY S J,HETTICH R. Fullerenes from the geological environment[J]. Science,1992,257(5067):215－217.

[3] DALY T K,BUSECK P R,WILLIAMS P,et al. Fullerenes from a fulgurite [J]. Science,1993,259(5101):1599－1601.

[4] Haddon R C,Hebard A F,Rosseinsky M J,et al. Conducting films of C60 and C70 by alkali-metal doping[J]. Nature,1991,350(6316):320－322.

[5] BECKER L,BADA J L,WINANS R E,et al. Fullerenes in the 1.85－billion-year-old Sudbury impact structure[J]. Science,1994,265(5172):642－645.

[6] Zhao M Q,Zhang Q,Huang J Q,et al. Layered double hydroxides as catalysts for the efficient growth of high quality single-walled carbon nanotubes in a fluidized bed reactor[J]. Carbon,2010,48(11):3260－3270.

第 3 章　石墨烯

3.1　石墨烯的简介

　　石墨烯是先进的碳纳米材料的一部分,是碳原子的二维孤片。这些原子堆积在图 3-1 所示的六边形网络中。石墨烯(Graphene)是由单层碳原子以 sp^2 杂化轨道紧密堆积而成的,是具有二维蜂窝状晶格结构的碳质材料,是只有一个碳原子层厚度的薄膜状材料。在石墨烯被发现以前,理论和实验上都认为完美的二维结构是无法在非绝对零度下稳定存在的,因而石墨烯的问世引起了全世界的关注。从理论上来说,石墨烯并不能算是一个新事物,但它一直被认为是假设性的结构,是无法单独稳定存在的。从理论上对石墨烯特性的预言到实验上的成功制备,大概经历了近 60 年的时间,直到 2004 年,英国曼彻斯特大学物理学家 Geim 和 Novoselov 采用特殊的胶带反复剥离高定向热解石墨,成功地从石墨中分离出了石墨烯,从而证实了石墨烯是可以单独稳定存在的,石墨烯才真正被发现。两人也因在二维石墨烯材料上的开创性实验,共同获得了 2010 年的诺贝尔物理学奖。

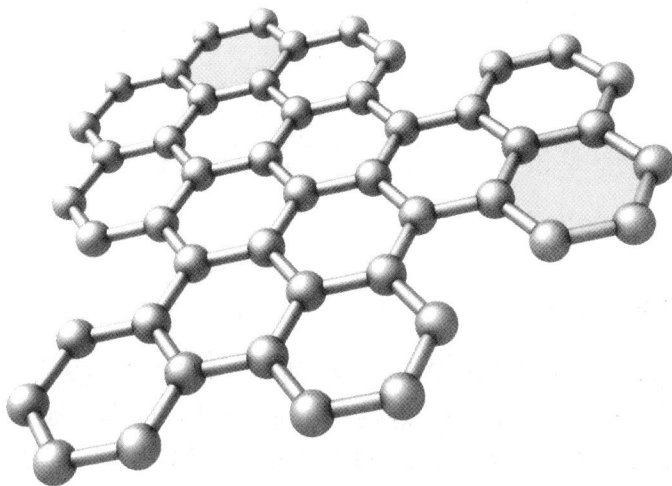

图 3-1　不同碳同素异形体

　　早期的理论和实验研究都表明完美的二维结构是不会在自由状态下存在的,相比其他卷曲结构如石墨颗粒、富勒烯和碳纳米管,石墨烯的结构也并不稳定,那么,为什么石墨烯会从石墨上被成功地剥离出来呢？Wagner 理论研究表明，二维晶体可以形成一个稳定的三维结构，这与一个无限大的单层石墨烯的存在是相悖的。但是，从实验结果可以推测，有限尺寸的二维石墨烯晶体在一定条件下是可以稳定存在的。事实上，石墨烯是普遍存在于其他碳材料中的，并可以看作是其他维度碳基材料的组成单元，如三维的石墨可以看作是由石墨烯单片经过堆砌而形成的，零维的富勒烯则可看作是由特定石墨烯形状团聚而成的，而石墨烯卷曲后又可形成一维的碳纳米管结构。

石墨烯结构稳定，内部碳原子之间连接柔韧，在外力的作用下，碳原子层会发生弯曲变形，从而它不需要原子结构的重新排列来适应外力，以保持其结构的稳定性。这种稳定的晶格结构使石墨烯具有优异的导热性（热导率约为 $5000\mathrm{W} \cdot \mathrm{m}^{-1} \cdot \mathrm{K}^{-1}$）。另外，石墨烯内部电子在轨道中移动时，不会因晶格缺陷或引入外来原子而发生散射。原子间作用力十分强，在常温下，即使周围碳原子发生碰撞，内部电子受到的干扰也非常小。

石墨烯是目前已知导电性能最出色的材料，在室温下，其电子的传递速度比已知任何导体都快，其电子的运动速度达到了光速的 1/300，远远超过了电子在一般导体中的运动速度。同时，它也是已知材料中最薄的一种，材料非常牢固坚硬，比钻石还要硬，其理想状态下强度比世界上最好的钢铁高 200 倍。石墨烯具有超大的比表面积，理论上高达 $2630\mathrm{m}^2 \cdot \mathrm{g}^{-1}$。此外，石墨烯还具有许多其他优异性能，比如较高的杨氏模量（约为 1100GPa），较高的载流子迁移率（$2 \times 10^5 \mathrm{cm}^2 \cdot \mathrm{V}^{-1} \cdot \mathrm{s}^{-1}$）和铁磁性等。石墨烯这些优越的性质及其特殊的二维晶体结构，决定了石墨烯广阔的应用前景。

石墨烯的发现引起了全世界的研究热潮，石墨烯潜在的应用价值也随着研究的不断深入而逐步被挖掘出来。由于石墨烯具有原子尺寸的厚度，优异的电学性质，极其微弱的自旋轨道耦合性，超精细相互作用的缺失，以及电学性能对外场敏感等特性，使其在纳米电子器件、电池、超级电容器、储氢材料、场发射材料以及超灵敏传感器等领域得到了广泛的应用。

3.2 石墨烯的结构与性能

3.2.1 石墨烯的结构

石墨烯（graphene）可以视作石墨中的一层，是 sp^2 碳组成的六方晶格准二维孤立原子层，是一种只有一个原子层厚度的二维材料。简单来讲，石墨烯就是单层的石墨片，是富勒烯、碳纳米管和石墨等碳材料的基本构成单元。石墨烯具有 sp^2 杂化碳原子排列组成的蜂窝状二维平面结构。石墨烯作为单原子层的二维晶体，一个 2s 轨道上电子受激跃迁到 $2\mathrm{p}_z$ 轨道上，另一个 2s 电子与 $2\mathrm{p}_x$ 和 $2\mathrm{p}_y$ 上的电子通过 sp^2 杂化形成三个 σ 键，每个碳原子和相邻的三个碳原子结合在平面内形成三个等效的 σ 键，因此三个 σ 键在平面内彼此之间的夹角为 120°。而 $2\mathrm{p}_z$ 电子在垂直于平面方向上形成 π 键。石墨烯中的碳原

子通过 sp^2 杂化与相邻碳原子以 σ 键相连,形成规则正六边形结构,碳碳键长约为 0.142nm,单层石墨烯厚度约为 0.35nm。图 3-2 显示了二维原子晶体石墨烯的晶格结构。

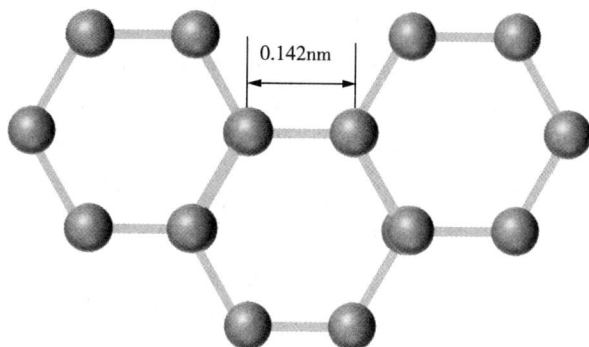

图 3-2　二维原子晶体石墨烯的晶格结构

3.2.2　石墨烯的性能

3.2.2.1　石墨烯的电学性能

石墨烯是一种典型的零带隙半金属材料,其电子能谱——电子的能量与动量呈线性关系,也就是说石墨烯的导带与价带相交于布里渊区的一点 $K(K')$,如图 3-3 所示。处于该点附近的电子运动不能再用传统的薛定谔方程加以描述,只能通过狄拉克方程来进行解释,因此该点也称为狄拉克点 $K(K')$。

石墨烯的特殊结构使其具有一些特殊的性质。首先,在石墨烯狄拉克点附近,电子的静止有效质量为零,为典型的狄拉克费米子特征,其费米速度高达 $10^6 \mathrm{m \cdot s^{-1}}$,是光速的 1/300,悬浮石墨烯的载流子密度高达 $10^{13} \mathrm{cm^{-2}}$,迁移率高达 $20000 \mathrm{cm^2 \cdot V^{-1} \cdot s^{-1}}$,即使在 SiO_2 衬底上,石墨烯的迁移率仍然可高达 $10000 \sim 15000 \mathrm{m^2 \cdot V^{-1} \cdot s^{-1}}$。其次,电子波在石墨烯中的传输被限制在一个原子层厚度的范围内,因此具有二维电子气的特征,基于此,电子波极容易在高磁场作用下形成朗道能级,进而出现量子霍尔效应。再次,由于电子赝自旋的发生,电子在传输运动过程中对声子散射不敏感,最终使得在室温下就可以观察到量子霍尔效应。除了整数量子霍尔效应外,由于石墨烯特有的能带结构,导致了新的电子传导现象的发生,如分数量子霍尔效应(即 v 为分数)、量子隧穿效应、双极性电场效应等。最后,石墨烯的载流子浓度和极性可以通过掺杂手段进行有效的调控,目前常见的掺杂方式有原子替代掺杂和表面掺杂,两种掺杂方法均可以得到高载流子浓度的 n 型或 p 型石墨烯,为石墨烯的功能化修饰进而改变石墨烯的性质提供了良好的基础。

正如块状材料存在一定的表面态一样,有限尺度的石墨烯纳米结构同样具有特殊的边缘电子态,例如宽度在纳米尺度的石墨烯纳米带(准一维)和各种形貌的石墨烯岛(准零维)。与石墨烯晶体结构零带隙导致的半金属态不同,在石墨烯纳米带中,由于受到量子化的限制,电子态具有依赖于纳米带宽度和边缘原子结构类型的性质。

20 世纪 90 年代,Fujita 和 Nakada 等人利用紧束缚电子结构模型发现,边缘结构为锯齿形状的石墨烯纳米带具有金属性质,且费米面能级附近电子态集中在石墨烯的边缘;而边缘结构为扶手椅形状的石墨烯纳米带,其电子根据宽度不同表现出金属性或者半导体性。如图 3-4 所示,墨烯纳米带中碳原子链的条数可以定义纳米带的宽度。根据此定义,研究表明石墨烯纳米带的能隙会随着纳米带宽度的变化而变化,其中 $N_a = 20$ 的扶手椅型石墨烯纳米带出现了带隙,显示出半导体性质,而同样宽度的锯齿型石墨烯纳米带为零带隙的金属,且在费米能级处出现了局域的边缘态。

Son 等人进一步通过第一性原理计算发现了锯齿型石墨烯边缘态的存在,并利用施加的横向电场破坏了其对称性,最终实现该结构对一种自旋电子可导。同样的分析手段,在扶手椅型纳米石墨烯条带结构中没有发现边缘态的存在,基于二维点阵和紧束缚模型理论计算发现了石墨烯纳米带宽度与带隙的相关性。在实际的石墨烯纳米带样品中,由于其边缘可能出现结构的无序、化学修饰等因素影响,测量得到的能隙都不为零,但是仍然和条带的宽度存在一定的相关性。

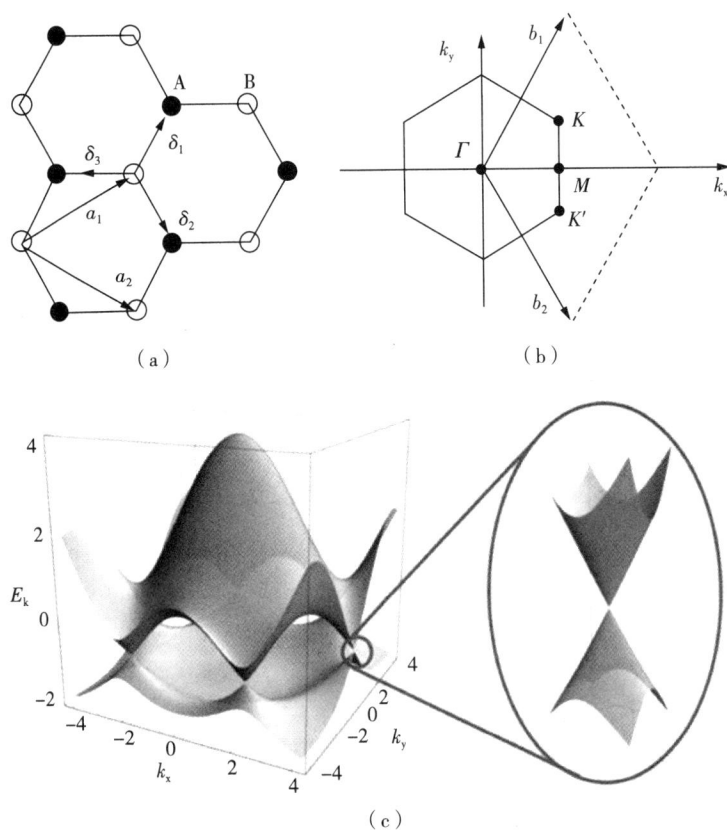

(a)

(b)

(c)

图 3-3 石墨烯的晶体结构和能带结构

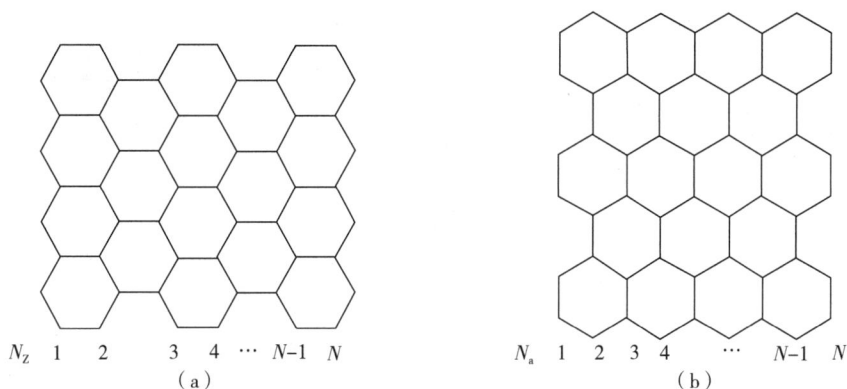

N_Z　1　2　　3　4　$\cdots$　$N-1$　N
（a）

N_a　1　2　3　4　$\cdots$　$N-1$　N
（b）

图 3-4　石墨烯纳米带(a)锯齿形边界结构(b)扶手椅型边界结构

　　总之,石墨烯纳米带作为一种新型的石墨烯结构,其电子性质强烈依赖于本身结构,基于这一特性,通过合理设计不同宽度或边界类型的石墨烯纳米带及其进一步的组合,可以实现纳米电子器件的有效构筑。比如,选取分别具有金属性和半导体性的石墨烯纳米带可以形成肖特基势垒,进一步构筑而成的三明治结构可以形成量子点,且量子态可以通过石墨烯纳米带的结构进行有效的控制。最近,来自瑞士和德国的科学家合作实现了石墨烯纳米带边界类型的精确合成,在该工作中,他们选取合适的有机单体作为前驱体,采用自下而上的方式,经过表面辅助的聚合反应和脱氢环化反应在 Au(111)基底上制备了边界类型为锯齿结构的石墨烯纳米带,该工作为制备性能可控的石墨烯提供了有效的途径,在自旋电子学等领域具有极广阔的应用前景。

　　前述石墨烯的电学性质讨论均是基于石墨烯的单层结构,其实石墨烯电学性质与层数之间也存在一定的相互关系。双层石墨烯是由石墨烯派生出来的另一个重要的二维体系,结构上来讲,双层石墨烯是由两个单层石墨烯按照一定的堆垛模式而形成的。理论计算表明,双层石墨烯中的载流子能谱为手性无质量的能谱形式,其能量正比于动量的平方,与单层石墨烯相比既有类似之处又有差异。在双层石墨烯结构中,由于层间 π 轨道的耦合,在施加外电场后很容易打开带隙而成为半导体。图 3-5 显示了利用紧束缚模型理论计算得到的双层石墨烯能带结构关系,值得注意的是,双层石墨烯是目前已知的唯一可以通过外场调节其半导体性质的材料。最近的理论和实验结果也证实,通过合理施加垂直于石墨烯平面的电场,其带隙随外场大小可以在 0.1~0.3eV 范围内发生变化。

　　为了实现对双层石墨烯的性质研究,其制备方法的发展也一直是该领域的热点问题。在此我们简述最常用的化学气相沉积法在制备可控转角双层石墨烯上的进展。Zhong 等人利用化学气相沉积法首次在铜催化剂上生长了大面积的均一双层石墨烯,尺寸可达 2in·2in(1in＝0.0254m),电学测试中带隙的出现证实了双层石墨烯的存在。Duan 等人同样利用氩气辅助的化学气相沉积法制备了由两片单晶六角石墨烯按照Bernal 堆垛方式组成的双层石墨烯,且尺寸可以达到 300μm。最近,Ruoff 等人在生长过程中引入氧气,在铜基底上制备了尺寸达 0.5mm 的 Bernal 堆垛方式组成的双层石墨烯

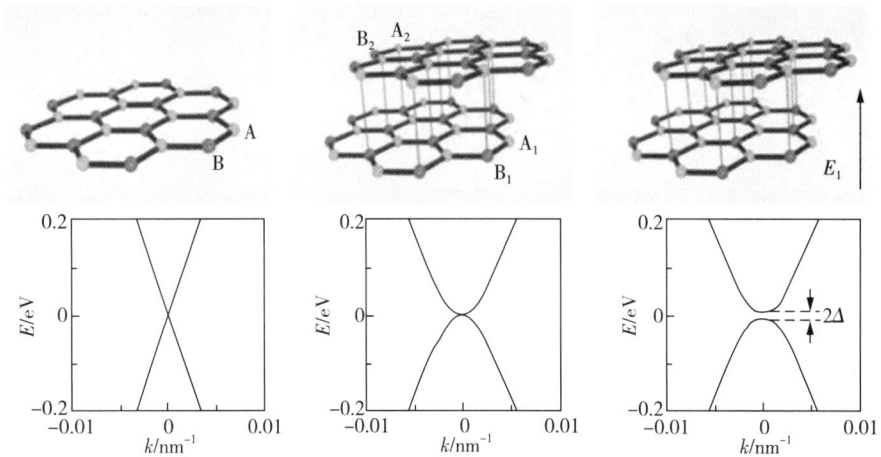

图 3-5 双层石墨烯的能带结构关系

晶体。上述工作为可控制备双层石墨烯提供了有效的途径,也为将来对其性质的深入研究打下了基础。

随着层数的继续增加,石墨烯的能带结构也会逐渐变得复杂。其中,三层石墨烯具有半金属特性,同时其带隙可以通过栅压的调节来控制。总之,石墨烯层数的变化会相应带来其性质的改变,这也为调控石墨烯的性质提供了一种途径,同时为未来基于石墨烯的电学等领域的应用奠定了基础。

3.2.2.2 石墨烯的光学性能

石墨烯由单层到数层碳原子组成,因此大面积的石墨烯薄膜具有优异的透光性能。对于理想的单层石墨烯,波长在 $400\sim800nm$ 范围内的光吸收率仅有 $2.3\%\pm0.1\%$,反射率可忽略不计;石墨烯层数每增加一层,吸收率增加 2.3%;当石墨烯层数增加到 10 层时,反射率也仅为 2%(图 3-6)。单层石墨烯的吸收光谱在 $300\sim2500nm$ 范围内较平

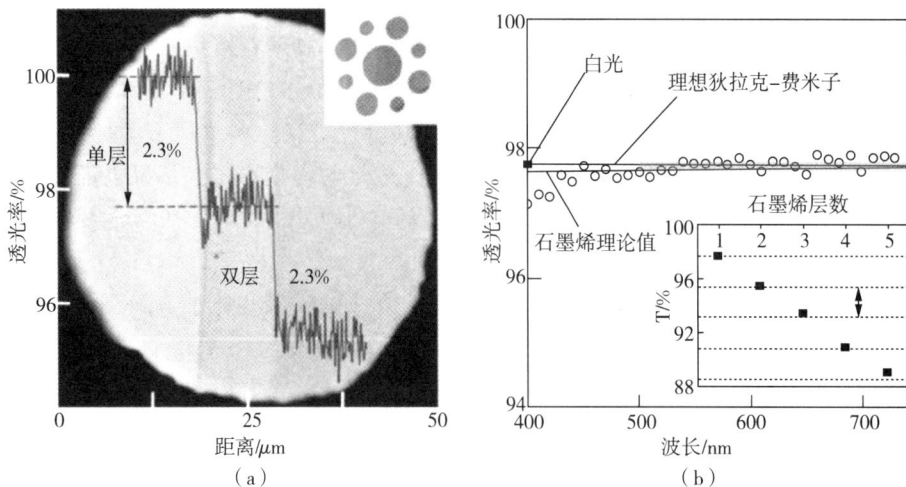

图 3-6 (a)石墨烯的透光性;(b)石墨烯层数以及光波长对透光率的影响

坦,只在紫外区域(约 270nm)存在一个吸收峰。因此,石墨烯不仅在可见光范围内拥有较高的透明性,而且在近红外和中红外波段内同样具有高透明性;这使得它在透明导电材料,尤其是窗口材料领域拥有广阔的应用前景。首尔大学 Kim 等人将电流通过真空中悬于两电极之间的石墨烯,可以加热到 2500℃ 并且辐射强度高出基底上的石墨烯 1000 倍。进一步改进后,该器件有望用于超薄显示器中的纳米光发射器。Bao 等人和 Xing 等人先后发现了石墨烯是一种很好的饱和吸收体,可用来做超快脉冲激光器。Hendry 小组通过可见光到近红外光波段的四波混频实验,得到单层石墨烯三阶非线性极化率在近红外区域为 1.5×10^{-7}。Zhang 等人用 Z 扫描实验测量了石墨烯的非线性折射率。

3.2.2.3　石墨烯的力学性能

与碳纳米管、碳纤维等碳材料相似,石墨烯中单层内碳原子 sp^2 杂化后形成牢固的碳碳键,而在石墨烯层间则主要依靠范德华力和 π 电子的耦合作用。因此石墨烯具有出色的力学性能,同时石墨烯的结构特点决定了其力学性能的各向异性。由图 3-7 可以看出,石墨各向异性远高于其他材料,仅次于单壁碳纳米管。Hone 等人对单层石墨烯的力学性质进行了较系统全面的研究。结果表明,石墨烯的平均断裂强度为 55N·m^{-1},石墨烯厚度 0.335nm,石墨烯的杨氏模量可达 (1.0 ± 0.1)TPa,理想强度为 (130 ± 10)GPa。Hone 等人研究了化学气相沉积法所制备石墨烯的力学性能,同时表明石墨烯晶粒完美连接成的石墨烯膜同样具有优异的力学性能。碳原子间的强大作用力使其成为目前已知的力学强度最高的材料,将来可能作为增强材料广泛应用于各类高强度复合材料中。

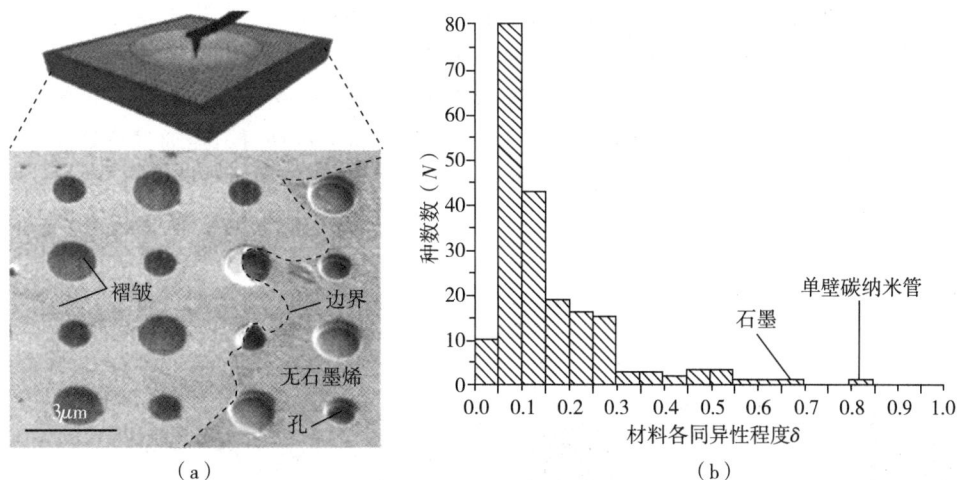

图 3-7　(a)石墨烯力学性能测试示意图;(b)六角晶体材料各向异性分布

最近,研究人员将传统剪纸艺术(通过剪切和折叠纸张来构建复杂的结构)应用于石墨烯制作技术。他们使用黄金垫作为手柄,首先使用红外激光器对石墨烯薄膜上的黄金垫施加压力,将石墨烯弄皱,然后对产生的位移进行测量,测量结果可以用来计算石墨烯层的力学性能。经过分析,研究人员发现起皱石墨烯的力学性能得到提升,正如揉皱的纸比光滑的纸韧性更强,事实上正是这样的机械相似性,使研究人员能够把纸模型的方法应用于石墨烯制备。这一发现将成为研发新型传感器、可伸缩电极或制造纳米机器人的专用工具。

3.2.2.4 石墨烯的热学性能

石墨烯是二维 sp^2 键合的单层碳原子晶体,与三维材料不同,其低维结构可显著削减晶界处声子的边界散射,并赋予其特殊的声子扩散模式。Balandin 等人测得单层石墨烯的热导率高达 5300W·m^{-1}·K^{-1},明显高于金刚石(1000~2200W·m^{-1}·K^{-1})、单壁碳纳米管(3000~3500W·m^{-1}·K^{-1})等碳材料,室温下是铜的热导率(401W·m^{-1}·K^{-1})的 10 倍。Ghosh 等人研究了石墨烯热导率随层数的变化情况。图 3-8(a)所示为热导率测量方法,石墨烯从单层增加到 4 层时,热导率迅速降低,由 4100W·m^{-1}·K^{-1} 降至 2800W·m^{-1}·K^{-1},4 层石墨烯热导率与高质量石墨相当。由于石墨烯具有非常高的稳定性,因此可以用作导热材料。厦门大学蔡伟伟课题组利用非接触光学拉曼技术进一步研究了同位素效应对化学气相沉积法制备的石墨烯热导率的影响,实验结果表明,不含同位素[13]C 的石墨烯的热导率在 320K 温度下高于 4000W·m^{-1}·K^{-1},该数值两倍于[12]C 和[13]C 以 1:1 比例组成的石墨烯的热导率。该工作为调控石墨烯的导热性质提供了一种有效的途径,将会进一步促进二维原子晶体导热性能的研究。

优异的导热性能使石墨烯在热管理领域极具发展潜力,但这些性能都基于微观的纳米尺度,难以直接利用。因此,将纳米的石墨烯组装形成宏观薄膜材料,同时保持其纳米效应是石墨烯规模化应用的重要途径。一般来讲,氧化石墨烯薄膜在退火后热导率会提升,但也变得脆而易碎。如果把一维的碳纤维作为结构增强体,把二维的石墨烯作为导热功能单元,通过自组装技术,就可构建结构/功能一体化的碳/碳复合薄膜。中国科学院山西煤炭化学研究所的研究人员所构筑的这种全碳薄膜具有类似于钢筋混凝土的多级结构,其厚度在 10~200nm 可控,室温面向热导率高达 977 W·m^{-1}·K^{-1},拉伸强度超过 15MPa。以氧化石墨烯为前驱体很容易获得薄膜材料,但这种材料需通过热处理才能恢复其导热/导电性能。进一步的研究结果表明,1000℃是薄膜性能扭转的关键点,薄膜的性能在该点发生质变,面向热导率由 6.1W·m^{-1}·K^{-1} 迅速跃迁至 862.5W·m^{-1}·K^{-1},并在 1200℃时提升到 1043.5W·m^{-1}·K^{-1}。这一发现不仅解决了石墨烯热化学转变的

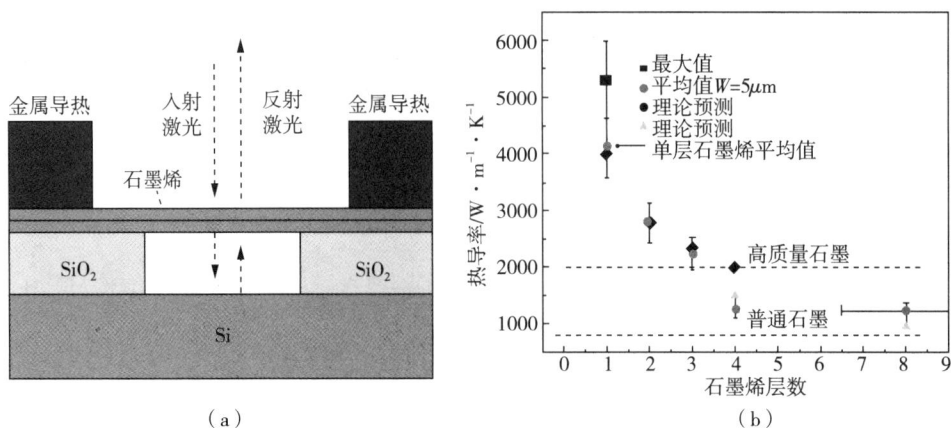

（a）

（b）

图 3-8　（a)热导率测量的示意图;(b)石墨烯热导率随层数增加而降低

基础科学问题,也为石墨烯导热薄膜的规模化制备提供了依据。

3.2.2.5　石墨烯的稳定性及反应性

石墨烯的化学稳定性高是由于蜂窝网状结构中强大的面内 sp^2 杂化键的存在。石墨烯的化学惰性可应用于防止金属和金属合金的氧化。陈等用化学气相沉积技术将石墨烯镀在铜/镍上,首次演示了石墨烯的抗氧化性能。石墨烯具有的化学稳定性和惰性使它有望提高潜在的光电子器件的耐久性。

氧化石墨烯可溶于极性和非极性溶剂。因为每个石墨烯原子存在于表面,这些原子能够与目标气体或蒸气粒子的任何分子产生相互作用。因此,石墨烯展示出其独特的化学反应特性。通过恰当地选择一个分子吸附在石墨烯的表面,这一独特的化学反应特性能够调节石墨烯的导电性。这些特性使石墨烯可应用于纳米机电系统(NEMS),如压力传感器和谐振器。

周和博吉诺在最近发表的有关氧化石墨烯的化学和动力学稳定性起源的文章中写道:在较温和的温度(706℃)下,氧化石墨烯的热还原效率低下,经过合成后的材料进入亚稳态。在此,利用第一性原理和统计计算来研究低温过程导致氧化石墨烯的分解及其老化对材料结构和稳定性的影响。我们的研究表明,氧化石墨烯稳定性的关键因素是氧化功能有凝聚和形成被原始石墨烯环绕的高度氧化域的倾向。官能团的凝聚中,主要的分解反应受到了几何和能量因素的阻碍。由于氧化域的局部有序,反应位点数减少,并且由于氧化功能团的紧密堆积,分解反应一般为超过 0.6eV 的吸热反应。

然而,这里必须指出的是,由于石墨烯的二维结构,其每个原子的化学反应都是从两侧开始的。此外,位于石墨烯片边缘的碳原子显示出其特殊的化学反应性,而石墨烯片的缺陷也增强了化学反应能力。石墨烯的反应性和电子特性取决于石墨烯的层数,并随着层数和相邻层原子(堆叠顺序)的相对位置的变化而变化。

双层石墨烯的堆叠顺序可以是 AA 型,每一个原子位于另一个原子的上方:或者是 AB 型,第二层中的一组原子位于第一层的六边形的中心的上方[图 3-9(d)]。随着层数的增加,堆叠顺序会变得更加复杂。单层石墨烯的碳原子将充分满足其价态,从而不会产生悬键[图 3-9(a)]。这是 AA 型结构的单层石墨烯。然而,由于范德华力的存在,位于双层石墨烯(无论是,AA 型还是 AB 型结构)表面的碳原子会显示出一些弱悬键。这是由于表层与下面层相隔 0.32nm 且范德华力使第二层与上一层相关联[图 3-9(b)和(d)]。由于顶层碳原子中没有范德华力,跟第二层的碳原子相比,顶层表面的电子存在于不同的环境中。因此,顶层电子[图 3-9(b)]的相互作用的表现将会与双层石墨烯中的电子完全不同。这是因为在 AA 型结构中,每一个碳原子都恰好位于顶层碳原子下面,而在 AB 型结构中,第二层也可形成悬键。因此,AA 型结构双层石墨烯的电子相互作用将与 AB 型结构完全不同。

虽然悬键的效应或多或少跟双层石墨烯相似,但是 AA 型结构三层石墨烯的情况仍是不同的[图 3-9(c)]。AA 型结构三层石墨场顶层的电子相互作用的量级不同于 AA 型结构的双层石墨烯。AB 型结构的三层石墨烯的情况非常复杂[图 3-9(e)]。顶层和第二层的碳原子影响着悬键。悬键对电子相互作用产生的影响不同于双层石墨烯。因此,石墨烯的反应性很大程度上取决于层数和结构类型(AA 型或 AB 型)。悬键的存在促进了临时化学反应。换句话说，它有助于石墨烯的官能化。这是双层石墨烯比单层石墨烯更易于官能化的原因之下。

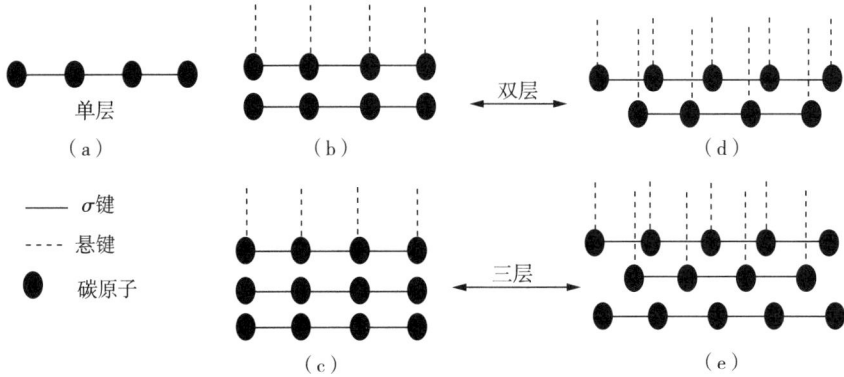

图 3-9　(a)单层石墨烯(b)AA 型结构的双层石墨烯,顶层形成一个悬挂能带;
(c)AA 型结构的三层石墨烯,顶层有效地形成了一个悬键;(d)AB 型结构的双层石墨烯,由于第一层和第二层的碳原子而形成了悬挂能带;(e)三层石墨烯,由于顶层和第二层的碳原子而形成了悬键

3.3　石墨烯的制备

早在 1947 年,就有人预言过石墨烯的存在以及其可能具有的诸多性质,但尝试制备石墨烯的科学家却很少。苏联的力学"泰斗"朗道曾断言:"在有限温度下,任何二维的晶格体系都是不稳定的"。2004 年 Geim 教授和 Novoselov 教授成功地制备出稳定存在的石墨烯,整个科学界都为之轰动,由此各个领域都掀起了一股关于二维材料的研究热潮。如果没有当时在实验室中剥离出的那片小小的石墨烯,便没有如今二维材料如此蓬勃的发展,由此可见石墨烯的成功制备所带来的巨大影响。随后的研究表明,石墨烯具有许多优异的性质,这进一步激发了人们对它的强烈兴趣。然而,了解如何制备石墨烯是研究其性质及应用的前提。此外,对于理论科学家而言,通晓石墨烯的制备方法有助于他们对不同方法制备的石墨烯做出合理的预期。本章对石墨烯不同的制备方法进行了总结,其中包括剥离法、SiC 表面外延生长法、电弧放电法、氧化还原法、化学气相沉积法以及偏析生长法、自下而上合成法等其他方法。对于石墨烯的研究而言,制备与转移相辅相成、缺一不可,将石墨烯转移至不同的基底上对于它的理论研究及实际应用具有重要意义,因此本章最后一节还重点介绍了石墨烯的各种转移方法。

3.3.1　机械剥离法

机械剥离法,顾名思义,就是利用机械外力克服石墨层与层之间较弱的范德华力,经过不断地剥离从而得到少层甚至单层石墨烯的一种方法。根据作用尺度的不同,这类方法可以分为微机械剥离法和宏观剥离法(包括插层、研磨等方法)。由于简便有效,利用胶带黏附力克服层间作用力的微机械剥离法最简单,应用也最为普遍。这种方法可以追溯到 1965 年,当时 Frindt 等人利用这种方法成功获得了小于 10nm 的薄层 MoS_2。而 1997 年时,Ohashi 等人利用这种方法成功剥离得到了厚度为 $30\sim100nm$ 的石墨片层,并且他们还测量了不同厚度的石墨片在各种温度下的电阻值。

诺贝尔奖获得者 Geim 和 Novoselov 最初获得石墨烯的方法十分简便:通过外力将用于剥离的胶带紧紧黏附在一片高定向热解石墨(highly oriented pyrolytic graphite, HOPG)表面,然后撕下胶带使二者分开,这样就会有一部分的石墨片层克服层间作用力而留在胶带上;然后将粘有石墨片的胶带与新胶带的黏性面通过按压贴合在一起,再轻轻地撕开两块胶带,这样使得一块石墨片分成两片更薄的片层;通过重复剥离,便可以使所得石墨片的厚度不断减小,此时可观察到石墨烯的颜色逐渐变淡。将这些胶带粘在硅片表面,由于范德华力和毛细张力的作用,剥离所得的石墨烯片便会附着在硅片上,最后再将样品放入丙酮中溶去残胶。在对 1mm 厚的 HOPG 进行反复剥离后,他们最终获得了厚度小于 10nm 的薄层石墨片,如图 3-10(a)所示。图 3-10(b)展示了他们所获得的稳定的单层石墨烯,由此打破了“二维的晶格体系不稳定”的定论。他们将这种剥离的少层石墨烯片制成了场效应晶体管(field-effect transistor,FET),并测量了其电学性质,这些薄层的石墨烯片表现出了零带隙和高迁移率的性质。

铅笔在纸上写字是利用摩擦力克服石墨笔芯里的范德华力,使少层的石墨留在纸上。Geim 等人利用相似的原理提出了摩擦剥离制备石墨烯的方法。具体来说,他们将一块石墨的干净面“蹭”到 SiO_2/Si 基底表面,这样就可以在基底表面留下一部分石墨薄片。他们惊奇地发现,在这种方法获得的石墨薄片中能够找到单层的石墨烯。但是为什么在早前进行的石墨剥离过程中并未发现单层的石墨烯呢? 他们对此也给出了解释:在剥离得到的样品中,单层的石墨烯是极少量的,并且由于其极高的透光性,很难用光学显微镜(optical microscopy,OM)观察到,同时在透射电子显微镜下也没有很明显的特征,而用来鉴定样品层数的原子力显微镜并不适合寻找,于是之前的研究者们通常只能看到较厚的石墨片。此后,他们还采用这个方法对多种其他层状材料进行剥离,成功地制得了多种可以稳定存在的二维材料(如 MoS_2、$NbSe_2$ 以及 $Bi_2Sr_2CaCu_2O_x$ 等)。

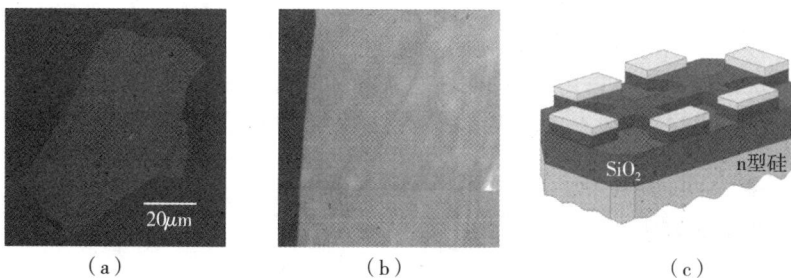

(a)　　　　　　　(b)　　　　　　　(c)

图 3-10　(a)在氧化硅基地上剥离得到的少层石墨烯(厚度约 3nm)的光学图像;
(b)单层石墨烯(厚度约 0.8nm)的 AFM 图像(c)石墨烯 FET 示意图

采用胶带剥离法虽然可以获得单层或者少层的石墨烯,但是这种方法却很难精确地对层数进行控制。为此,Dimiev 等人发展了一种新的剥离方法,利用锌膜进行剥离获得层数可控的石墨烯。他们首先在覆盖有少层石墨的 SiO_2/Si 基底上溅射一层锌膜,然后将基底置于盐酸中,溶解掉上面的锌膜,便会使最顶层的石墨烯被除去。通过锌膜的不断沉积和石墨烯层的不断移除,控制留在基底上的石墨烯的层数。此外,利用电子束光刻还可以对溅射锌膜的形状进行调节,从而改变除去的石墨层的形状,因此这种方法可以用来制备各种各样的石墨烯"印章"。虽然这种方法对层数有极高的可控性,但是会对石墨烯结构造成损伤,因为沉积锌层并将其放入盐酸中快速溶解的过程很容易对下层的石墨造成损害。同时,直接对石墨进行锌膜剥离的过程非常耗时,因而这并不算一种便捷、无损地剥离制备石墨烯的方法。

此外,研究者们还试图对剥离制备石墨烯的过程进行精确操控。Ruoff 等人在 1999 年报道了利用 AFM 针尖剥离制备石墨烯片层的工作。他们首先在新剥离的 HOPG 表面沉积一层 SiO_2,再利用氧等离子体刻蚀的方法获得一定厚度和形状的 HOPG,之后再用氢氟酸除去 SiO_2,最后通过与其他基底的摩擦使之转移到目标基底上。利用这种技术,可以通过 AFM 的针尖对 SiO_2 基底上的 HOPG 进行有效的分离,通过精确地操控可以在 Si 基底上得到形状可控的石墨烯片。然而这种方法获得的石墨烯层数往往不可控,而且利用 AFM 针尖进行剥离操作困难、费时,因而这种方法并不适合大量制备石墨烯。

无论是胶带剥离,还是摩擦剥离,都只适用于实验室中的研究。由于产量低且剥离的尺寸较小,并不适合大规模制备石墨烯。为了克服上述剥离石墨烯方法产量低的缺点,研究者们发展了许多有望规模制备石墨烯的宏观剥离法,其中具代表性的方法是机械切割石墨法和机械研磨石墨法。Subbiah 等人使用了一个超锐利、可高频振动的钻石楔作为切割工具对 HOPG 进行剥离,获得了大面积的少层石墨片。这种方法可以剥离出毫米级的大面积石墨片,其厚度在 $20\sim30\,\text{nm}$。但是,采用这种方法获得的石墨片表面非常粗糙,且层数也不均一,使用的仪器也十分昂贵。Chen 等人则使用了一种机械研磨石墨的方法制备石墨烯。他们首先将较厚的石墨分散在 N,N-二甲基甲酰胺(DMF)中,然后使用球磨机对其进行研磨,这样便可以获得少层(小于 3 层)的石墨片,经过离心分离和反复清洗之后除去未被剥离的厚层石墨和溶剂,得到了单层和少层的石墨片。研磨过程的主导作用力应是剪切力,否则会对石墨烯的晶格结构产生破坏。这种剥离方法可方便、廉价、大量地得到少层的石墨片,但是尺寸通常很小。宏观剥离法可实现石墨片的大量制备,但是在层数控制等方面还有待改进。

机械剥离法获得的石墨烯通常具有完整的晶格结构,所制得的器件性能优异。其中,胶带剥离法作为一种可以简便、快捷地制备高质量石墨烯的方法,已被广泛地应用于各种实验研究中。尽管机械剥离法极大地促进了石墨烯的研究,但是这种方法并不适合石墨烯的大规模制备。

3.3.2　化学剥离法

机械剥离法被证明是一种有效的制备石墨烯的方法,然而其缺点是产量低且可控性差。而化学剥离法可在溶液中将块状石墨剥离成大量的石墨薄片,有望实现薄层石墨的大规模制备。在早期的研究中,人们对富勒烯和碳纳米管等 sp^2 杂化碳材料在溶剂中的分散行为已有了一定的认知,采用化学剥离法制备石墨烯很自然地成了被关注的研究方向。为了实现石墨层的分离,必须考虑以下两个问题:第一,向石墨层间输入能量实现层与层的分离,温和的超声处理是一个行之有效的方法;第二,抑制石墨烯片层的重新团聚,使其维持孤立的薄片状态,因此,溶剂的选择至关重要。根据溶剂选择的不同,化学剥离法可以分为非水溶剂法和表面活性剂辅助法。

非水溶剂法

2008 年,Novoselov 和 Geim 提出了一种通过微波辅助化学剥离石墨获得石墨烯的方法:他们将石墨放入 DMF 中超声处理 3h,得到含有石墨烯的稳定分散液,接着将得到的溶液以 $13000r \cdot min^{-1}$ 的速度离心分离 10min,使厚层石墨和石墨烯分离。但在当时这仅仅是一个初步的尝试,石墨烯的产率和含量均有待提高。

常用于分散石墨烯的有机溶剂有 N-甲基吡咯烷酮(NMP)、N,N-二甲基乙酰胺(DMAC)、γ-丁内酯(GBL)和 1,3-二甲基-2-咪唑啉酮(DMEU)等。Hernandez 等人系统地研究了各种有机溶剂在分散石墨烯以及形成稳定的石墨烯分散液方面的性能。他们首先制得浓度为 $0.1mg \cdot mL^{-1}$ 的石墨分散液,然后低功率超声处理、接着低速($500r \cdot min^{-1}$)离心 90min,最后得到了均匀液体(可稳定分散 5 个月)。图 3-11(a)为不同浓度(从 $6\mu g \cdot mL^{-1}$ 到 $4\mu g \cdot mL^{-1}$)的石墨烯分散在 NMP 中的照片,图 3-11(b)和(c)展示了不同浓度石墨烯分散液的吸收特性、图 3-11(d)所示为离心后石墨烯的浓度与溶剂表面能的关系,在溶剂表面张力为 $40\sim50mJ \cdot m^{-2}$ 时最利于石墨烯的分散,并能够获得浓度高达 $0.01mg \cdot mL^{-1}$ 的石墨烯分散液。这项工作表明,溶剂的选择对于

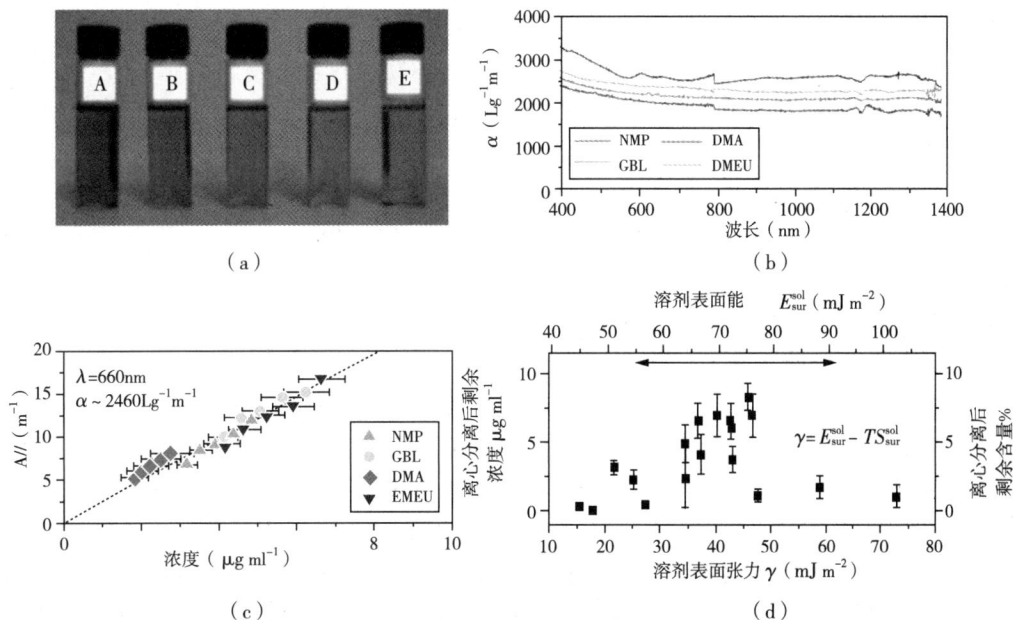

图 3-11　(a)离心分离之后,石墨烯片在 NMP 溶剂中从浓度为 $6\mu g \cdot mL^{-1}$(A)到 $4\mu g \cdot mL^{-1}$(E)的分散情况;(b)石墨烯片分散浓度为 $2\sim8\mu g \cdot mL^{-1}$ 时分散于 NMP、DMA、GBL、和 DMEU 溶剂中的吸收光谱;(c)吸光度($\lambda_{ex}=660nm$)与比色皿长度的比值和溶解在 NMP、DMA、GBL、和 DMEU 四种溶剂中浓度的函数关系图(均表现出朗伯-比尔行为),其平均吸光度$<\alpha_{660}>=2460L \cdot g^{-1} \cdot m^{-1}$;(d)对于一系列的溶剂,离心后测得的石墨烯浓度与溶剂表面张力的关系图

化学液相剥离石墨烯的产量有决定性的作用,研究者认为这是由于不同溶剂表面能与石墨烯匹配度不同所导致、使用表面张力为 $40\sim50$ mJ·m^{-2} 的溶剂获得了最高的石墨烯产量。

除此之外,Warner 等人报道了一种在 1,2-二氯乙烷(DCE)中超声剥离石墨得到石墨烯的方法。相较于其他常用的极性有机溶剂,DCE 的沸点很低因而更容易被除去,所以这种方法得到的石墨烯更干净,适合进行 TEM 观察。Bourlinos 等人报道了一系列的全氟芳香环溶剂用于液相剥离石墨烯,他们认为剥离过程中电子很容易从富电子的碳层中转移到缺电子的全氟芳香环上。

除了溶剂,所使用的石墨原料也是影响剥离效果的一个重要因素。Li 等人提出用商业可膨胀石墨作为原料来制备石墨烯纳米带。他们在混合气体(含有 3% H$_2$ 的 Ar)中对可膨胀石墨进行加热处理,在 1000℃ 下维持 60s,这使得石墨层间缺陷处的气体剧烈膨胀,导致石墨层间的堆叠趋于松弛,然后置于间亚乙烯基苯-2,5-二辛氧基-对亚乙烯基苯的共聚物(PmPV)的 DCE 溶液中,超声处理 30min。PmPV 能以非共价键的方式修饰剥离的石墨烯,因此有助于获得均匀稳定的分散液。通过这种方法所制得的石墨烯纳米带宽度分布广,从几纳米到几十纳米不等,层数约为 $1\sim3$ 层。他们将得到的石墨烯纳米带制成了场效应晶体管,发现其半导体行为与纳米带的宽度有关。在后续研究中,Li 采用商业可膨胀石墨成功制备了具有高导电性的石墨烯片。他们依然将可膨胀石墨置于混合气体中,在 1000℃ 下加热 60s,然后和 NaCl 晶体一起研磨,得到灰色的混合物,然后洗去 NaCl,过滤得到石墨片,最后在发烟硫酸下室温处理一天,可使得硫酸分子有效地插入石墨层间,更容易分离得到单层石墨。接着通过不断地过滤和清洗除掉酸液,将得到的样品置入四丁基氢氧化铵(TBA)和 DMF 中,超声处理 5min,然后在室温下静置 3d,使 TBA 能够充分地插入到石墨层中。TBA 可以进入经过发烟硫酸处理的可膨胀石墨层间,进一步增大石墨层间距,更有效地分离获得单层石墨烯片。随后加入一定量的甲氧基-聚乙二醇-磷脂酰乙醇胺(m-PEG-DSPE),超声处理 1h,得到均匀的分散液,最后再通过离心分离获得含有单层石墨烯的上层黑色清液。他们将制得的石墨烯片覆盖在石英上,发现其透光率为 83%,电阻为 8kΩ。

表面活性剂辅助法

在之前对碳纳米管的研究中,研究者发现表面活性剂能够包覆碳纳米管,从而使其有效地分散于水和其他溶剂中,并可实现金属型和半导体型碳管的分离。在非水溶剂中剥离石墨时,石墨烯分散液的稳定性很大程度上取决于所选择的溶液,而表面活性剂的加入可以弱化对溶剂的挑剔性,因此这个方法很快地被应用于石墨烯的化学剥离中。

Lotya 等人首先报道了一种表面活性剂辅助的化学剥离石墨烯的方法。剥离过程如下:将石墨分散于浓度为 $5\sim10$ mg·mL^{-1} 的十二烷基苯磺酸钠(SDBS)水溶液中,低功率超声 30min,将所得分散液静置 24h,然后在 500r·min^{-1} 的离心速度下处理 90min 除去未剥离的厚层得到石墨烯。由于库仑斥力的存在,表面活性剂抑制了石墨烯的重新聚集,这样可以获得大量的少层石墨(少于 5 层),其中含有大约 3% 的石墨烯。之后他们进一步改良了这个方法,采用胆酸钠代替 SDBS 作为表面活性剂辅助剥离,获得了浓度更高的石墨薄片分散液,单层的含量得到了明显提高。同时,他们将低功率超声的时间延长至 430h,使得石墨烯能够更有效地分散,最后浓度可以达到约 $0.3g \cdot mL^{-1}$。

引入表面活性剂有利于石墨烯的分散,使利用密度梯度离心分离不同厚度的石墨片成为可能。Green 等人提出了一种利用离心分离不同层数的石墨片的有效方法。他们首先利用胆酸钠作为表面活性剂辅助分散得到薄层石墨分散液,然后采用密度梯度离心的方法进行分离。分离得到的结果如图 13(a)所示,在离心管中出现了明显的分层,图 3-12(b)和(c)分别对应图 3-12(a)中不同标记区域的 AFM 图像,图 3-12(d)中分别展示了图 3-12(b)和(c)中标示直线对应的高度剖面图,表明不同区域对应的石墨片具有不同的厚度。

作为一种与石墨烯表面能不匹配的溶剂,乙醇被认为很难用于剥离石墨烯,Liang 等人则报道了一种在乙醇中剥离石墨烯的方法。他们在乙醇中添加了一种聚合物稳定剂——乙基纤维素,从而成功地分离得到了大量的石墨烯。Das 等人则通过原位聚合法,在石墨烯的表面包覆了一层聚酰胺,在加入表面活性剂后可以稳定地分散于水相中。除此之外,官能化的芘分子也被证明可以有效地稳定水中的石墨烯。

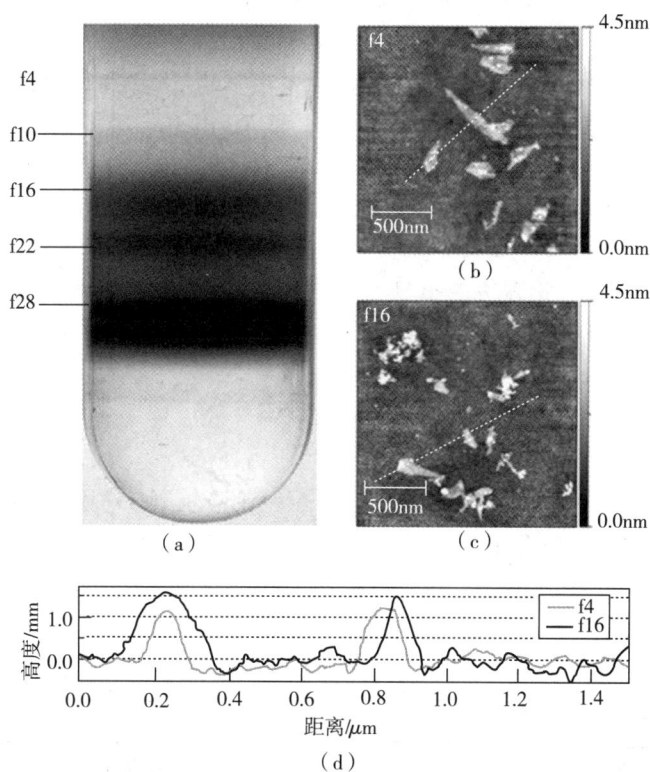

图 3-12　(a)经过密度梯度超速离心后的薄层石墨分散液的光学图片;
(b),(c)沉积在 SiO_2 上分别处于 f4 区域和 f16 区域处的薄层石墨对应的 AFM 图像;
(d)图(b)和图(c)中标记直线的高度剖面图

相较于机械剥离的低产出,化学剥离可以有效地大量制备出石墨烯片,并且可以通过改变超声的时间和强度、离心过程、表面活性剂或溶剂对整个剥离过程进行调控,从而获得大量单层或其他层数的石墨烯片。采用表面活性剂辅助剥离可弱化对溶剂的选择限制，使得水或乙醇等一些常见溶剂也可以用于剥离石墨烯。但是相较于使用非水溶剂，这种方法引入了难以去除的化学物质，会对所获得的石墨烯质量产生影响。因此，如何除去残留在样品上的溶剂和其他化学分子也是一个需要考虑的问题。无论是高质量的机械剥离法还是高产出的化学剥离法，都是通过外力剥离石墨得到的石墨烯，由于剥离过程的不可控性，所得到的石墨烯片在形状、层数、大小等方面都是随机的，这不利于石墨烯后续的应用。

3.3.3 热膨胀剥离法

热还原 GO 也是一种有效制备 RGO 的方法。此方法采用热处理以脱去 GO 表面的含氧官能团达到使之还原的目的。目前热还原法主要有高温快速热膨胀法、低温快速热膨胀法、溶剂热法和微波法等。石墨烯可以从膨胀石墨快速热处理的过程中获得，目前有一些相对上述方法反应条件更温和的化学反应，以及通过膨胀氧化石墨化学还原过程，在较低成本下实现了还原石墨烯的批量制备。在对 GO 进行高温热处理时，将其片层表面和边缘含有的大量含氧官能团分解，进而释放出气体小分子(CO_2)和水蒸气，当产生的层间压力超过片层间的范德华力时，GO 会发生单片层剥离。与此同时，高温使 GO 的网格结构得以修复，实现重石墨化。Schniepp 和 Mcallister 等将氧化石墨置于密闭的石英管中，通入氩气，迅速加热（>2000℃/min）到 1050℃，维持 30s，GO 分解产生的气压克服分子间的范德华力，使其迅速膨胀剥离，比表面积达到 700~1500m^2/g。随后，Lv 等在高真空辅助下，将 GO 置于管式炉中进行低温（低于 200℃）快速加热剥离。所制产品比表面积达到 382m^2/g。此方法简单易行，且适合还原石墨烯的批量制备（图 3-13）。在此基础上，Zhang 等所制备的 RGO 的平均片层厚度为 0.9nm，且比表面积高达 758m^2/g（图 3-14）。

水热法和溶剂热法是将 GO 在水或其他溶剂中分散后置于反应釜中，在较低的温度（120~200℃）下加热，外热和反应釜自身产生的压力使 GO 上大部分含氧官能团脱除而制得 RGO。Dubin 等将氧化石墨烯分散于 N-甲基吡咯烷酮（NMP）溶剂中，经溶剂热反应后得到均相稳定的 RGO 分散液，如图 3-14（b）所示。近年来，微波辐射法制备 RGO 也成为一种快速、有效的方法，但反应不易控制，有爆炸的危险。

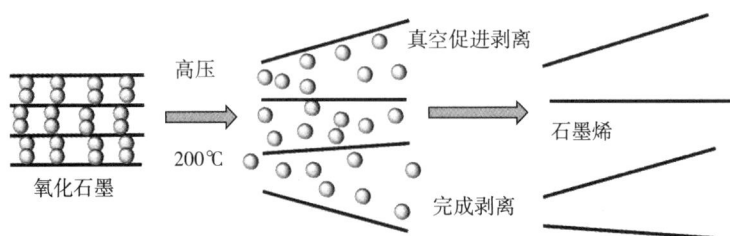

图 3-13　真空低温热剥离石墨烯示意

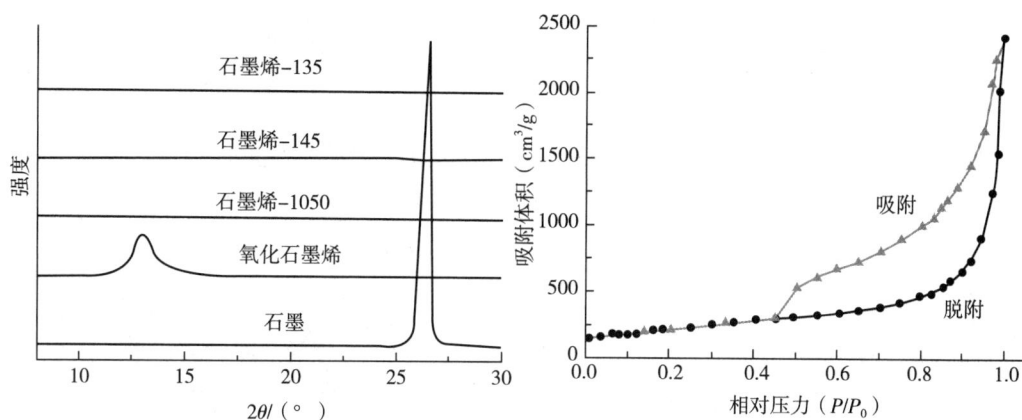

（a）真空辅助下低温热剥离石墨烯的X射线衍射和氮气吸/脱附

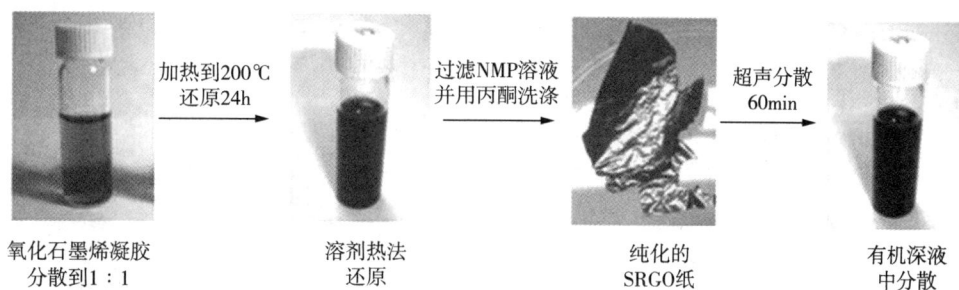

（b）溶剂热法还原氧化石墨烯均相分散液的制备示意

图 3-14 RGO 性质及制作过程

3.3.4 液相或气相直接剥离法

通常直接把石墨或膨胀石墨加在某种有机溶剂或水中,借助超声波、加热或气流的作用可制备一定浓度的单层或多层石墨烯溶液。Coleman 等参照液相剥离碳纳米管的方式将石墨分散在 N-甲基吡咯烷酮中,超声 1h 后单层石墨烯的产率为 1%,而长时间的超声可使石墨烯浓度高达 1.2mg·mL^{-1},单层石墨烯的产率也提高到 4%。当溶剂的表面能与石墨烯匹配时,溶剂与石墨烯之间的相互作用可以平衡剥离石墨烯所需的能量,从而能够较好地剥离石墨烯。Hou 等提出了一种称为溶剂热插层法制备石墨烯的新方法(图 3-15),该方法是以膨胀石墨(EG)为原料,利用强极性有机溶剂乙腈与石墨烯片的双偶极诱导作用来剥离、分散膨胀石墨,使石墨烯的总产率提高到 10%～12%。同时,为增加石墨烯溶液的稳定性,人们往往在液相剥离石墨片层过程中加入一些稳定剂,以防止石墨烯因片层间的范德华力而重新聚集。为了同时提高单层石墨烯的产率及其溶液的稳定性,Li 等提出"剥离-再插层-膨胀"方法(图 3-16),以高温处理后的部分剥离石墨为原料,用叔丁基氢氧化铵插层后,再以 DSPE-mPEG 为稳定剂,所得的石墨烯中 90% 为单层石墨烯,且透明度较高(83%～93%)。

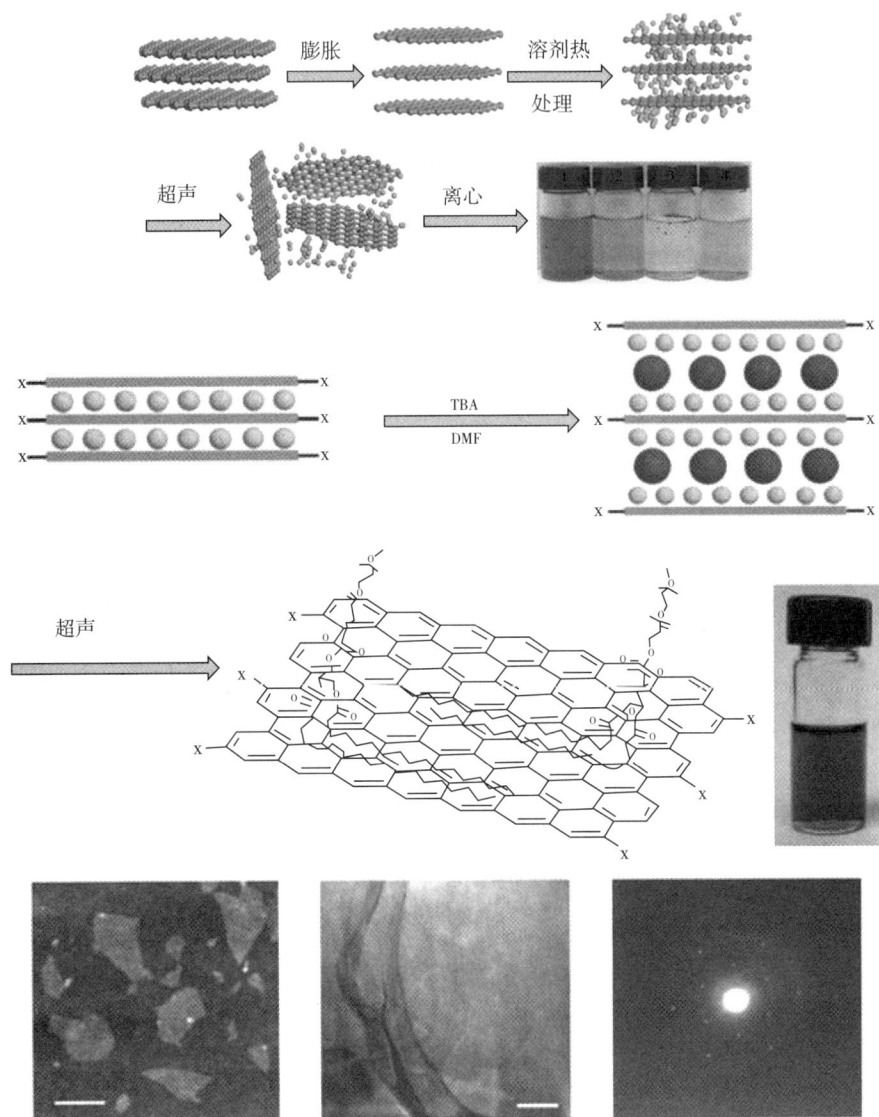

图 3-15 溶剂热插层法制备石墨烯过程及其微观结构

3.3.5 碳化硅外延生长法

早在 20 世纪 90 年代中期,人们就已发现 SiC 单晶加热至一定的温度后,会形成石墨,在 SiC 上进行的外延生长石墨烯法也是一种较有潜力的方法。SiC 单晶外延生长石墨烯的基本工艺如下图 3-16(a):该法是通过加热 SiC(0001)单晶,使之在表面脱出硅,在单晶面上分解出石墨烯片层。经过氧化或氢气刻蚀处理,使得到的样品在高真空下 $(1 \times 10^{-10} \text{Torr}, 1 \text{Torr} \approx 133.322 \text{Pa})$ 通过电子轰击加热到 1000℃,除去氧化物。再用俄歇电子能谱确定表面的氧化物完全被移除后,将样品加热,使之温度升高至 $1250 \sim 1450 \text{℃}$ 后恒温 $1 \sim 20 \text{min}$,就可形成极薄的石墨层。当对其工艺参数进行调节时,SiC 外延生长法还可实现单层和多层石墨烯的可控制备。SiC 外延生长石墨烯所用到的 SiC 单晶基片包括 6H、4H、3C 等晶型。Berger 等在超高真空中加热单晶 SiC(1250～1450℃)脱出 Si 原子,在表面形成极薄的石墨层。此法得到的石墨烯具有高的电子迁移率,但易受 SiC 衬底影响,且厚度由加热温度决定,条件苛刻,成本高,需要进一步研究。这种方法制备的石墨烯很难从 SiC 基板上分离。日本东北大学研究人员通过在硅基板上直接形成 SiC 薄膜,解决了 SiC 热分解法存在的石墨烯转移困难的问题[图 3-16(b)]。

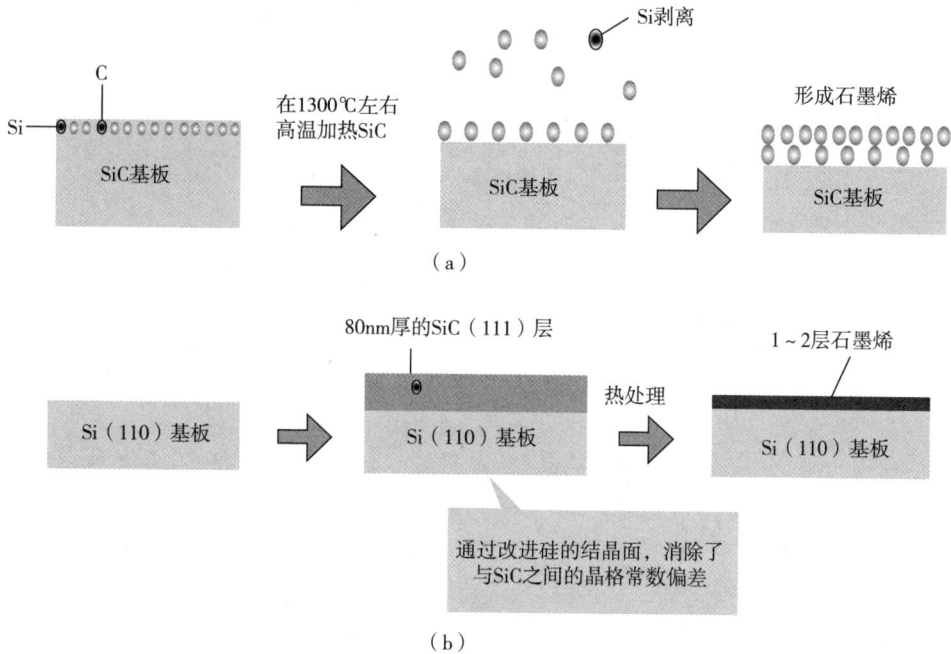

图 3-16　高温加热碳化硅基板获得石墨烯

3.3.6　化学气相沉积法

化学气相沉积法(CVD)提供了一种可控制备石墨烯的有效方法,CVD 法制备石墨烯早在 20 世纪 70 年代就有报道,与制备碳纳米管(CNTs)不同,采用 CVD 法制备石墨烯不需要颗粒状催化剂,它是将平面基底(Pt、Ru、Ni、Cu 等)置于高温可分解的前驱体(如甲烷、乙烯等)气氛中,通过高温退火使碳原子沉积在基底表面形成石墨烯,最后用化学腐蚀法去除金属基底后即可得到独立的石墨烯片。通过选择基底的类型、生长的温度、前驱体的流量等参数可调控石墨烯的生长(如生长速率、厚度、面积等)。应用此方法已能成功地制备出面积达平方厘米级的单层或多层石墨烯,其最大的优点在于可制备出面积较大的石墨烯片。此方法的缺点是必须在高温下完成,且在制作的过程中,可能形成石墨烯膜缺陷。尽管目前已经有多种制备石墨烯的 CVD 方法,石墨烯的产量和质量都有了很大程度的提高,极大促进了对石墨烯本征物理性质和应用的研究,但是一般需要将石墨烯放置到特定的基体上进行表征以及应用研究,因此石墨烯转移技术的研究在一定程度上决定了这一方法的发展前景。化学气相沉积法是反应物质在相当高的温度、气态条件下发生化学反应,生成的固态物质沉积在加热的固体基体表面,从而制得固体材料的技术。化学气相沉积法制备石墨烯一般在单晶过渡金属上进行,如 CO、Pt、Ir、Ni 等,可制得尺寸较大(面积可达几平方厘米)且质量高的石墨烯。

最近,韩国研究者使用化学气相沉积法,将碳原子沉积于镍金属基板上形成石墨烯,再采用热释放胶带法成功地制备出尺寸达 30in(1in=0.0254m)宽的石墨烯薄膜(图 3-17)。该方法中的"热滚压"技术是实现完整转移的关键步骤,相比热平压具有更佳的转移效果。然而,该技术目前不适用于在硅片之类脆性基体上的转移,因此限制了该方法的应用范围。

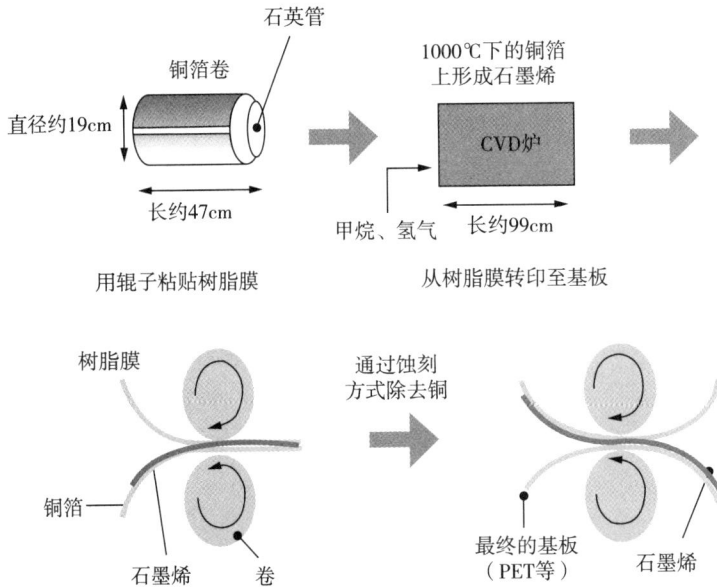

图 3-17 CVD 法制备大面积石墨烯

3.3.7 化学试剂还原法

化学试剂还原法是目前使用最广泛的石墨烯合成方法。目前实现石墨烯批量制备的一种有效方法是对 GO 进行还原。从 19 世纪起,氧化石墨烯的制备方法通常有 Brodie 法、Standenmaier 法和 Hummers 法。这三种方法都是在强酸和强氧化剂中对石墨进行氧化,使其从疏水性变成亲水性。氧化石墨通过适度的液相超声,可以剥离成大量单层或层数少的 GO,使用还原剂、加热及紫外光等可将其还原为 RGO。常用的还原剂有水合肼、对苯二酚、硼氢化钠、氢碘酸等。相比较而言,氧化石墨烯(GO)溶液还原法操作简便、产量大,同时还原石墨烯溶胶的产物形式也为材料的进一步加工和成型带来了方便。近来科研工作者更加关注绿色、环境友好的还原剂,如含硫化合物、强碱(KOH、NaOH)超声还原、Al 粉、维生素 C、乙二胺、Na/CH_3OH 等。刘燕珍等在水溶液中利用硫脲还原GO 批量制备了石墨烯纳米片并提出还原机理,见图 3-18。

此方法可对氧化石墨烯进行有效还原,所制得的还原氧化石墨烯由单层石墨烯片和少层石墨烯片组成,其 C/O 原子比为 6.2,电导率达 $635S \cdot m^{-1}$。Wang 等采用茶还原氧化石墨烯,利用茶叶中还原能力强的芳香环茶多酚(TP)作为还原剂,证实能够有效移除在氧化石墨烯表面的含氧基团,减少石墨和芳香环之间的强相互作用,保证良好的分散性,这些特点使该方法成为环境友好的绿色方法,如图 3-19。刘燕珍等同时还首次采用锌粉/氨水为还原体系,实现对氧化石墨烯的化学还原,如图 3-19 所示。经锌粉/氨水处理 10min 后,氧化石墨烯上的大量含氧官能团,尤其是环氧基官能团被脱除,制备出 C/O 原子比为 8.58 的还原氧化石墨烯。所得产品具有较高的电导率和循环使用寿命,并提出了锌-氧化石墨烯原电池还原机理。

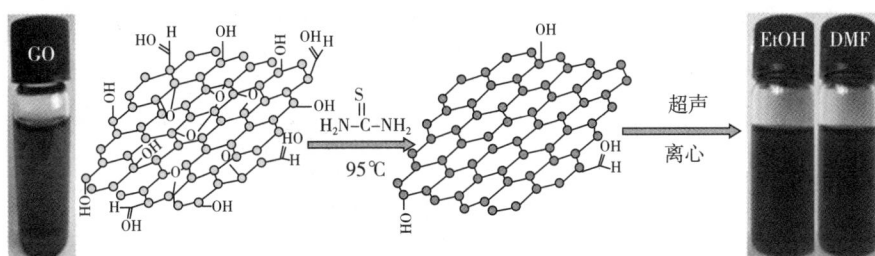

图 3-18　硫脲还原 GO 制备石墨烯纳米片还原机理

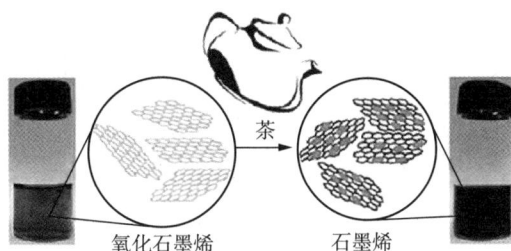

图 3-19　茶高效还原氧化石墨烯及其机理

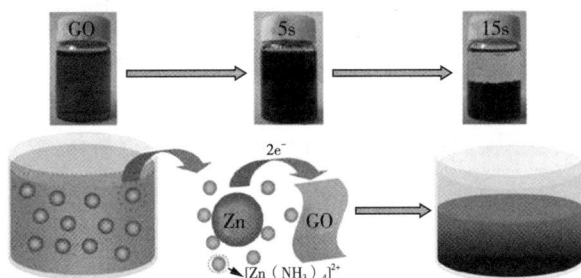

图 3-20　锌粉/氨水为还原体系高效还原氧化石墨烯及其机理

　　Ruoff 等首次以肼为还原剂,利用化学还原 GO 溶液制备出了单层还原石墨烯,但所制备的还原石墨烯仍含有极少量含氧基团,同时其共轭结构也存在一定的不完整性,如图 3-21(a)所示。2010 年 Zhang 等首次采用无毒的维生素 C 在常温下进行 GO 还原,制得的 RGO 电导率达 800S·m^{-1}。Gao 等用维生素 C 作还原剂、氨基酸作稳定剂,制备了水溶性的 RGO,如图 3-21(b)所示。Fan 等通过在强碱性条件下加热被剥落的氧化石墨悬浮液得到稳定的 RGO 悬浮液,该方法简单,且所用药品无毒,是一种绿色的制备 RGO 的方法[图 3-21(c)]。Zhu 等采用环境友好的还原性糖为还原剂,在氨水存在下,将 GO 水溶胶还原成水溶性好的 RGO，如图 3-21(d)所示。

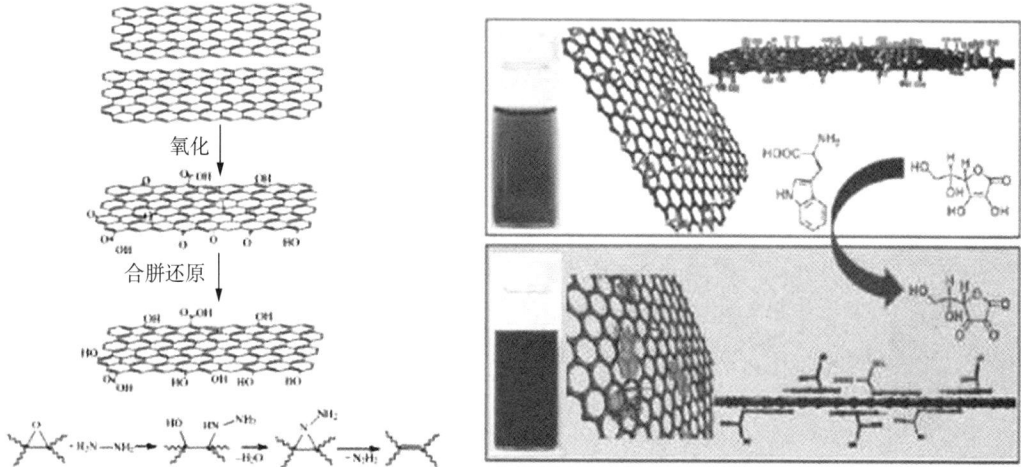

（a）石墨烯的氧化和水合肼还原制备RGO
过程及可能的还原机理

（b）维生素C还原GO

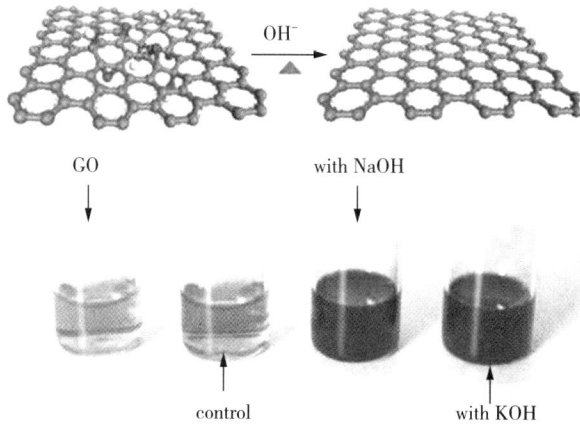

（c）强碱性条件下GO脱氧剥离

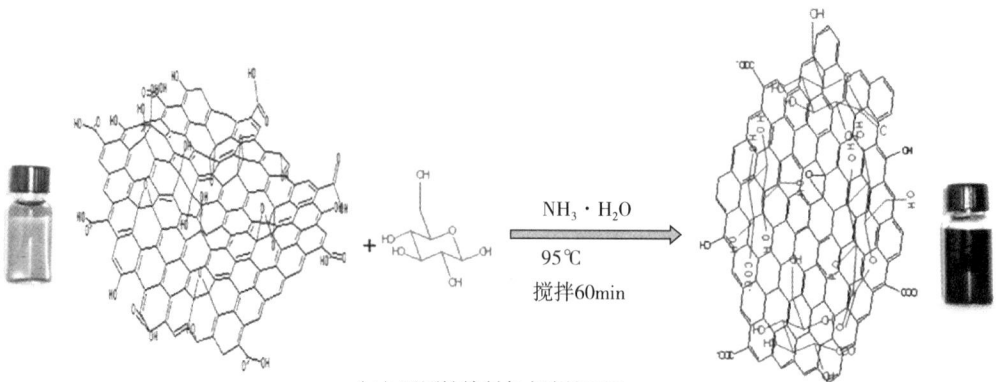

（d）还原性糖制备水溶性RGO

图 3-21 不同 RGO 制备方法及其透射电镜图像

3.3.8　其他制备方法

除上述方法外,还有以下几种特别的方法可制备石墨烯。电化学还原 GO 法是一种绿色、快速、清洁可控的方法,但所得产品大部分为固体薄膜。在标准的三电极体系中,通常在工作电极上对 GO 进行电化学还原。根据所测循环伏安曲线的还原峰可对反应过程进行原位监测和控制。Zhou 等将 GO 喷涂到导体或绝缘衬底上,在电化学的作用下进行还原,得到 O/C 原子比小于 6.25% 的还原层,厚度可以从单层到几微米不等。他们还提出了制备石墨烯薄膜的可能机理,即

$$GNO + aH^+ + be^- \longrightarrow ER\text{-}GNO + CH_2O$$

最近,Peng 等预先通过控制前驱体 GO 沉积在电极上的形态和面积,然后控制反应参数,如电压、电流和还原时间,对 GO 进行电化学还原,可得到所需大小和厚度的石墨烯薄膜。

Chakrabarti 等发现一种可大规模生产石墨烯的简单方法:通过在干冰中燃烧纯金属镁就能够直接将二氧化碳转化成多层石墨烯。这种合成工艺具有生产大量多层石墨烯的潜力。目前虽然有多种方法可以制备石墨烯,但不少都需要利用危险的化学品,技术也较为烦琐。相比之下,该方法简单、环保且成本低廉。图尔等首先将少量的蔗糖放置在一薄层铜箔上,然后在加热和低压下让这些蔗糖接触流动的氢气和氩气。10min 后这些蔗糖缩减成纯净的单层石墨烯,调整气体的流动可控制石墨烯薄膜的厚度。用普通的蔗糖可制造出纯净的石墨烯,用这种石墨烯可以研制出更轻、运行速度更快、更廉价、更结实柔韧的计算机电子设备,可广泛运用于军用飞机和医疗领域。

王等在有氧设置的环境中以石墨作为基体的条件下,利用希瓦氏细菌细胞的微生物呼吸来还原氧化石墨烯,研究了电子在细胞/GO 界面转移的途径,直接电子转移和电子介质的参与可使氧化石墨烯得到有效还原,所制备的石墨烯具有良好的电化学性能(图 3-22)。

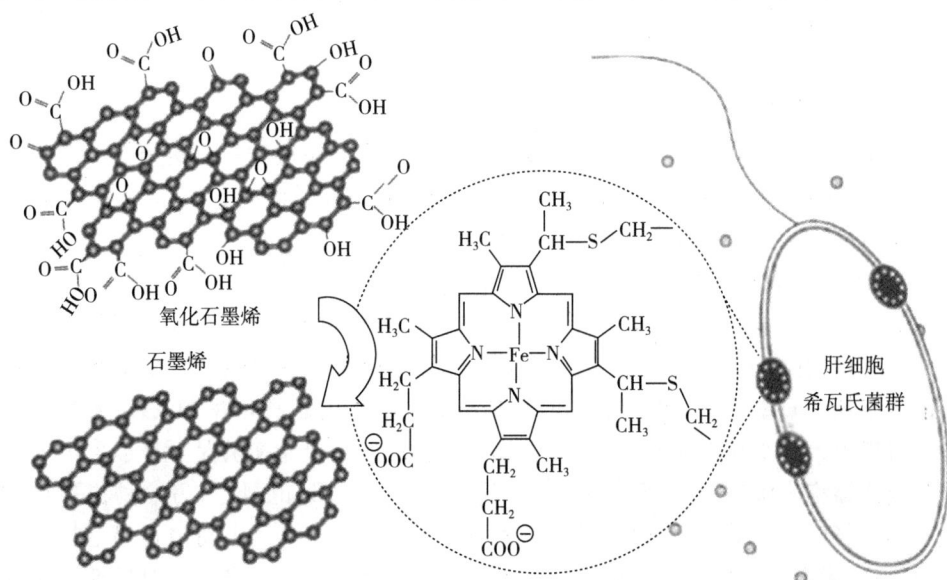

图 3-22　微生物还原氧化石墨烯

3.4 石墨烯的改性和复合

3.4.1 改变磁性

石墨烯是 sp^2 结构的六边形碳原子组成的二维网。在这种结构中,如果其中一个碳原子被提取或加入掺杂剂来替换一个碳原子,那么碳原子被移除的位置就会出现类似空洞的表现(即带正电荷的位置)。被移除的碳原子周边相邻的碳原子将提供电子,形成电子云。因此,由于一个碳原子的去除,石墨烯的结构将出现拥有被负电荷云覆盖的正电荷。这种情况的出现是由于石墨烯中 π 的存在。这些电子云,像一个微小的磁铁,携带一个单位的磁性、自旋。实验表明,这类表现类似磁铁,在开启和关闭磁矩的应用中展现了极大的潜力。有必要了解的是,在金刚石结构中是观察不到此类行为的,这是因为它所有的键都是 σ 键,没有 π 键。石墨烯的这一特性引起了科学家们的注意,因为其具有较弱的自旋轨道相互作用,具有通过电场效应控制电学特性的能力,以及引入顺磁中心如空位和吸附原子的可能性。石墨烯中吸附原子的磁性具有流动性,可通过掺杂来控制,从而控制磁矩的开关。因此,碳基磁性材料技术的发展取决于磁性。这些材料为设计纳米级磁性和自旋电子器件如自旋电子器开辟了一个新途径。在磁性材料中,每个微磁铁都含有信息("0"或"1"),它们被存储在两个磁化方向("北"和"南")。电子学的这一领域被称为自旋电子学。自旋电子学使科学家们研发了类晶体管器件,其信息的写入可通过开关石墨烯在磁性和非磁性状态之间进行调节来完成。这些状态的读取可以推动电流通过传统的方式进行,或更好地通过自旋流的方式进行,这样的晶体管就如同圣杯,是自旋电子学界的终极追求。

值得注意的是,石墨烯本身是无磁性的,石墨烯与任一杂质进行掺杂或用电子、离子辐照石墨烯而产生结构缺陷即可观测到磁性。通过以上任一过程,制造出单原子的缺陷,从而产生费米能级的准局域态。

3.4.2 石墨烯的氮掺杂

氮掺杂是修饰石墨烯的一种有效手段,能增强其在多领域的应用潜力。石墨烯阵点结构掺氮后可得三种常见的 C—N 键型:吡啶型氮、吡咯型氮和石墨型氮。科研者们也尝试同时向石墨烯片层引入氮去改善它们的电子特性。

3.4.2.1 直流电弧法

在氢气和吡啶或氢气和氨的气氛中采用直流电弧放电制备了 2～3 层氮掺杂的石墨烯(NG)。由于存在氢气,石墨烯片层不容易卷曲为管状。在吡啶气氛中纳米金刚石也转换成氮掺杂的石墨烯。一组氮掺杂石墨烯样品(NG1)的制备是在 H_2、He 和吡啶蒸气中利用石墨电极的直流电弧放电法(38V,x75A)实现的。典型实验是,氢气(200Torr)通过吡啶鼓泡器携带吡啶蒸气而后通过 He 气(500Torr)传到电弧室;另一种氮掺杂样品(NG2)在氢气(200Torr),氨气(200Torr)和氨气(300Torr)气氛中利用石墨电极的电弧放电制得;纳米金刚石转化为氮掺杂石墨烯(NG3)则是在 1650℃氦气和吡啶蒸气中实现的。以氢气电弧放电得到的未掺杂样品作对比,所有样品均采用一系列物理方法表征。

图 3-23 为电弧放电得到的纯石墨烯和氮掺杂石墨烯的透射图（TEM）。计算得到的扫描隧道显微（STM）图显示氮掺杂石墨烯的双层结构。X 射线光电子谱（XPS）分析显示 NG1 NG2 和 NG3 的氮原子浓度分别为 0.6%、0.9% 和 1.4%。

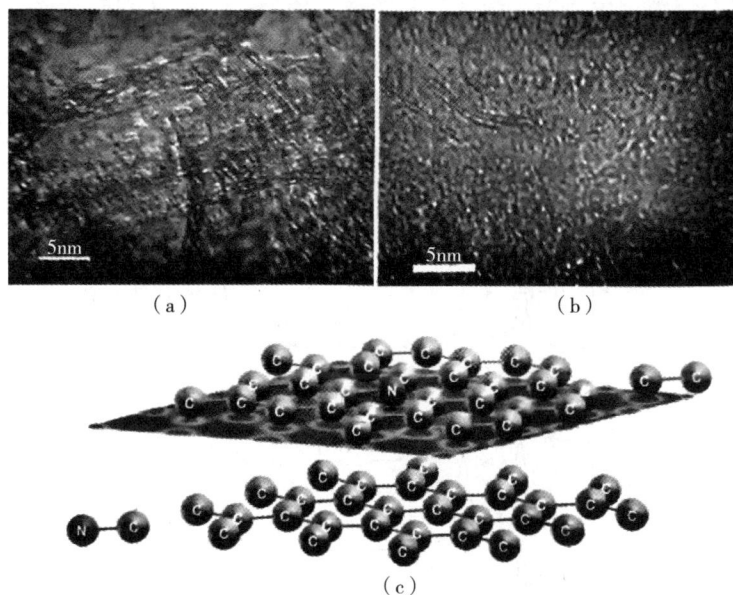

图 3-23　(a)未掺杂石墨烯,(b)氮掺杂石墨烯的 TEM 图,以及(c)氮掺杂双层石墨烯的计算 STM 图。氮掺杂导致取代掺杂物的亚点阵处的碳原子的电荷增加,见图中的 N

图 3-24(b)为 NG2 样品的 XPS 数据和电子能量损失谱（EELS）。N1s 峰的不对称显示至少有两种组分存在。通过去卷积,可以发现在 398.3eV 和 400eV 的峰,前者为吡啶型氮（sp^2 杂化）的特征峰,后者为石墨烯片中的氮。

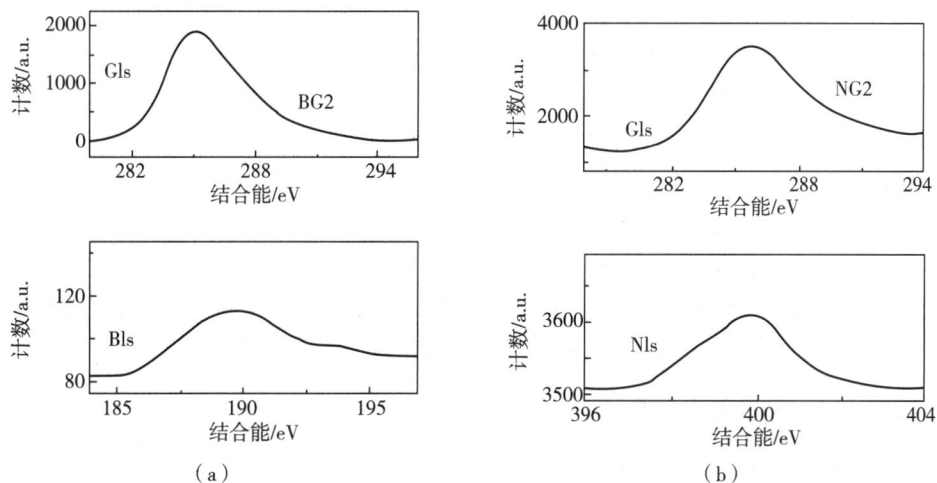

图 3-24　(a)硼掺杂石墨烯(BG2)中 C1s 和 B1s 的 XPS 信号,BG2 中 C 和 B 的 EELS 面扫图;
(b)氮掺杂石墨烯(NG2)的 C1s 和 N1s 的 XPS 信号,NG2 中 C 和 N 的 EELS 元素面扫图

拉曼谱非常适合表征石墨烯和掺杂石墨烯。在拉曼谱中纯石墨烯在 1000 — 3000cm^{-1} 区域存在三种主要的特征峰(632.8nm 激发):sp^2(约 1570cm^{-1})网络状 G 带特征峰、缺陷产生的 D 带(约 1320cm^{-1})和 2D 带(约 2640cm^{-1})特征峰。图 3-25 显示纯石墨烯和掺杂石墨烯的拉曼谱。氮掺杂和硼掺杂使得 G 带声子频率增加宽化。这和电化学掺杂效果类似,但不同于通过分子的电荷转移的掺杂。G 带声子频率的增加是因为非绝热移除了 G 点的 Kohn 异常,其宽化源于通往电子-空穴对的声子退激发通道的畅通。在掺杂样品中,D 带的强度高于 G 带。经过掺杂,2D 带的相对强度通常随着 G 带强度减小。N,B 掺杂的石墨烯比未掺杂石墨烯具有高的导电性。

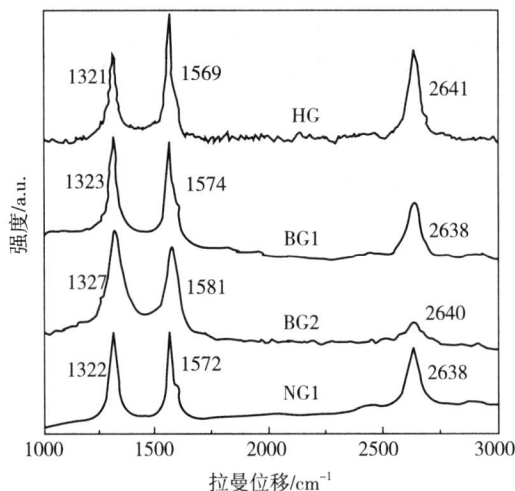

图 3-25　未掺杂石墨烯(HG)和硼,氮掺杂石墨烯(BG 和 NG)的拉曼谱

Gopalakrishnan 等利用拉曼谱研究了四氰乙烯(TCNE)和四硫富瓦烯(TTF)同 B、N 掺杂石墨烯间的相互作用。B,N 掺杂石墨烯在拉曼谱中的 G 带和 2D 带显示与电子给体和电子受体分子间明显不同的相互作用。因此,TCNE 和 TTF 对 B、N 掺杂石墨烯的拉曼谱具有不同效果。通过电子给体和电子受体分子带来的拉曼谱的变化可从分子电荷转移寻求解释。Guan 等在高温氮气气氛中通过直流电弧放电法合成了多层 N 掺杂石墨烯纳米片(N-GNSs)。阴极是纯的石墨棒,阳极是由 Fe$_2$O$_3$、Co$_2$O$_3$、NiO、石墨粉混合压制而成的复合石墨棒(6mm 直径),这里 Fe、Co、Ni 元素在混合物中含量分别为 1.5%(质量分数)。体积纯度大于 99% 的氮气加热到 800℃ 再以 50cm^3·min^{-1} 的流速通入电弧放电室。石墨电极间的距离保持恒定,范围为 0.5~1mm,手动调节消耗的阳极,放电电压和电流分别在 30~32V 和 25~30A 范围变化。N 掺杂石墨烯片在阴极顶部柱状沉积物的内核内部形成。多层 N-GNS 在阴极顶部形成的柱状沉积物内的含量超过 50%(质量分数)。

3.4.3　非共价功能化石墨烯

非共价功能化是通过 π-π 相互作用、疏水相互作用、氢键以及静电相互作用等分子间作用力将一些物质组装到石墨烯上的过程。这一类功能化反应属于物理变化过程,可将诸如高分子、表面活性剂和共轭分子等修饰到石墨烯上。与共价功能化不同,非共价功能化保持了石墨烯的基本结构和性质。

　　本征石墨烯和 RGO 都易于在溶液中形成不规则的聚集体,它们大都含有大面积的共轭结构和较强的疏水性。在石墨烯上修饰共轭化合物有助于在溶液中分散石墨烯片层。共轭化合物通常具有稠环芳烃结构和特定的官能团。其中,共轭稠环芳烃结构可以通过 π-π 相互作用与石墨烯的 sp^2 区域相结合,而特定的官能团则可提供石墨烯分散所需的稳定性和其他性质。典型的共轭化合物包括萘、蒽、芘、卟啉及其衍生物。例如,5,10,15,20-四(1-甲基-4-吡啶)卟啉(TMPyP)分子可以通过 π-π 相互作用和静电相互作用修饰到单层 RGO 上(图 3-26)。TMPyP 和 RGO 片层之间较强的非共价作用使得 TMPyP 分子被平整化;与此同时,修饰 TMPyP 的 RGO 片能够稳定分散于水溶液中,可用于快速、选择性地检测 Cd^{2+}。

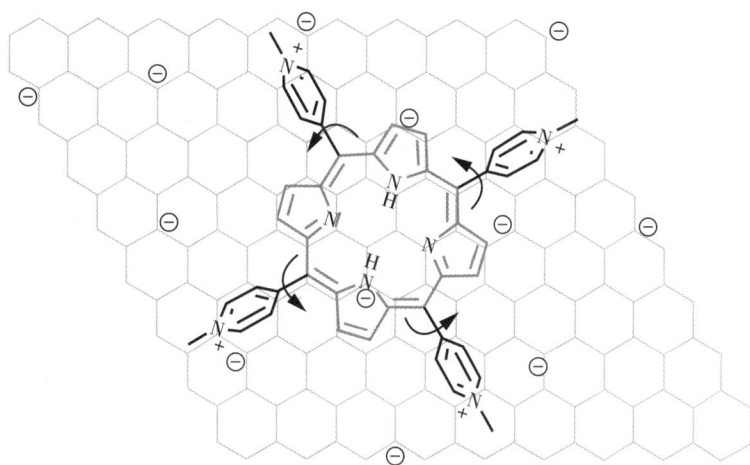

图 3-26　一种共轭化合物功能化的石墨烯产物

　　石墨烯在经过高分子非共价修饰后也可以稳定分散在特定的溶剂中。如图 3.27 所示,氨基封端的聚苯乙烯与含羧基的 RGO 可以产生静电相互作用,这一非共价作用使得聚苯乙烯链段稳定修饰在 RGO 片上,并将 RGO 片从水相转移到有机相。在石墨烯上非共价修饰生物大分子也引起了研究者广泛的兴趣。石墨烯巨大的比表面积、诸多优异的性质和生物相容性可以进一步扩展生物大分子的应用领域。例如,RGO 片可以修饰两亲性的聚乙烯醇衍生物,使其在生物体系中稳定分散。其他典型的可被固定在石墨烯片上的生物大分子还包括胰凝乳蛋白酶、蛋白质和胰蛋白酶等。

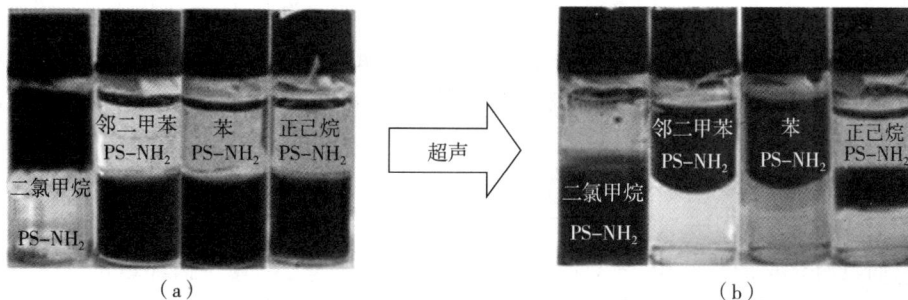

（a）　　　　　　　　　　　　（b）

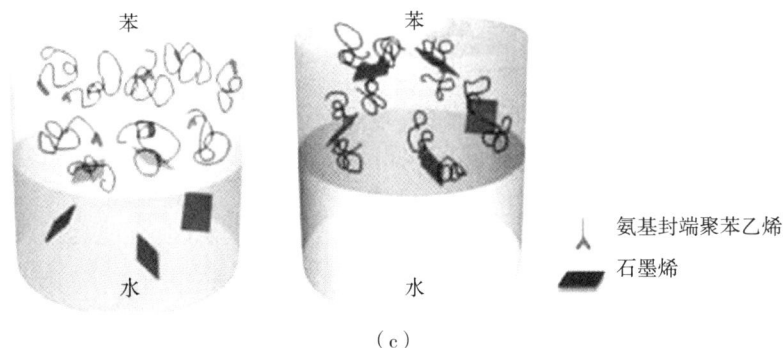

（c）

图 3-27 经过聚苯乙烯功能化的还原石墨烯从水相到有机相转移

图例：

氨基封端聚苯乙烯

石墨烯

3.5 石墨烯的应用

3.5.1 储能材料

随着世界经济的快速发展以及世界人口的急剧增长,资源和能源日渐短缺,资源的过度开采和浪费,生态环境的日益恶化,人类将面临极大的生存威胁,为了摆脱全球化能源渐趋枯竭所造成的能源紧缺,解决环境污染和气候变暖等问题,发展太阳能、风能等可再生能源已成为全社会的共识。因此,人类会更加依赖环境友好、可循环利用、高效率的新能源,这对储能设备有了更高的要求。可再生能源通常具有的分散性和波动性的特点,使其应用起来非常不便。储能设备可以解决可再生能源在空间和时间上的缺陷,为其大规模应用奠定基础。储能设备在现代社会中具有十分重要的地位,日益普及的便携式电子设备和电动汽车的发展对储能设备提出了更高的要求。发展新型高效的储能设备,离不开储能材料的进步。寻找高性能、绿色环保、安全廉价的储能材料,成为科学界和工业界的迫切任务。

碳材料是一种传统的储能材料,通常在储能材料中使用的碳材料是各种不同形态和结构的石墨或石墨衍生物。石墨烯作为具有二维结构的碳的同素异形体,具有超大的比表面积、优异的导电和导热性能,以及良好的化学稳定性,是一种理想的储能材料,在储能材料中具有明显的优势,而石墨烯基复合材料由于兼具各种材料的优点,同时克服了单一材料的缺陷,在锂离子电池超级电容器、太阳能电池等储能设备中具有广阔的应用前景。本节主要介绍石墨烯基储能材料在超级电容器、锂离子电池电极和太阳能电池等材料中的应用。

3.5.1.1 超级电容器

石墨烯和基于石墨烯的混合材料已经成为一种杰出的超级电容器电极材料,主要是因为它们具有优良的表面积、高导电性以及更好的热、机械、电化学循环稳定性。石墨烯单独表现出电双层电容（EDLC）,能量密度低,功率密度高。在超级电容器中使用气凝胶是一种务实的方法,因为它具有超轻、高孔隙率和比表面积等非凡特性。气凝胶包含了大量的孔隙,这导致了电解质的容易浸泡和快速充放电的特点。石墨烯气凝胶组装成三维(3D)结构,防止了石墨烯片的堆叠,保持了高的表面积,因此具有良好的循环稳定性和速率电容。

在不同的电化学储能装置(电池、电容器、超级电容器和燃料电池)中,超级电容器由于其固有的特性,如快速充/放电率、长循环寿命和卓越的功率密度,引起了人们的极大兴趣。超级电容器被进一步分类为电化学双层电容器,其中电荷通过在电极-电解质界面上的离子吸附来储存,而伪电容器则由快速的表面氧化还原反应来储存电荷。1957年,基于 EDLC 的超级电容器被发明用于低电压运行。1962 年,俄亥俄州的标准石油公司开发了碳基电化学超级电容器。通常,碳材料如活性炭(AC)、碳纳米管、介孔碳和石墨烯表现出 EDLC 型电荷存储机制。这类材料的比电容和能量密度较低,但由于高表面积和导电多孔电极对电解质离子的吸附,其功率密度较高。

Chandrakant 等人通过石墨烯气凝胶的改变和剪裁,发现超级电容器的电化学性能可以显著改善。基于 3D 石墨烯的气凝胶具有大开孔、高表面积、高导电性和低密度等突出特性。基于石墨烯的气凝胶的适当工程将有潜力满足该行业的需求。石墨烯基气凝胶的电化学性能通过金属氧化物/氢氧化物、硫族化物、氮化物、碳纳米管、导电聚合物和功能化碳材料等伪电容器活性材料增强。

Kim 等人首次成功地设计和开发了 Co-Ni-S NPs/Cu-Ni-Mn-O NSAs 和 Mn-Zn-Fe-O/G-ink 石墨烯复合材料作为超级电容器应用的正负电极的多组分智能集电体。Co-Ni-S NPs/Cu-Ni-Mn-O NSAs 和 Mn-Zn-Fe-O/G-ink 石墨烯复合材料具有高导电性、大的比表面积和更多的法拉第氧化还原反应的活性位点,分别产生了优异的比容量、高速率性能和长期循环稳定性。能量和功率密度,分别为 $75.65 Wh \cdot kg^{-1}$ 和 $6629.53 W \cdot kg^{-1}$,并且在 5000 次循环中分别提供了 96.89% 的保留率和 98.26% 的库仑效率的出色循环稳定性。

3.5.1.2　燃料电池

燃料电池是一种将燃料的化学能高效地直接转化为电能的装置,在不同的应用中显示出广泛的前景。燃料电池膜上的催化剂载体,特别是 PEM 通常由石墨烯制成。目前,正在进行许多研究,以评估用其他非贵金属/金属氧化物以及氮配位金属催化剂替代铂催化剂的可能性。与铂催化剂相比,这些催化剂在稳定性和活性方面存在问题。活性炭可以缓解这些挑战,但它也有自己的局限性。活性炭往往具有高表面积,但除非与另一种材料结合,否则它们的载体不稳定会引起问题。石墨烯的技术进步已经改变了这一说法,因为活性炭由于其导电性、表面面积高以及与催化剂颗粒的粘附性,如今被认为是铂的更强有力的替代品。具有更多官能团的氧化石墨烯有利于成核以及表面上的催化剂纳米颗粒的附着。

石墨烯广泛应用于燃料电池中,主要用作阳极催化剂、载体的载体材料,甚至可以替代阴极催化剂、复合材料和独立电解质膜。此外,它还用于双极板。以下是关于石墨烯在每个组件中的作用的最新简要进展。Pt 和 Pt 合金是燃料电池电极中的常规活性催化剂,无论是在由氢气或其他低分子量碳氢化合物(如甲醇和乙醇)供给的低温燃料电池的阳极还是阴极。然而,Pt 不仅昂贵,而且资源有限,并且受到不同燃料氧化过程中产生的中间体的影响。已经进行了各种方法以减少催化剂负载和在燃料电池的阳极和阴极处用非贵金属催化剂完全替换 Pt 催化剂。本节介绍了在这方面取得的进展:

在阳极处

石墨烯用于两个主要目的:降低 Pt 和 Pt 合金催化剂的负载量:与其他碳材料相比,石墨烯具有较高的表面积,因此非常适合用作降低催化剂负载量或甚至用非铂催化剂代替 Pt 的 Pt 催化剂。

铂催化剂石墨烯的使用不仅提高了导电性,而且还导致了铂的良好分散,从而提高了活性。这种更高的活性降低了燃料电池阳极中使用的 Pt 催化剂的负载,并提高了催化剂的稳定性。赵等人所做的工作表明,Pt/石墨烯的甲醇氧化活性是 Pt/C 的五倍(图 3-28a)。类似地,PtRu/石墨烯比 PtRu/C 高 170%,而 Ni 的添加活性进一步增加(图 3-28b)。作者将这一改进与上述原因联系起来。还报道了将石墨烯掺杂有非均匀原子如氮、硫或硼导致 Pt 对醇氧化的活性提高,其原理可能是由于氮原子中的孤电子对导致的电导率增加,或是由于有助于燃料分子吸附和增加活性位点数量的润湿性提高,抑或是由于增加了对 CO 中毒的抵抗力。如图 3-28 所示,Pt 的活性随着石墨烯的使用而增加,并且在掺杂硼的情况下进一步增加。

用非贵金属催化剂替代 Pt 和 Pt 合金:石墨烯也用作镍的催化剂载体,镍是目前报道最好的用于低温燃料电池阳极的非贵金属,如甲醇、乙醇和碱性介质中的尿素燃料电池。与碳纳米颗粒或碳纳米纤维载体相比,石墨烯上负载的镍表现出高活性,并且随着镍负载量增加至 6wt%,性能得到提高。这种活性的增加与镍纳米颗粒的嵌入及其在石墨烯片表面的良好分散有关。通常,非贵金属催化剂在石墨烯上的高性能与催化剂的良好分散、石墨烯的结构缺陷以及石墨烯边缘和表面上的官能团有关。

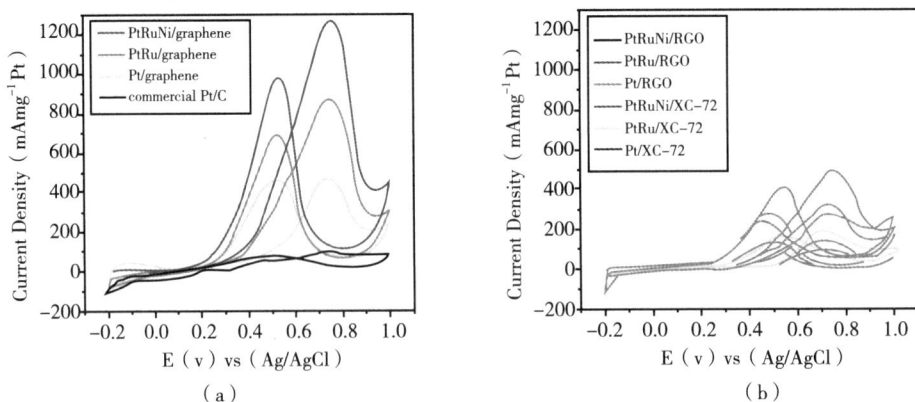

图 3-28 在阴极处 20Mv⁻¹的 1M 甲醇溶液,0.5M 硫酸溶液中进行
(a)Pt/C、Pt/石墨烯、PtRu/石墨烯和 PtRuNi/石墨烯的循环伏安图;
(b)Pt、PtRu 和 PtRu 在碳纳米颗粒(XC-72)和还原氧化石墨烯(RGO)上的循环伏安图

作为 Pt 催化剂的载体。

石墨烯被广泛研究为氧还原反应 Pt 催化剂的催化剂载体。除了石墨烯载体在减小

Pt 纳米颗粒尺寸方面的作用外,还发现石墨烯缺陷将氧分子解离所需的活化能从 0.37eV 降低到 0.16eV,并降低了 HO· 的稳定性。与上述甲醇氧化活性的情况类似,用硼或氮掺杂石墨烯促使 Pt 均匀分布,从而显著提高了活性。

3.5.2 储氢材料

氢气可以通过物理吸附或者化学吸附的过程与石墨烯表面进行相互作用。一方面物理吸附的氢气由于色散力(London forces)作用,动力学过程非常快,但由于氢气与石墨烯之间的键能小,热力学上是不稳定的。另一方面,化学吸附的氢气由于与石墨烯片层有非常强烈的相互作用,因而储氢效果较好。因此,吸收氢气的可逆性成为制造高效储氢材料的瓶颈。Tozzini 和 Pellegrini 能级图展示了储存原子氢以及分子氢的困难性(图 3-29)。

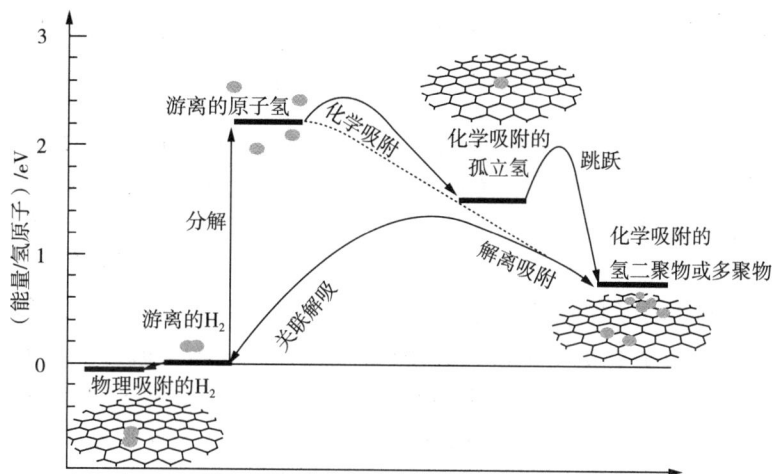

图 3-29 石墨烯-氢系统的能级图

提高氢的储存能力的关键就是完全了解氢气在石墨烯材料上的吸附机理。为此,研究者对多种碳系统进行了大量的理论计算。Patchkovskii 等人通过对可逆模型系统的理论模拟解决了美国能源部(DOE)提出的为什么不能达到 6.5% 质量比以及 62kg·m⁻³ 密度目标的问题。他们揭示了 C—H₂ 的不准确交互电位以及先前理论上对其量子效应的疏忽而导致的对吸收能力的错误计算。通过对氢气在其附近环境(包括量子效应以及先前的交互电位)成键能力的计算,Patchkovskii 等人指出在 300K 的情况下氢气-石墨烯的低反应自由能使其在实际情况中不适合储氢。但是,当组成石墨的石墨烯的层间距离增加后,物理吸附自由能以及 H₂ 在石墨烯基底上的键能随之增加。Tozzini 和 Pellegrini 的一个早期理论研究显示质量容量达到 8% 是可以实现的,同时在波纹状石墨烯基底上实现了化学吸附氢的可逆性。他们提出了快速装载/卸载氢的机理,同时,其释放过程依赖的是石墨烯基底的可控倒置弯曲(图 3-30)。两年后,Goler 等人通过使用扫描隧道显微(STM)技术使人们更好地研究了石墨烯原子层的弯曲在原子氢与分子氢的储存与释放上的作用。这些测量结果证实了通过临近石墨烯层的可控弯曲可制造出理想的储氢应用材料。

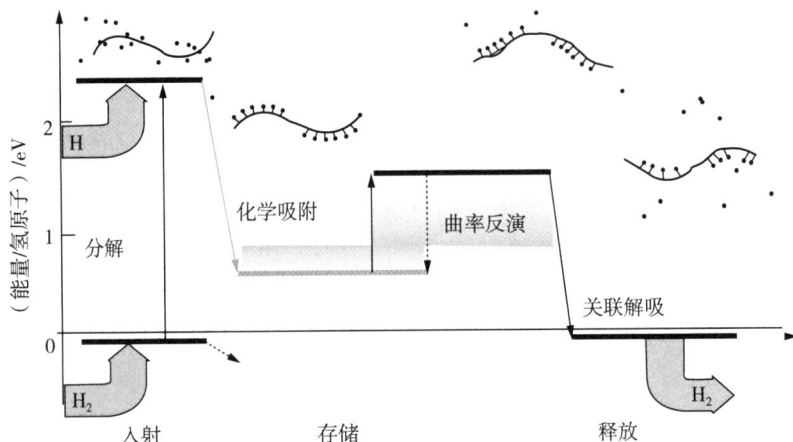

图 3 - 30　Tozzini 和 Pellegrini 提出的储氢微观原理

　　研究表明,GO 在储氢方面是一种很好的选择材料。因为 GO 除了有着石墨烯比表面积高、质量轻、无污染以及加工成本低等优点之外,其表面及边缘还有含氧官能团,有利于进一步的化学修饰,例如掺杂过渡金属等。Wang 等人发现,钛可以与 GO 表面的羟基相互作用,能够有效地阻止 GO 片层的团聚。同时,GO 表面的烃基数量可以调节,材料储氢的质量分数与体积比容量分别可以达到 4.9% 与 $64g\cdot L^{-1}$。另外,含氧官能团也可以被进一步的功能化来增大 GO 层之间的空间,从而提供充足的 GO 层间距用来吸收氢。Burress 等人将硼酸与 GO 连接起来创造了一种新的表层结构,被称为有机石墨结构(GOF)。同时,从理论上预测了不同连接密度下 GOF 的氢吸收量。Subrahmanyam 等人展示了 GO 可以在含有 Li 的液氨中通过 Birch 还原反应被还原成只有几层的氢化石墨烯,通过采用氮气的吸脱附测试方法,材料展现出非常大的表面积。同时,元素分析显示在额外的 Li 值下,具有 5%(质量分数)的储氢能力。同时,氢在不同覆盖率下与石墨烯表面不同位点的作用力也被计算出来,研究发现氢原子与石墨烯表面的键能在覆盖率为 50% 的时候最大。

　　Guo 等人成功地制备出了具有最高物理吸附实验值的石墨烯,材料通过热剥离 GO 就可以获得。由于其含有微孔(0.8nm)、介孔(4nm)和大孔(>50nm),材料因而也拥有分级多孔结构。同时由于材料的高比表面积($1305m^2\cdot g^{-1}$)和超过 4%(质量分数)的储氢量,使它达到了美国能源部提出的实现氢能源实用化的目标(图 3 - 31)。Guo 等人同时也认为材料的高储氢值可能会通过掺杂金属、表面功能化、边-点剪裁得到更大幅度的提高。

　　理论研究表明,另一种提高石墨烯储氢能力的方法是在石墨烯表面适当掺杂或吸附金属(碱金属、碱土金属、过渡金属)。这些研究发现通过 H_2 和金属作用有两种途径来增加氢气的吸收。第一种依赖于 H_2 的极化,碱金属建立的电场使 H_2 的结合能约为 0.2eV,这些系统的质量比容甚至可以超过 DOE 目标。第二种方法是利用 Kubas 交互

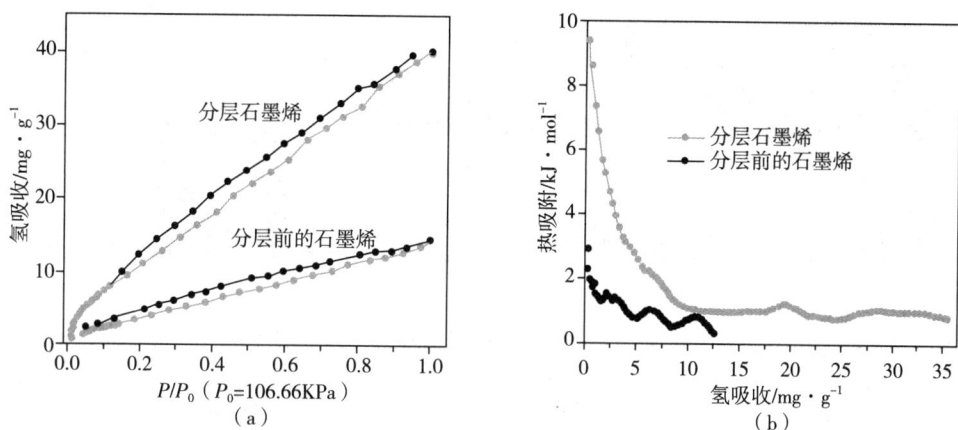

图 3-31　(a)分层石墨烯及分层前石墨烯的氢吸附和解吸等温线；(b)氢吸附的吸附热

作用，即通过 H_2 的 σ 或 σ* 轨道与过渡金属电子轨道杂化来获得 $0.2\sim0.6eV$ 的结合能，可用于储氢。Liu 等人用这种方法获得了钛掺杂的石墨烯，因氢原子和钛原子之间的结合能增加，其密度泛函(DFT)计算预测出高的储氢容量。该方法中，钛原子不会聚集，因此最大限度地促进了氢的吸收。而其他过渡金属，由于存在巨大的内聚能，容易聚集，所以对氢气的吸收能力变弱。事实上，团聚阻碍了分离，从而降低了储氢容量。因此，拥有较小内聚能的金属，如碱金属和碱土金属引起了人们的巨大关注。钙的内聚能为 $1.8eV$，是一种低内聚能的碱土金属。Lee 等人提出一种方案，用钙去修饰石墨烯，Ca 的 3d 空轨道和 H_2 的 σ 键超共轭以及 H_2 的极化使吸附的 H_2 拥有约 $0.2V$ 的结合能。作者认为，孤立的钙原子倾向于吸附在石墨烯的锯齿状边缘，导致质量储氢容量为 5%。同样，Beheshti 等人使用第一原理计算研究了钙修饰掺硼石墨烯的氢吸附能力，发现其质量储氢容量为 8.32%。Wang 等人还发现钠修饰掺硼石墨烯的储氢能力更强(11.7%)。不过，现在还没有可靠的实验来证实这些预测。

3.5.3　超疏水材料

石墨烯片本质上是疏水的。通过应用石墨烯生产超疏水表面是近年来最新的技术里程碑之一。这是通过组合可调拉普拉斯压力来实现的，因为其孔径受到控制。在通过 SiC 上外延石墨烯生长的研究中也检查了疏水性，研究结果显示接触角为 92°，裸 SiC 接触角为 30°结果表明疏水性有增加。石墨烯的疏水性可以通过表面粗糙度的增加而增加。石墨烯具有高孔隙率和表面粗糙度，因此它们可能表现出超疏水特性。当表面能量较低时，粗糙表面会导致拉普拉斯压力增加。Lin 等人进行的一项研究通过冷冻干燥开发了还原氧化石墨烯。探究了在 $120\sim130℃$ 时的疏水表面接触角。XPS 结果显示，还原后只剩下羟基。研究结果是积极的，因为所使用的材料具有良好的微尺度孔隙率和粗糙度。使用特氟龙溶液作为光滑的保形涂层，实现了超疏水性。随着水滴的减少，测量的接触角在 144° 和 163° 之间。

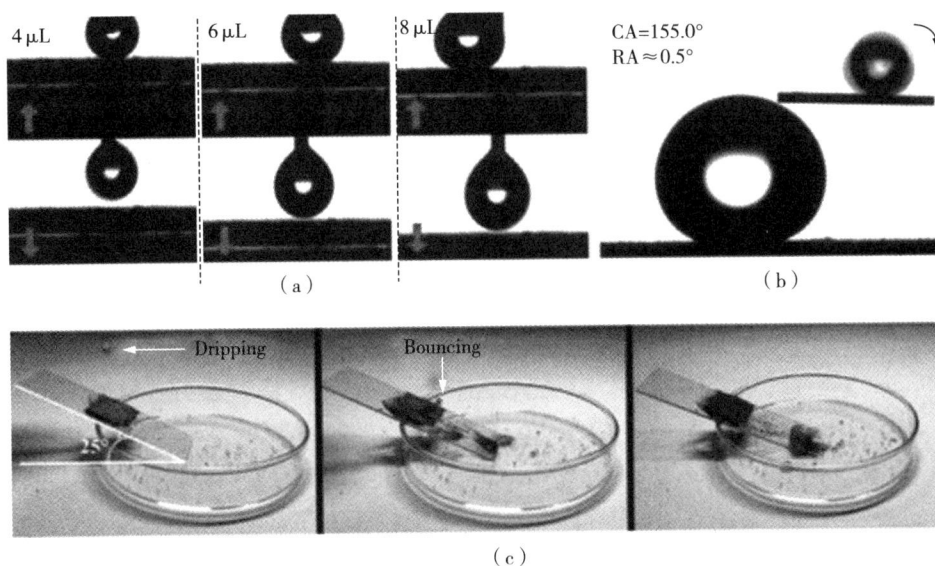

图 3-32 对复合材料表面超疏水性能的评估

思考题：

1. 思考还有哪些制备石墨烯的方法？
2. 与其他碳的同素异形体相比石墨烯结构上具有什么优势？
3. 思考石墨烯复合物在日常生活中的应用及其使用原理？
4. 你认为石墨烯未来的发展方向是什么？

参考文献

[1] OLABI A G, ABDELKAREEM M A, WILBERFORCE T, et al. Application of graphene in energy storage device-A review[J]. Renewable and Sustainable Energy Reviews, 2021, 135:110026.

[2] GEIM A K, NOVOSELOV K S. The rise of graphene[J]. Nature Materials, 2007, 6(3):183-191.

[3] NOVOSELOV K S, GEIM A K, MOROZOV S V, et al. Two-dimensional gas of massless Dirac fermions in graphene[J]. Nature, 2005, 438(7065):197-200.

[4] DU X, SKACHKO I, BARKER A, et al. Approaching ballistic transport in suspended graphene[J]. Nature Nanotechnology, 2008, 3(8):491-495.

[5] PONOMARENKO L A, YANG R, MOHIUDDIN T M, et al. Effect of a high-kappa environment on charge carrier mobility in graphene[J]. Physical Review Letters, 2009, 102(20):206603.

第4章 氮化碳

4.1 氮化碳的简介

氮化碳是一种新型的碳质材料,在可见光条件下,表现出很好的光催化性能,受到科学家们的广泛青睐。石墨相氮化碳($g\text{-}C_3N_4$)是一种非金属有机半导体,由地球上含量较多的 C、N 元素组成,对可见光有一定的吸收,可抗酸、碱、光的腐蚀,稳定性好,结构和性能易于调控,具有较好的光催化性能以及广泛的应用范围,因而迅速成为光催化领域的一大研究热点。

4.2 氮化碳的结构特点

C 元素是地球和大气中最丰富的元素之一,N 元素也是大气中含量最多的元素,这两种元素结合 O 和 H 等元素形成的稳定有机化合物是构成生命的重要组成部分,例如蛋白质、氨基酸、核酸。理想的氮化碳化合物只含有 C 和 N 两种元素,由于 C 和 N 的原子半径都较小($R_C=70pm$,$R_N=75pm$),C 原子容易形成共价键,按照共价键理论,其理想化学式为 C_3N_4。

氮化碳聚合物材料是一种很早就被发现和关注的碳氮化合物,具有结构稳定、低毒、耐磨、低密度等优点。氮化碳聚合物最早可追溯到 1834 年 Lie 等人首次报道的蜜勒胺类化合物"Melon",之后有各种不同晶体结构的氮化碳化合物被合成和报道。例如,Franklin 在 1922 年通过热解氨基碳酸的方法首次获得非晶态的氮化碳聚合物。Cohen 等研究者在 1989 年以 β-氮化硅为原始模型,采用同族元素替代的方法,用碳元素替换硅元素获得高于金刚石理论强度的 β-氮化碳结构模型。1990 年 Sekine 和 Kanda 等人采用高压热解含氮有机物获得氮化碳材料,并采用 X 射线衍射(X-ray diffraction,XRD)、元素分析和电子能量损失谱(electron energy loss spectroscopy,EELS)技术手段表征和证实这种氮化碳材料具有类石墨层状结构。Teter 和 Hemley 在 1996 年也通过第一性原理对 C_3N_4 化合物的结构进行了详细计算和结构预测,并对它们各自的物理化学性质进行了详细预测,获得包括 α、β、立方、准立方和类石墨五种同素异性结构模型,其晶体结构参数以及晶体结构图归纳整理如表 4-1 所示。其中 $\alpha\text{-}C_3N_4$ 和 $\beta\text{-}C_3N_4$ 的晶体结构类

似于 $\alpha - Si_3N_4$ 和 $\beta - Si_3N_4$ 晶体结构,立方相的 C_3N_4 结构与高压相的立方 Zn_2SiO_4 结构相似,而准立方的 C_3N_4 结构类似于 $\alpha - CdIn_2Se_4$ 的晶体结构,这四种结构都被预测具有超高强度和极优异的热稳定性,是非常好的耐磨材料。然而,由于这四种结构类型的材料是高温稳定相,不太容易制备,研究难度相对较大,到目前为止关于 α、β、立方、准立方相的石墨相氮化碳的研究相对比较少。而类石墨或者石墨相氮化碳材料($g - C_3N_4$)是常温常压最稳定的氮化碳化合物,相对容易合成,具有类似二维石墨层状结构,因而得到了更为广泛关注和研究。随着全世界越来越多研究者对石墨相氮化碳材料的关注和探索该材料在其他方面的应用,相信以后会出现更多石墨相氮化碳的重要研究成果,该材料将会被广泛应用于各个领域,未来工业化应用也会有重大突破。

表 4-1 不同类型氮化碳的晶体结构特征

名称	晶胞参数	空间群	Z 值	晶体结构
$\alpha - C_3N_4$	$a = 6.4665 \mathring{A}$① $b = 6.4665 \mathring{A}$ $c = 4.7097 \mathring{A}$ $\alpha = \beta = 90°$ $\gamma = 120°$	P31c	4	
$\beta - C_3N_4$	$a = 6.380 \mathring{A}$ $b = 6.380 \mathring{A}$ $c = 2.395 \mathring{A}$ $\alpha = \beta = 90°$ $\gamma = 120°$	P63/m	2	
立方相- C_3N_4	$a = 5.3973 \mathring{A}$ $b = 5.3973 \mathring{A}$ $c = 5.3973 \mathring{A}$ $\alpha = \beta = 90°$ $\gamma = 90°$	I43d	4	

（续表）

名称	晶胞参数	空间群	Z 值	晶体结构
准立方相-C_3N_4	$a=3.4232Å$ $b=3.4232Å$ $c=3.4232Å$ $\alpha=\beta=90°$ $\gamma=90°$	P42m	1	
石墨相-C_3N_4	$a=4.7420Å$ $b=4.7420Å$ $c=4.7420Å$ $\alpha=\beta=90°$ $\gamma=120°$	P6m2	2	

① 1Å=0.1nm。

石墨相氮化碳（$g-C_3N_4$）是各种氮化碳同素异形体中室温最稳定的物相,一般通过高温热解富氮有机物获得。关于石墨相氮化碳的结构研究已有很多文献报道,Kouvetakis 等人在 1986 年研究发现热解氯-吡啶类混合物可获得具有类似于石墨结构的碳氮化合物,并且类石墨层的结构单元为 C_5N。1990 年 Sekine 等研究者采用 XRD 和 EELS 详细研究了高压热解三嗪类化合物获得的类石墨结构碳氮聚合物,认为在每一类石墨层中都可能存在 CN、C_3N、C_5N 和 C_7N 的结构单元。之后 1999 年 Alves 等人在 3GPa 和 800℃ 苛刻的实验条件下,加热三聚氰胺获得另外一种类石墨结构的氮碳聚合物材料,他们采用 XRD 和选区电子衍射（selected area electron diffraction,SAED）等技术手段获得其精细完整的晶体结构,认为该类石墨层氮化碳是以 AB 形式堆叠而成的正交相结构。随后 Lowther 采用第一性原理对各种类石墨氮化碳的结构进行了详细计算模拟,并认为空间群为 P6m2 的石墨相氮化碳在室温下更稳定。

综合已有文献报道,理想石墨相氮化碳的结构单元主要有三嗪环和七嗪环,这两种结构单元的碳和氮原子均为 sp² 杂化形式,形成类似二维石墨烯的 π—π 共轭电子结构,再以类石墨的反复堆叠方式构成三维晶体结构。这两种结构的主要差异是,三嗪环结构单元的孔隙较小[图 4 - 1(a)],构筑的石墨相氮化碳的晶体结构为 R3m 空间群,而七嗪环单元孔隙更大[图 4 - 1(b)],构筑的石墨相氮化碳的晶体结构为 P6m2 空间群。这两种结构的石墨相氮化碳结构理论上都可以稳定存在,不同的制备方法获得石墨相氮化碳具有不同的结构。密度泛函理论证实理想七嗪环结构单元构筑的石墨相氮化碳常温常压热力学更为稳定。

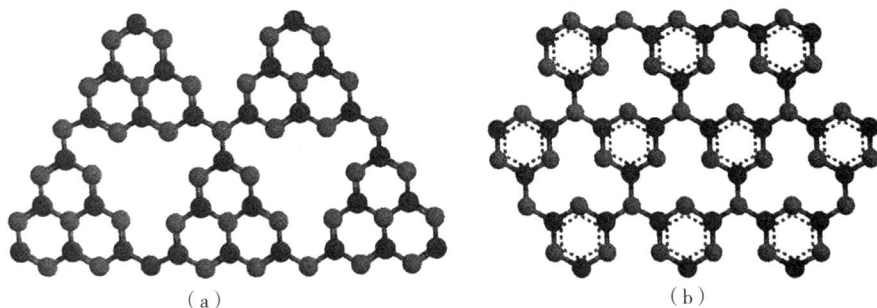

图 4 - 1　以七嗪环(a)和三嗪环结构(b)单元构筑的
石墨相氮化碳结构(浅色为 N 原子,深色为 C 原子)

4.3　石墨相氮化碳的性质

4.3.1　热稳定性

g - C₃N₄ 的热重分析(TGA)显示空气中温度达 600℃ 时,其仍能稳定存在。在 630℃ 出现明显的吸热峰,说明此时会发生分解和气化以致完全失重。Gillan 将 g - C₃N₄ 封闭在密封的真空安瓿瓶中,并设定不同的温度梯度,发现在 450℃ 时会有缓慢的升华现象,650℃ 时升华会大幅度加快,750℃ 会完全分解,且无任何残余。g - C₃N₄ 的热稳定性明显好于芳香聚酰胺和聚酰亚胺等常用高温聚合物,应是目前有机材料中热稳定性最高的一类。然而,对于不同制备方法,其稳定性也不相同,这可能是因聚合程度不同而引起的。

4.3.2　化学稳定性

与石墨类似,在范德华力作用下,氮化碳层间易堆积,使其不溶于大多数溶剂。在水、乙醇、DMF、THF、乙醚和甲苯等传统的溶剂中,均没检测到氮化碳溶解和发生反应。为了检测其稳定性和持久性,将氮化碳粉末分散于水、丙酮、乙醇、吡啶、乙腈、二氯甲烷、DMF、冰醋酸和 0.1M 的 NaOH 溶液中,放置 30 天后于 80℃ 下干燥 10h,测量红外谱图,与原始 g-C_3N_4 相比,并没有发现明显的变化。但有两种溶剂例外,熔融碱金属氢氧化物中氮化碳会发生水解;氮化碳在浓酸中加热会形成了胶体分散体系,但它们均可逆。

4.3.3　光学和光电化学

氮化碳的光学性质可通过 UV-Vis 吸收和光致发光实验检测。理论计算表明氮化碳是一种典型的半导体材料,带隙可达 5eV,且与结构和吸附原子相关。一般而言,g-C_3N_4 会显示出一种有机半导体的吸收方式,在 420mm 处形成强烈的吸收[图 4-2(a)]。这与其浅黄色的颜色是一致的。

值得注意的是,不同的前驱体、制备方法以及聚合温度等工艺参数均会轻微地影响 g-C_3N_4 的吸收带隙,这可能是由制备或改良过程中引起的不同的局域结构、堆积和缺陷引起的。例如,g-C_3N_4 不同的改良方法会引起吸收边界蓝移(如质子化或硫掺杂)或红移(硼与氟掺杂,与巴比妥酸的共聚合)。g-C_3N_4 光致发光的类型已有报道,其中一些发生了蓝移,可能是光致发光谱对聚合程度和层间堆积比较敏感。一般而言,室温下聚合氮化碳都显示出很强的蓝色光,其范围一般为 430~550nm,最大发射位置为 470nm。

适当的电子能带结构使 g-C_3N_4 在太阳能转换系统有很大的应用潜力,如用于光电化学电池(图 4-2)。在可见光照射下,可观察到体相 g-C_3N_4 的光电流。高的化学和热稳定性可使光电化学电池在氧气中稳定使用。此外,g-C_3N_4 的电子能带结构可通过纳米形貌或掺杂进行调控(图 4-3)。这对光电流响应的提高提供了可能。例如,介孔氮化碳(mpg-C_3N_4)由于大的比表面积和多重散射效应,对光电流的响应增强,其他的改良方法包括掺杂和质子化也可以提高光电流的响应。尽管 g-C_3N_4 的改良可部分地提高光电流,但其值仍相当低,这主要被认为是晶界缺陷造成的。考虑合成及改进的手段不断进步,期望将来可以解决这一问题。

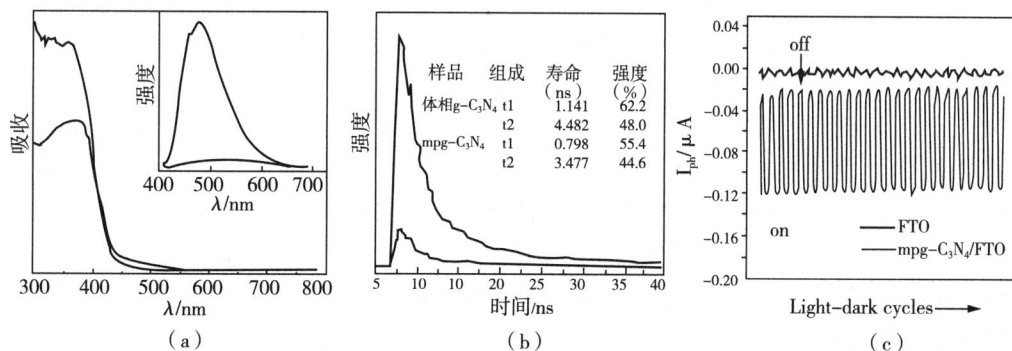

图 4-2　(a)420nm 激发下漫反射吸收光谱和光致发光(PL)谱(插图);
(b)420mm 激发下,520nm 处时间分辨光致发光谱,黑线和红线分别代表体相和 mpg-C_3N_4;
(c)两电极光电化学测试中,mpg-C_3N_4 的周期性开/关,光电流 I_{ph} 响应
(0 偏压,电解质:0.5mol·$L^{-1}Na_2SO_4$ 溶液)

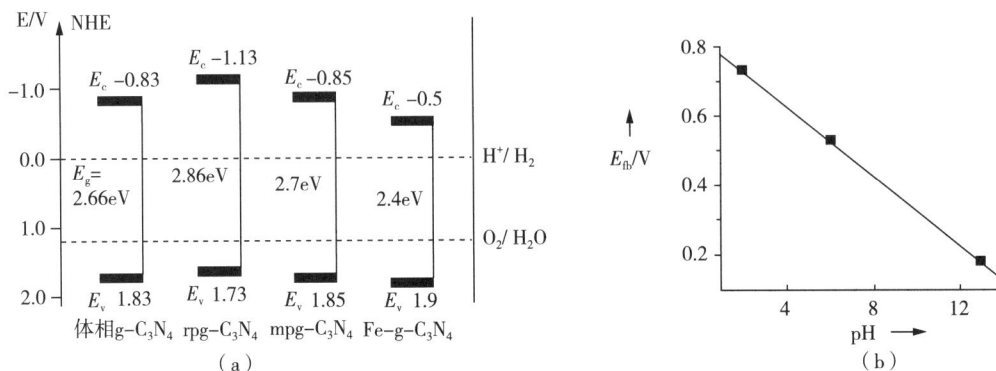

图 4-3 不同 $g-C_3N_4$ 固体的电子能带结构。(a) HOMO 和 LUMO；
(b) 在 0.1mol/L KCl 溶液中，$mpg-C_3N_4$ 和 pH 的平带电势的相关性(vs. NHE)

4.4 石墨相氮化碳的制备方法

随着对石墨相氮化碳结构的逐步了解，以及材料制备技术的不断发展，关于其制备方法也越来越多。一般而言制备石墨相氮化碳的方法主要包括高温高压固相法、气相沉积法、电化学沉积法、溶剂热法和热聚合法等，下面结合文献报道的典型实例对这几种常用制备方法进行介绍。

4.4.1 高温高压固相法

高温高压固相法一般先将富氮和富碳有机固体化合物均匀混合，再经过高温高压处理一段时间，即可获得石墨相氮化碳材料。该方法反应条件较为苛刻，产物一般有较多非晶碳成分。例如，Alves 等人以三聚氰胺($C_3N_6H_6$)和 NH_2NH_2 为反应物，在 3GPa 和 800℃条件下处理一段时间，获得了碳氮原子比(简称碳氮比)为 0.75 的棕色 C_3N_4 材料，该石墨相氮化碳的 SAED 斑点清晰，表明具有良好的结晶性能。Sekine 等人以 C_6N_4 和三嗪化合物为原料，在 5GPa 和 1400℃反应条件下处理 30 min，可获得微观形貌为片状的石墨相氮化碳材料。Komatsu 等人以 $C_6N_7(NCNK)_3$ 和 $C_6H_7Cl_3$ 为反应原料，在 300～600℃反应一段时间后，可制备分子结构为 $C_{91}N_{124}H_{14}$ 的氮化碳材料。Gu 等人以三聚氰氯和 CaNCN 为原料，在不锈钢反应釜中，加热至 500～550℃反应 10 h，可合成结晶良好的石墨相氮化碳，但是产物有较多的非晶碳杂质。由于高温高压固相法条件苛刻、过程复杂，因此其实用性不强。

4.4.2 气相沉积法

气相沉积法一般以碳氮有机化合物为反应原料，在加热或者其他辅助条件下，碳氮有机物分解成反应活性较高的小分子，之后这些小分子再发生聚合反应形成氮碳聚合物。例如，Guo 等研究者以氮气为氮源，以甲烷为碳源，采用气相沉积法，在 Ni(100)基底上可获得碳氮原子比为 0.5～1.0 单斜氮化碳薄膜。Bian 等人以三聚氰胺为原料,采用热聚合气相沉积法,可在氟掺杂的氧化锡(fluorine-doped tin oxide,FTO)基底获得平整的石墨相氮化碳薄膜材料,且这些氮化碳薄膜表现出良好的光电响应性能。由于有基底的辅助支持,该方法常用来制备氮化碳薄膜材料。

4.4.3　电化学沉积法

对于 C_3N_4 的五种结构来说,$\beta - C_3N_4$ 和 $g - C_3N_4$ 的稳定性关系就像金刚石和石墨之间的关系。$g - C_3N_4$ 作为一种新型材料,在半导体材料中其性能是优良的,并且,它在光学、力学等研究领域具有广泛应用前景,所以,研究人员采用许多方法来制备这种新材料。其中,在很多固态材料的制备中,电化学沉积法具有广阔应用。电化学沉积技术具有设备简单、控制容易、不需要高温高压等优点。

李超等研究了在室温常压下,利用 Si(100) 基片为衬底,以三聚氯氰和三聚氰胺的丙酮饱和溶液为沉积液(三聚氯氰与三聚氰胺比为 1:1.5),采用 1200V 电压合成了含有 $g - C_3N_4$ 晶体的 CN_x 薄膜。其经过 XPS(X 射线光电子能谱)分析表明,在 CN_x 薄膜中,C、N、O 元素所占百分比分别为 52.38%、39.22%、8.40%,说明在沉积薄膜中,主要元素是 C、N,并且 N 与 C 之比为 0.75:1。选择的基片和电压对于沉积过程具有重要影响。以铟锡氧化物(IO)导电玻璃做基片与 Si(100) 做基片相比,其沉积速度要快,提高电压能加快沉积反应速度。所选择的衬底和沉积液对于沉积的 C_3N_4 薄膜中含 N 量、结构和性能具有重要影响。采用不同沉积液,以三聚氯氰和三聚氰胺的饱和乙腈溶液作沉积液(三聚氯氰和三聚氰胺比例为 1:1.5),在室温常压下,以 Si(100) 为衬底进行电化学沉积所得 CN_x 薄膜,其主要元素为 C、N,且 N 与 C 之比为 0.81:1;用二氰二胺分散在 N,N-二甲基甲酰胺(DMF)中形成溶液为沉积液,在 ITO 导电玻璃基底上,阴极电化学沉积所获得 CN_x 薄膜中,其 N/C 比在 0.7 左右,C 和 N 主要以 C—N、C=N 成键形式,仅有少量形式的 C≡N 键;用镀有 ITO 的导电玻璃作衬底,以双氰胺的饱和乙腈溶液做沉积液,在阴极上合成了 N 含量高的 CN_x 薄膜,经过分析得知,N 与 C 之比为 1.22:1,这个值与理论计算值比较接近,该薄膜纳水硬度值为 11.31GPa。近年来,很多研究人员之所以将目光转向用电化学反应合成方法来制备薄膜,这是因为,在气相沉积条件下 N_2 具有高度热力学稳定性而难以获得合成氮化碳晶体所需的大量 C—N 单键,然而,对于电化学反应合成法,可以采用含有大量 C—N 单键的高氮含量有机物为反应前驱体,能够有效地降低沉积温度和反应能垒。

4.4.4　溶剂热法

溶剂热法一般以高沸点的有机溶剂为导热介质,以碳氮有机小分子为碳氮前驱体,将这些有机物溶解在有机溶剂中,混合均匀后置于不锈钢反应釜中,在一定温度下保温一段时间即可获得石墨相氮化碳材料。该方法具有过程容易控制、操作简单、产物形貌均匀可控等优点,但也具有效率较低和有机溶剂污染大等缺点。例如,Montigaud 等人以三聚氰胺和三氯氰酸为反应物,以三乙胺有机碱为溶剂,在 250℃条件下采用溶剂热法获得了 1～5μm 大小的石墨相氮化碳颗粒。Guo 等人以苯为溶剂,以三聚氰氯和氨基钠为反应物,在180~220℃反应8~12h获得了氮碳比为1.39的结晶氮化碳材料,这些氮化碳材料具有微观纳米空心结构和荧光性能。他们后续又将氨基钠替换为叠氮化钠,在类似的反应条件下获得了分散性良好的石墨相氮化碳空心纳米棒,氮碳比为1.25。之后该课题组在上述工作基础上加入二茂铁,采用类似的溶解热法,可制备竹节状的氮化碳纳米管,该氮化碳纳米管表现出较好的储锂性能,在0.1A·g^{-1}的电流密度下,氮化碳纳米管的容量能达到492.7mA·h·g^{-1}。

4.4.5 热聚合法

热聚合法是近些年最常用的制备石墨相氮化碳的方法,该方法制备过程如图4-4所示。热聚合法一般采用尿素、硫脲、氰胺、双氰胺、三聚氰胺等有机物或者它们的混合物为碳氮前驱体,经过简单加热后,这些化合物在分解的同时会产生蜜勒胺等低聚物,保温一段时间后,产生的低聚物再发生聚合反应生成石墨相氮化碳。例如,Groenewolt等人最早以双氰胺为原料、采用二氧化硅为模板,550℃反应3h后,再经HF洗涤即可获得石墨相氮化碳纳米颗粒。Lotsch等人以双氰胺和胍基甲酰胺为反应原料,经过热聚合也可获得石墨相氮化碳,他们采用质谱和红外光谱详细研究了石墨相氮化碳的形成过程。Gillan等人以三氯氰胺为原料,只需要加热聚合即可获得七嗪结构单元的非晶石墨相氮化碳材料,他们采用质谱和红外光谱也证实了其精细结构。Li等人以三聚氰胺为原料,在1Pa的低真空环境下800℃加热保温2h,获得碳氮比为0.70结晶良好的石墨相氮化碳。Dong等人以尿素为原料,在450~600℃加热并保温2h可制备石墨相氮化碳。Gao等人以三聚氰胺为原料,将三聚氰胺溶解在乙二醇后再经过硝酸处理,获得了白色沉淀前驱体,空气气氛350℃加热1h后制备了数十微米长的石墨相氮化碳纳米管。Liu等研究者以尿素为原料,在空气550℃气氛下加热3h获得具有优异光催化和吸附性能的石墨相氮化碳。Dong等人以硫脲为原料,在空气气氛550℃加热2h后获得氮碳比为1.37的富氮石墨相氮化碳光催化材料,该石墨相氮化碳材料比在同等条件下采用尿素为原料获得的石墨相氮化碳表现出更优异的光催化性能。Ge等人以双氰胺和硫脲混合物为原料,550℃加热4h获得了硫掺杂的石墨相氮化碳。Cao等人直接在空气气氛下,450~575℃加热4h也合成了不同S掺杂量的石墨相氮化碳光催化材料。Pronkin等人首次发现采用三唑及其衍生物为前驱体,通过简单热聚合法制备了石墨相氮化碳。由上述文献可以看到,热聚合法操作简单、产物结构容易控制、成本低廉,被广泛用来制备石墨相氮化碳

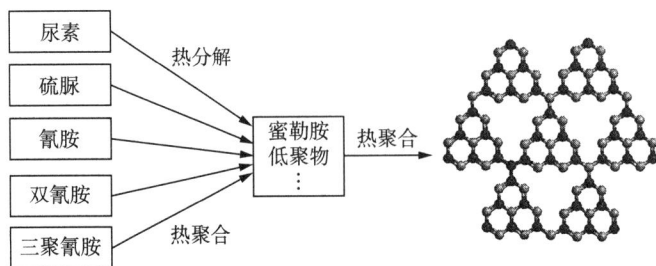

图4-4 热聚合法制备石墨相氮化碳过程示意图

材料,也是最为有效和最具有和工业化前景的制备方法之一。

4.4.6 离子注入法

离子注入法可以获得各种结构的亚稳态材料,这种方法是通过能量方式克服热力学条件的限制而进行的。理想配比的晶体材料合成可通过对离子能量和剂量的控制来完成,例如,合成 Si_3N_4 晶体可通过 N 离子注入 Si 材料。所以,利用 N 离子注入技术寻求氮化碳晶体的合成也引起人们的关注,该重点集中在注入基片材料的选择和基片温度的影响及氮离子能量等方面。一般所用注入基片为无定形碳膜、高纯石墨和化学气相沉积法制备金刚石薄膜。

谢二庆等把氮离子注入金刚石薄膜中,观察到所需要的 C—N 键存在于所合成的 β-C_3N_4 晶体中。曹培江等发现氮离子能量对 C—N 键形成产生影响,其研究表明当氮离子能量较低时(10KeV),有利于形成 sp^3C—N 键。所要注入离子的能量和基片温度对薄膜中含氮量及结构产生较大影响,当注入离子能量低和基片温度低时,能够提高薄膜的含氮量及 sp^3CN 数量。Lee 等把氮离子注入碳膜后,所获得薄膜的硬度得到显著提高,并且,在较低的温度下(低于 100℃)获得最佳硬度。因为高能氮离子束易引起碳基体的非晶化和石墨化,使用氮离子注入合成氮化碳晶体的研究受到较大影响。目前,把氮离子注入无定形氮化碳薄膜改善其薄膜的结构、性能和提高含氮量成为离子注入法中主要研究方向。

4.4.7 离子束溅射法

什么叫离子束溅射法? 就是通过高频电场或直流电使惰性气体发生电离,产生等离子体,电离所产生的电子和正离子高速轰击靶材,导致靶材分子或原子溅射出来沉积到基板上形成薄膜。该法优点为:(1)环境气压低,离子源与真空室分离,能减少溅射粒子飞向基片过程中的非弹性散射;(2)能够独立控制离子束能量,精确扫描和聚焦;(3)薄膜沉积速率高。

Sa-tosbikobayashi 等以离子束溅射沉积法,利用 Ge 或 Si 做衬底,在室温条件下制备了 $C_{1-x}N_x$ 薄膜。该薄膜沉积实验装置见图 4-5,图 4-5 中的基底、靶和离子源都被安放于背景压力为 1.33×10^{-4} Pa 真空室内。该沉积室与制备金刚石薄膜的实验装置相同,其区别在于用氢气和氩气取代氮气被引入。利用 N 离子束(从考夫曼型离子源萃取出的)轰击纯石墨靶(直径为 10cm),靶与衬底间的夹角和离子束与靶的入射角均约 45°。在沉积实验过程中,气体压

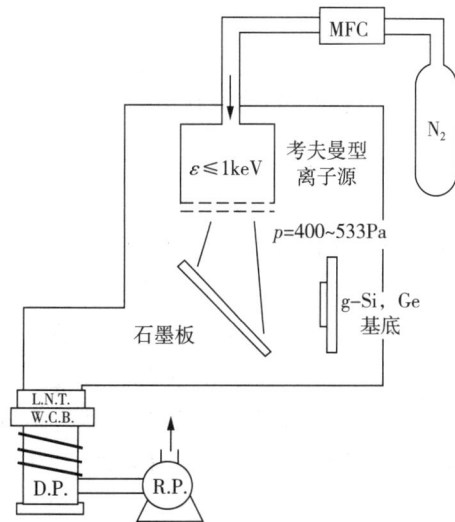

图 4-5 反应离子束溅射沉积实验装置

力、阳极偏压和离子流密度分别固定在 0.04Pa、120V 和 0.5mA·(cm²)⁻¹。其研究结果：在薄膜中存在 C＝N 共轭双键和 C≡N 三键。孙洪涛等以厚为 3mm、直径为 100mm 的高纯石墨(99.95%)为靶材,以单晶 Si(100)为衬底材料,以高纯氮气(99.9%) 做溅射反应气体,于 700～1200eV 范围内,以改变氮离子束能量方式制备了不同的氮化碳薄膜。实验表明,当提高氮离子束能量时,有利于形成 C—N 键,薄膜有序性也增大了;并且,伴随氮离子束能量增大,薄膜在衬底上沉积速率降低,在薄膜结构中的团簇尺寸发生显著下降,团簇逐渐趋于分布均匀。Zhou 等以高纯石墨(99.95%)作靶材,以高纯氮气(99.999%)做溅射反应气体,在背景压力为 $1×10^{-4}$Pa 的真空室内,制备了 $α-CN_x$ 薄膜($x=0.2$)。XPS 分析表明,所获得 $α-CN_x$ 薄膜是 n 型半导体。

具有高硬度特征和低摩擦系数的无定形 CN_x 薄膜主要是通过反应溅射技术制备的。一般采用氮气或混合气体(氮气和氩气混合)对高纯石墨靶、C_{60} 薄膜或者碳氮有机靶进行溅射。在利用反应溅射法制备 CN_x 薄膜时,影响薄膜质量的关键因素为 N_2 的分压、基片温度和离子能量。Lacerda 等研究发现,伴随氮气分压升高,薄膜应力下降,但是,薄膜结构主要是受基片温度影响,随着基片温度升高,薄膜的石墨化程度随着加重。实验结果显示,分离氮源和碳源不是有效地合成 CN_x 的前驱体,而理想的合成前驱体是具有类似于 CN_x 结构中环状结构的高氮碳原子比的环状有机物,由于它能使 C 与 N 成键反应能垒和沉积温度降低。Lu 等首先发现,在低于 100℃下,用氩离子溅射生物分子有机靶能够在各种基片上沉积 $β-C_3N_4$ 薄膜。XRD、XPS 和 TEM 分析验证了纳米氮化碳颗粒存在。有关文献已经详细地报道了关于离子能量、基片温度和靶基距等对所制备 CN_x 薄膜性能和结构的影响。无定形含氮量较低的 CN_x 薄膜是通过反应溅射法制备的,其主要原因为溅射法中基片温度较低导致的,因为这对表面原子的扩散不利,从而造成 CN_x 薄膜的生长变得困难;然而,基片温度提高,减少了沉积到基片上 N、C 粒子的驻留时间,从而导致了 N、C 粒子的解吸附作用增强,对于膜的沉积是不利的。把氮气气氛下的高温、常压热处理与反应溅射技术相结合,对非晶氮化碳向晶态转变是有利的。同时选择合适的有机物为溅射的靶材来研究不同靶材的可能反应机理,将是反应溅射的一个重要研究方向。

4.4.8 爆炸冲击合成法

爆炸冲击合成法由爆炸冲击过程提供的瞬时高压、高温导致材料的性质发生复杂变化。于雁武等以 RDX(单质炸药黑索今)为高温、高压源,用双氰胺做主要前驱物质,利用爆炸冲击合成法,制备了含 $β-C_3N_4$ 单晶的 C_3N_4 粉末。其实验装置如图 4-6 所示。该法获得的粉末状 C_3N_4 是粒度不均匀混合物,其中,包括 1～2μm 的 $β-C_3N_4$ 晶粒,直径范围在纳米与微米之间为球形团聚体,还有纳米级的 C_3N_4、SiO_2 晶间相、金属硅酸盐。通过 XRD 分析可知样品中含有极少量的 SiO_2 晶体,其微弱的特征峰衍射或许被湮没,或许以非晶态形式 SiO_2 存在。SEM 分析表明样品中存在六边形 $β-C_3N_4$ 晶粒,其粒度为 2μm,粒度和形貌都与理论预计相符。EDS

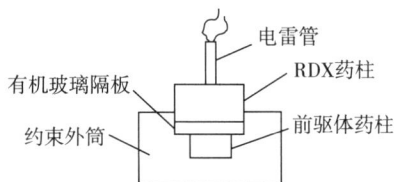

图 4-6 爆炸冲击合成法实验装置

表征可知样品中 C/N 元素的质量比是 1∶2.98,比理论比 1∶1.56 高。

4.4.9 激光束溅射法

Nie 等首次报道了关于 β - C_3N_4 晶体的人工合成实验结果,他们同时以脉冲激光烧蚀石墨靶和高能氮原子束制得纳米尺寸的 β - C_3N_4。他们研究发现所制得的薄膜中含氮量与氮原子流量相关,他们研究表明当没有氮原子或只有 N_2 气氛条件下,仅得到无定形碳,所以,他们认为原子态氮碳间反应为制备 CN_x 薄膜的必要条件。当基片温度为 165～600℃范围时,对薄膜中 C/N 原子比的影响不是很大,当在 N_2 环境中、800℃热处理薄膜时,并没有观察到氮的损失。经过 XPS 表征显示碳氮键是非极性共价键,其所获得的 TEM 数据与 β - C_3N_4 晶体的理论计算值非常吻合。然而,该法所获得的碳氮薄膜的结晶度比较差,并且,β - C_3N_4 晶体的晶体颗粒直径小于 10nm,该研究没有给出 CN_x 晶体的直观 SEM 形貌图,并且,该实验结果很难重复。氮气压力、激光强度、靶与基片的距离在激光束溅射合成中对 CN_x 薄膜的结构产生直接影响。当提高氮气压力时,能够提高 CN_x 薄膜中氮质量百分含量,然而,当氮气压强超过 500Pa 时,将造成石墨粉在样品表面沉降,即阻止 CN_x 薄膜沉积;靶与基片距离的增大,能够提高氮分子与碳碎片碰撞概率,使得氮掺入概率增大,也就提高了氮的含量。主要为 C^+ 离子、C 原子、N^{2+} 和 CN 等基团向基片沉积,这是通过发射光谱分析激光轰击石墨靶后的产物表征获得的。目前,在低温下用激光束溅射法合成 CN_x 薄膜,所得产物主要为无定形氮化碳和纳米尺寸的颗粒镶嵌于非晶薄膜中,并且形成 C—N,C═N 和 C≡N 的混合键,其中,N 与 C 以 sp^2C 结合为主,在高温下,仅获得少量氮的无定形碳膜。利用激光束溅射含 C—N 键的有机物,有希望克服在低温下 C、N 成键的困难,因此,取得较满意的研究结果。

4.5 改性方法

4.5.1 形貌调控

作为一种聚合物,g - C_3N_4 具有多样的结构,因此在模板的辅助下可行成不同的形态。人们已经制备出多孔 g - C_3N_4,g - C_3N_4 空心球和一维 g - C_3N_4。下面对这些结构进行简单的介绍。

4.5.1.1 多孔 g - C_3N_4

因为多孔结构提供了大比表面积和大量的通道,利于扩散以及电荷的迁移和分离,故多孔 g - C_3N_4 备受研究人员的欢迎。制备多孔 g - C_3N_4 最常用的方法为硬模板法和软模板法,选择不同的模板还可以调节孔的结构。

使用硬模板 SiO_2 纳米颗粒,以氰胺、硫氰酸胺、硫脲和尿素等为前驱体已成功制备出 mpg - C_3N_4。模板移除后可形成比表面积达 $373m_2 \cdot g^{-1}$ 的三维互连结构,其孔径与 SiO_2 纳米颗粒的大小相一致。以六角有序介孔二氧化硅 SBA - 15 为硬模板也可制备出结构有序的 mpg - C_3N_4。王心晨等使用此模板,以单氰胺作前驱体制备出有序的 mpg - C_3N_4 其

比表面积达 239m² · g⁻¹，孔体积为 0.34cm³ · g⁻¹，孔径约为 5.3nm。但是，其孔径小于
SBA-15 模板（10.4nm），通过研究发现该介孔结构是 SBA-15 反复制的结果，其大小并不
符合 SBA-15 的孔径，但与模板的孔壁厚度相一致。为强化 SiO₂ 模板和单氰胺的相互作
用，王心晨等使用稀盐酸预处理 SBA-15，然后超声和真空处理以增强单氰胺分子向 SBA-
15 孔的渗透（图 4-7），结果所制得的 mpg-C₃N₄ 的比表面积为 517m² · g⁻¹，孔径为
0.49cm³ · g⁻¹。Fukasawa 等以密集堆积且均一的 SiO₂ 纳米球为模板，单氰胺为前驱体制
备出有序的介孔结构，通过改变 SiO₂ 纳米球的大小（20～80nm），制备出的 g-C₃N₄ 的孔径
大小可以从 13nm 增大到 70nm。尽管 70nm 孔径的 g-C₃N₄ 具有最大的孔体积，但是
20nm 时其比表面积（230m² · g⁻¹）最大。有趣的是，g-C₃N₄ 有序孔结构可进一步作为硬
模板合成有序排列和尺寸可调的 Ta₃N₄ 纳米粒子。

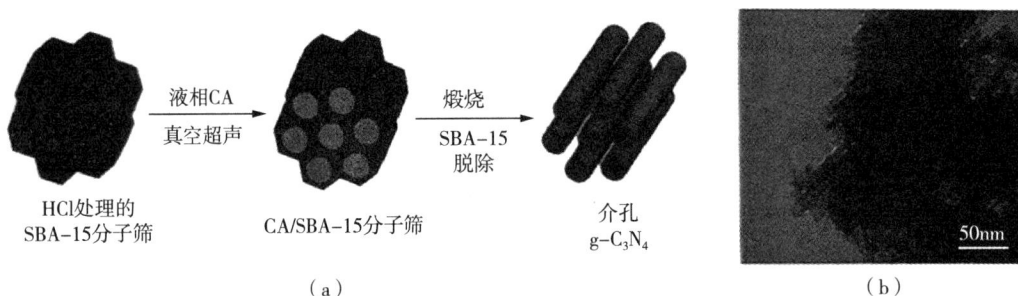

图 4-7　(a)SBA-15 作硬模板合成有序 mpg-C₃N₄ 的示意图，CA 代表单氰胺；
(b)该产物的 TEM 图

硬模板法制备 mpg-C₃N₄ 步骤烦琐，并且，需要用腐蚀性很强的 HF 或 NH₄、HF₂
除去模板，这不利于实际操作和保护环境，因此，找到一种可以用软模板直接制备 mpg-
C₃N₄ 的方法是研究者们所希望的。Wang 等首次报道了采用软模板法制备 mpg-
C₃N₄，且选择 TritonX-100、P123、F127、Brij30、Brij58 和 Brij76 做模板剂，研究了一系
列的合成反应。研究发现，因为 C₃N₄ 的聚合温度接近或高于模板剂分解温度，造成模板
剂提前分解而不能达到预期的介孔结构。然而，经过严格控制升温过程，能够获得较满
意的结果，例如，采用 Titonx-100 为模板剂获得了较好的介孔结构[图 4-8(a)]，根据
模板剂比例不同，其比表面积为 16～116m² · g⁻¹，平均孔径为 3.8nm。另外，有机模板
剂在煅烧过程中会造成一定量的碳沉积，造成碳氮比较高。后来，该研究小组采用
BmimBF₄ 作软模板，以双氰胺（DCDA）做反应前驱体，制备了具有海绵状结构的 mpg-
C₃N₄[图 4-8(b)]。其碳氮比为 0.65，孔容为 0.320m³ · g⁻¹，比表面积为 444m² · g⁻¹。
这种掺有少量 B 和 F 的 mpg-C₃N₄ 具有高效性、高选择性的催化作用。Yan 以
PluronicP123 表面活性剂为模板剂，改用三聚氰胺做反应物，制得了比表面积达
90m² · g⁻¹，碳氮比达 0.68，且具有不规则蠕虫状孔结构的氮化碳。软模板法因存在制
备 mpg-C₃N₄ 比表面积较小、孔结构分布不均匀，且不易控制等诸多问题，因而，研究进
展比较缓慢，这是合成 mpg-C₃N₄ 的难点。然而，因其具有环境友好、操作步骤简单等
优点，依然引起研究者们的兴趣。

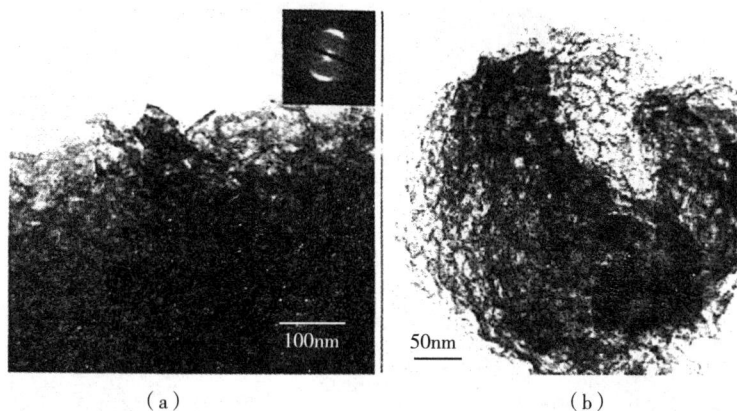

图 4-8　(a)、(b)分别以 TritonX-100 和 BmimBF$_4$ 作为模板剂，双氰胺为原料

另外，不使用模板也可制备多孔 g-C$_3$N$_4$。张礼知等发现用盐酸蜜胺代替三聚氰胺作为前驱体，可制备出比表面积为 69m^2·g^{-1} 的多孔 g-C$_3$N$_4$。朱建华等在不同大小窗口的半封闭系统中，通过勒夏特列原理调控双氰胺的分解，制备出的多孔 g-C$_3$N$_4$ 比表面积可达 209m^2·g^{-1}，孔体积达 0.520m^3·g^{-1}。陈亦琳等使用三聚氰酸作为三聚氰胺的聚合抑制剂，制备出了不同结构等级的多孔 g-C$_3$N$_4$。

4.5.1.2　g-C$_3$N$_4$ 空心球

因为入射光可以多次反射，从而可产生更多的光生载流子，故在 g-C$_3$N$_4$ 空心球中进行光催化反应对光的吸收特别有利。然而，由于聚合过程中容易塌陷，所以 g-C$_3$N$_4$ 空心球不易制备。经过人们不断地努力，空心 g-C$_3$N$_4$ 已经成功制备出来。王心晨等用薄的介孔 SiO$_2$ 壳包覆单一分散的 SiO$_2$ 纳米颗粒而成的核-壳结构作硬模板，单氰胺渗入介孔壳后，通过热聚合和核-壳模板的移除，可制备出 g-C$_3$N$_4$ 空心纳米球(图 4-9)。采用不同壳厚度的介孔 SiO$_2$，g-C$_3$N$_4$ 空心纳米球的壳厚度可从 56nm 调控至 85nm。g-C$_3$N$_4$ 空心纳米球不仅可用作捕光天线，而且也可作为优异的平台构建光催化系统。例如，利用三嗪分子间的超分子化学作用实现了 g-C$_3$N$_4$ 空心结构的制备；三嗪分子的协同组合，如三聚氰酸-三聚氰胺混合物，形成了以氢键连接的超分子网状结构。该混合物通过使用不同溶剂可以形成不同的形态，如 3D 宏观组合或二甲基亚砜中形成的花瓣状球形聚集体和乙醇中有序的饼状结构。热缩聚后，其前驱体的最初形态会被部分地保存并且在内部能形成空心 3D 组装体，介孔空心球或空心盒，而它们均显示出优异的光催化活性。

4.5.1.3　一维 g-C$_3$N$_4$

因通过调控长度、直径和长径比，可获得优异的化学、光学和电学性质，有利于提高光催化活性，故纳米棒、纳米线、纳米条和纳米管等一维纳米结构的光催化剂引起了人们的注意。王心晨等使用阳极氧化铝(AAO)模板，通过单氰胺的热聚合制成了平均直径为 260nm 的 g-C$_3$N$_4$ 纳米棒。AAO 模板的限制效应可提高 g-C$_3$N$_4$ 的结晶度和取向度，从而提高载流子的流动性，所获得的 g-C$_3$N$_4$ 纳米棒也拥有更正的 VB 电位，代表更强

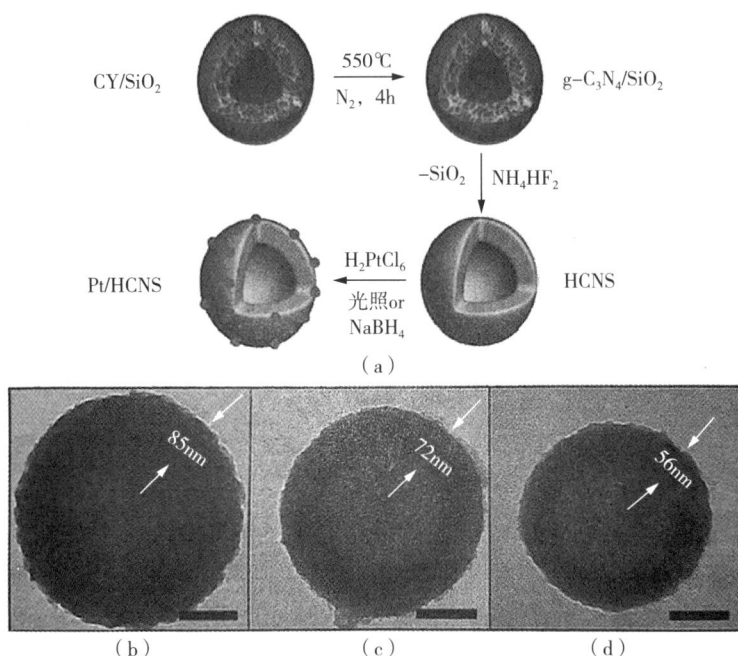

图 4-9 (a)g-C_3N_4 空心球和金属负载的 g-C_3N_4 空心纳米球混合物的合成路线图
(CY 表示单氰胺)。(b-d)不同厚度的 g-C_3N_4 空心纳米球的 TEM 图。尺寸条代表 $0.5\mu m$

的氧化能力。此外,使用 SBA-15 纳米棒为模板,通过纳米刻蚀,制备出 mpg-C_3N_4 纳米棒(图 4-10)。所获得的 g-C_3N_4 纳米棒的直径约为 100nm,比表面积为 $110\sim200m^2\cdot g^{-1}$,介孔通道特别清晰,因此适合负载各种均一的金属纳米粒子用于不同的催化/光催化反应。朱永法等在不使用模板情况下制备出 g-C_3N_4 纳米棒,双氰胺先在 550℃加热 4h,然后通过热处理方法制成 g-C_3N_4 纳米片,并以此作为前驱体在甲醇和水的混合溶液中回流从而制备出 g-C_3N_4 纳米棒,其直径为 $100\sim150nm$,这可能是在剥离-再生长和滚动共同作用下形成的。此外,g-C_3N_4 纳米棒的有效晶格面增加,表面缺陷减少,有利于提高光催化反应。在亚临界乙腈溶剂中,以三聚氰胺和三聚氰氯作为前驱体,通过溶剂热方法制备出 g-C_3N_4 纳米棒网络,制备时所需温度仅为 180℃,远低于传统的 $500\sim600$℃ 的固态制备温度。产物中纳米棒含量超过 90%,通过扫描电镜(SEM)和透射电镜(TEM)证实其平均尺寸在 $50\sim60$mm 之间,长度为几个微米(图 4-11)。但在 160℃或 140℃的低温下,其形态特征并不明显,为确保形成 g-C_3N_4 纳米棒网络时需要的足够的驱动力,96h 的溶剂热处理是必要的,少于 48h 或 24h 都无法保证分子构筑元的共价交联和组合。在溶剂热过程中,乙腈作为一种强极性溶剂可促进氮化碳的聚合和结晶,相比之下,苯、环己烷和四氯化碳等非极性溶剂,其聚合率则低于 5%。此外,使用亚临界液体,在高温下可提高其溶解性和扩散能力,溶剂热条件下的压力可促进质量转移和加快聚合进程。尽管获得的氮化碳结晶度小于 550℃下三聚氰胺热聚合时的产物,但 g-C_3N_4 纳米棒的光吸收范围可扩宽到 650nm。在催化方面,相比在 550℃下以三聚氰胺为前驱体制备的 g-C_3N_4,g-C_3N_4 纳米棒对氧苯酚的降解活性更强。另外,在高曲率的硅藻表面上,通过单氰胺的缩聚可制备出纸化碳纳米线和纳水带。Tabir 等证实在乙醇、乙二醇等不同溶剂中,用 HNO_3 预处理三聚氰胺,在不同温度下可制备出 g-C_3N_4 纳米纤维、纳米线和纳米管。巩金龙等在不使用任何添加剂的情况下,加热紧密堆积的三聚氰胺,制备出 g-C_3N_4 纳米管。可通过使用振荡器,快速振荡装有三聚氰胺的半封闭的氧化铝坩埚,以实现其紧密堆积。上述方法说明:使用或不使用模板均可制备出不同纳米结构的 g-C_3N_4,前者对应的纳米结构更为均匀可控。对于多孔 g-C_3N_4,由于其大的比表面积可提供丰富的反应位点,多孔结构还可以提供有效孔道。此外,g-C_3N_4 的一维纳米结构也具有较高的比表面积和载流子迁移率。

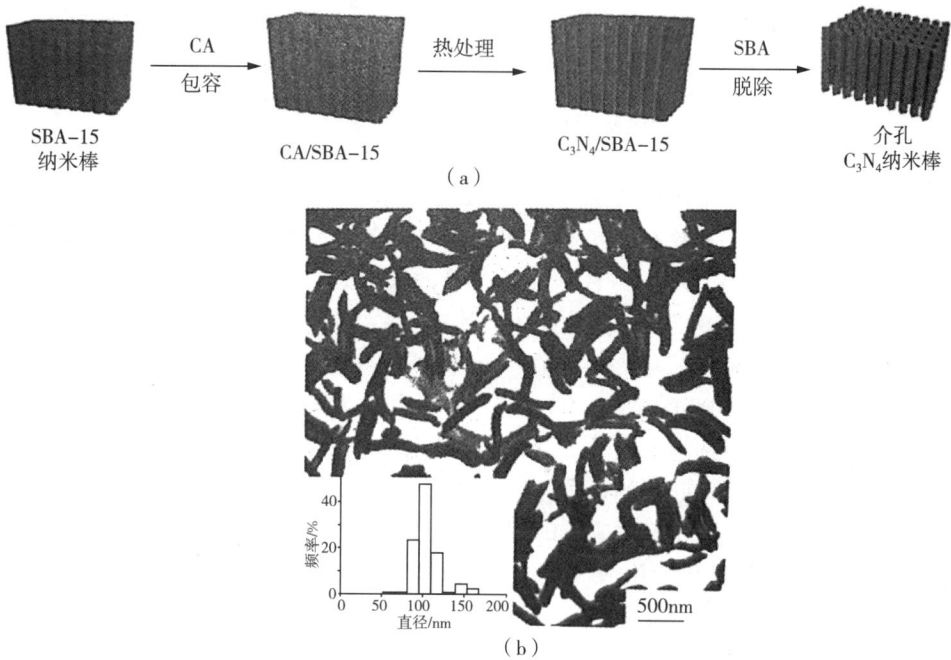

图 4-10 (a)以 SBA—15 为模板,合成介孔 g-C_3N_4 纳米棒的示意图,CA 表示单氰胺;(b)典型 mpg-C_3N_4 纳米棒的 TEM 图,插图代表粒径尺寸分布

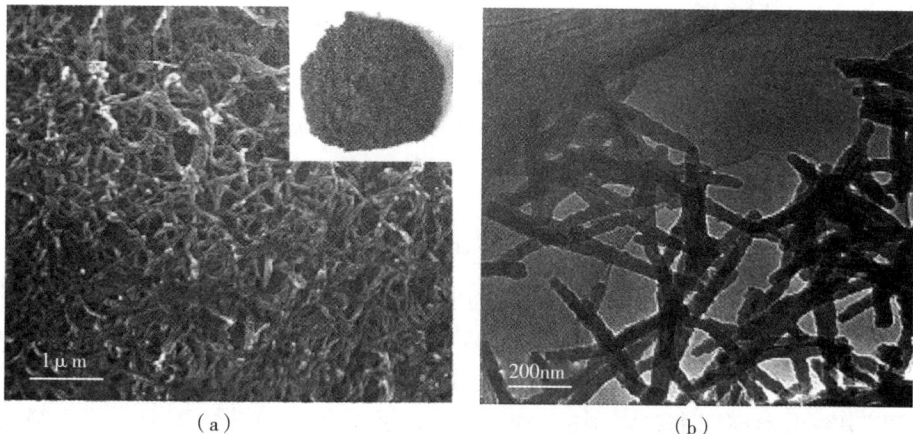

图 4-11 (a,b)g-C_3N_4 纳米棒网状的 SEM(a)和 TEM(b)图,插图(a)表示其数码照片

4.5.2 掺杂改性

利用常规方法制备 g - C₃N₄ 不仅比表面积小,而且,由于光生电子和空穴快速复合,导致量子效率较低;除此之外,其可见光响应范围小于 420nm,在太阳光能量中,对可见光的吸收也存在不足问题。经过元素修饰改性能有效改变 g - C₃N₄ 的电子结构,提高其对可见光的吸收范围,由此拓宽和调节其催化性能和应用范围。

4.5.2.1 非金属掺杂

Liu 等研究发现,在 450℃下,把 g - C₃N₄ 置于流动的 H_2S 气氛中 1h,获得 S 掺杂的 g - C₃N₄ 通过表征可知,S 取代 N 掺入 g - C₃N₄ 骨架中。因为 S 的电负性(2.58)比 N 的电负性(3.04)小,当其均匀地分布于 g - C₃N₄ 骨架中后,能够增大 g - C₃N₄ 价带的上边沿和导带的下边沿,导致 g - C₃N₄ 的带隙宽度从 2.73eV 提高到 2.85eV;与此同时,S 掺杂使 g - C₃N₄ 的比表面积从 $12m^2 \cdot g^{-1}$ 增大到 $63m^2 \cdot g^{-1}$,并且,使 g - C₃N₄ 的催化活性发生较大提高。在研究光解水制氢的实验过程中,发现 S 掺杂的 g - C₃N₄ 生成氢气的速度与未掺杂 g - C₃N₄ 的相比提高了近 8 倍。Wang 等深入研究了 B,F 掺杂的 g - C₃N₄ 光催化剂,他们以 NH_4F 为 F 源,合成了 F 掺杂的光催化剂 g - C₃N₄(CNF)。实验结果显示,F 已掺入氮化碳的骨架中,形成了 C—F 键,导致部分 sp^2C 转化为 sp^3C,并且,使 g - C₃N₄ 的平面结构不规整。另外,随着 F 元素掺杂量增大,CNF 在可见光区域吸收范围逐渐扩大,而其对应的禁带宽度从 2.69eV 降低到 2.63eV。后来,他们又用 BH_3NH_3 做 B 源,制备了 B 掺杂的 g - C₃N₄(CNB)光催化剂,光谱分析显示 B 元素取代了 g - C₃N₄ 结构中的 C 元素。在这里,B 作为一种强 Lewis 酸性位点,而 g - C₃N₄ 结构中的 N 是 Lewis 碱性位点,致使 CNB 具有酸碱双功能特性。Lin 等以四苯硼钠做 B 源,当引入 B 时,又由于苯的离去基团作用,使氮化碳形成薄层结构,层厚度在 2~5nm 之间,这样能降低光生电子到达表面所需要消耗的能量,因此,提高了其光催化效率。

综上所述,因为元素种类具有相似性,一般来说,非金属元素均能掺入 g - C₃N₄ 的骨架中,然而,具有不同电负性和离子半径的非金属元素掺杂能不同程度地改变 g - C₃N₄ 的光电性质和价带结构,这将为 g - C₃N₄ 的性质调变,提供很多可能性。

4.5.2.2 金属掺杂

除了非金属掺杂,金属掺杂也被用于修饰 g - C₃N₄ 的电子结构。在第一原理计算的基础上,高华健等预测 Pt 和 Pd 等金属原子插入 g - C₃N₄ 纳米管的三角空隙中,可以有效地提高载流子的流动性,降低带隙和提高光吸收,以及其光催化反应的活性。另外,由于负电性的氮原子能与正离子相互作用,g - C₃N₄ 具有良好的正离子吸附能力,能促进金属离子进入 g - C₃N₄ 的结构框架内(图 4 - 12)。Antonietti 等证实 g - C₃N₄ 结构中含有 Fe^{3+} 和 Zn^{2+},可降低其带隙,扩宽可见光吸收范围。王心晨等又证实过渡金属离子如 Fe^{3+},Mn^{3+},CO^{3+},Ni^{3+} 和 Cu^{2+} 进入 g - C₃N₄ 结构后,光吸收范围可扩展到更长的波长并降低光生电子和空穴的复合率。Fe^{3+} 和 Zn^{2+} 等过渡金属离子对 g - C₃N₄ 的修饰也显示出类似的效果。Li^+,Na^+ 和 K^+ 等氯化物中的碱金属离子进入 g - C₃N₄ 的结构后,在不同插层中会引起空间中载流子的分散。另外,铕等稀土元素的掺杂也可以降低 g - C₃N₄ 的带隙。

在调控 g-C₃N₄ 的电子结构时,元素掺杂发挥了重要作用。非金属掺杂通过 C 或 N 原子的替代来实现,并影响相关的 CB 和 VB。相比之下,金属掺杂通过金属离子插入 g-C₃N₄ 的结构实现。大多数情况下,元素掺杂会使带隙下降,光吸收能力加强,这是一种灵活的带隙设计方法。通过选择不同元素以及不同的含量进行掺杂,可以获得期望的带隙位置。

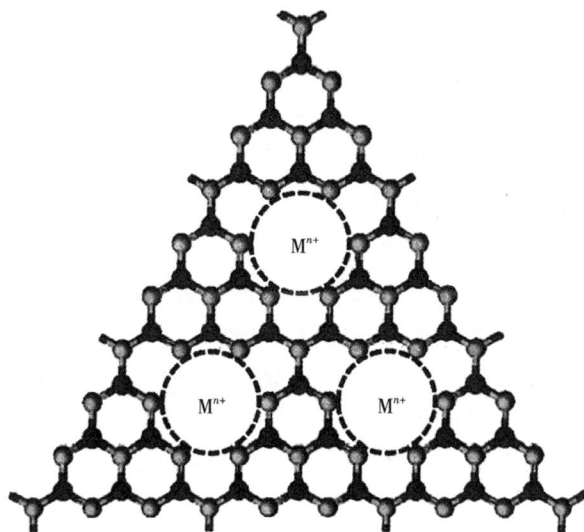

图 4-12　掺杂金属离子(M^{n+})的 g-C₃N₄ 的示意图。色彩设计:C,红色;N,黄色

4.5.2.3　贵金属沉积

Ge 等利用化学沉积法,把纳米颗粒 Ag 均匀地负载到 g-C₃N₄ 的表面上,其结果表明,随着 Ag 含量增加,Ag/g-C₃N₄ 对可见光的强度和吸收范围均有提高,导致催化效率提高,例如,与纯净的 g-C₃N₄ 相比,Ag/g-C₃N₄ 光催化降解甲基橙的效率提高了 23 倍。因为 Ag 的负载能促使光生电子与空穴对的转移和分离,从而降低了光生电子与空穴复合概率。除此之外,Datta 等研究表明 mpg-C₃N₄ 能作为载体制备高分散、粒径小于 7nm 的 Au 纳米颗粒,一方面由于 mpg-C₃N₄ 能通过限域作用调控纳米颗粒 Au 的尺寸;另一方面,其表面的—NH₂ 和—NH 基团可起到固定剂的作用,因此,导致纳米颗粒 Au 充分分散,而不发生聚集。Wang 等采用这种方法,在 mpg-C₃N₄ 上成功负载了超细 Au、Pt 和 Pd 纳米颗粒,其粒径在 2～4nm 范围内,而且其分布均匀、尺寸均一。研究发现,这种复合体在光解水制氢方面具有优异的光催化活性。最近 Li 等研究发现,纳米颗粒 Pd 负载氮化碳能催化碘苯和苯硼酸发生 Suzuki 反应。在可见光照射下,室温就能达到很高的转化率(100%)和选择性(97%)。由于与贵金属沉积能够提高 g-C₃N₄ 的光催化性能,而 mpg-C₃N₄ 在调控金属纳米颗粒尺寸方面,又能使其均匀分散在表面,这将导致 mpg-C₃N₄ 的催化活性进一步得到提高。另外,过渡金属修饰也能提高 g-C₃N₄ 的光催化性能,例如,Yue 等将 g-C₃N₄ 与 ZnCl₂ 溶液混合搅拌,干燥焙烧后,获得 Zn 掺杂的氮化碳。发现其对可见光的吸收强度显著增强,光催化分解水制氢的效率提高了近 10 倍。

4.5.3 与其他半导体材料复合

半导体—半导体异质结的构建可以有效地促进光生电子和空穴的分离,是一种提高光催化性能的有效方法。由于 $g-C_3N_4$ 的聚合物特性,其结构具有多样性,因此在 $g-C_3N_4$ 和半导体间可以形成紧密连接的异质结。目前,很多的半导体可与 $g-C_3N_4$ 组成半导体-半导体异质结,包括金属氧化物(TiO_2、ZnO、WO_3 等),多金属氧化物($ZnWO_4$、$ZnFe_2O_4$、Zn_2GeO_4 等),金属氮氧化物($TaON$),金属硫族化物(CdS、$CuInS_2$ 等),铋基化合物($BiPO_4$、$BiVO_4$、Bi_2WO_6 等)和有机半导体(聚 3-己基噻吩、聚吡咯、石墨化聚丙烯腈)。本章主要介绍传统 II 型异质结和全固态 Z 型异质结。

4.5.3.1 $g-C_3N_4$ 基传统 II 型异质结

$g-C_3N_4$ 基传统 II 型异质结通过 $g-C_3N_4$ 和另外一种半导体材料构建而成,其中 $g-C_3N_4$ 的 CB 和 VB 位置均要低于或高于另一种半导体。两种半导体单元的化学结构的不同导致在异质结面上能带的弯曲,构成一个内部电场并驱动光生电子和空穴的反向迁移[图 4-13(a)]。当照射异质结的光子能量大于两种半导体的带隙时,会同时激发异质结上的两个半导体单元。若半导体 I 的 CB 位置比半导体 II 的高,在半导体 I 的 CB 中产生的光生载流子会迁移到半导体 II 的 CB 上;若半导体 II 的 VB 位置比半导体 I 的低,则半导体 II 的 VB 中产生的光生空穴便会迁移到半导体 I 的 VB 上。另外,如果光仅能激发一种半导体,那么,另外一种半导体便可作为电子和空穴受体。因此,两种情况均能实现电子和空穴的空间积累。另一方面,两种半导体异质结之间大的接触表面积可实现高效空间电荷的再分配,不仅能够极大地促进电荷分离,而且能够提高光催化性能。王心晨等通过表面辅助聚合过程,将 $g-C_3N_4$(前驱体为二氰胺)和硫改良的 $g-C_3N_4$(前驱体为三聚硫氰酸)组成同型异质结,相比两者的物理混合,所获得的 $g-C_3N_4$ 同型异质结具有更强的相互作用。未改良的 $g-C_3N_4$ 的 CB 和 VB 位置均高于硫改良的 $g-C_3N_4$,形成了可实现有效电荷分离的 II 型异质结。相似地,董藩等使用尿素和硫脲制备的 $g-C_3N_4$ 样品组成了 $g-C_3N_4/g-C_3N_4$ 异质结,应用于空气中 NO 的高效光催化去除。同时 $g-C_3N_4/CdS$ 和 $g-C_3N_4/In_2O_3$ 异质结也可通过二甲基亚砜(DSMO)辅助溶解热法,CdS 量子点或 In_2O_3 纳米晶原位生长得到。这些异质结表明,在 CdS 或 In_2O_3 的 CB 上和 $g-C_3N_4$ 的 VB 上,可分别实现高效的光催化还原和光催化氧化反应。此外,通过 CdS 向 $g-C_3N_4$ 转移光生空穴,可极大地抑制 CdS 的自身侵蚀。闫红建等在聚 3-己基噻吩(P3HT)和 $g-C_3N_4$ 的氯仿溶液中,通过浸渍-蒸发方法制成了 $g-C_3N_4/P3HT$ 聚合物异质结。由于 P3HT 的 CB 和 VB 位置都高于 $g-C_3N_4$,因此光生电子和空穴会在 $g-C_3N_4$ 的 CB 和 P3HT 的 VB 上实现再分配,这种空间电荷分离有助于提高光催化析氢能力。

4.5.3.2 $g-C_3N_4$ 基全固态 Z 型异质结

尽管使用传统的 II 型异质结可使空间电荷得到有效分离,但是,由于半导体 II 的 CB 位置较低以及半导体 I 的 VB 位置较高,导致这类异质结中光生电子和空穴氧化还原能力弱。在这种情况下,窄带隙的半导体对很难实现高的电荷分离效率。幸运的是,新型 $g-C_3N_4$ 基全固态 Z 型异质结可有效解决这一问题。全固态 Z 型异质结包括半导体—半

导体(S—S)Z 型半导体[图 4 - 13(b)]和半导体—导体—半导体(S—C—S)Z 型异质结
[图 4 - 13(c)]。尽管不含任何电子接受体和供体对,但它们均显示出高的空间电荷分离
效率,且具有高的氧化还原能力,并且这种异质结允许窄带隙的半导体对的使用,且不会
丧失光生电子和空穴的强氧化还原能力;另外一个优点是通过移走还原性电子(如银化
合物)或氧化性空穴(如金属硫化物),可抑制一些不稳定半导体的自身腐蚀。对于 S—S
Z 型异质结,半导体 Ⅱ 的 CB 位置更低,产生的光生电子通过接触面转移至半导体 Ⅰ 的
CB 上,在半导体 Ⅱ 的 VB 上留下空穴。S—C—S Z 型异质结中的导体作为电子介质,能
够将半导体 ER6 中的光生电子转移至半导体 Ⅰ 上。

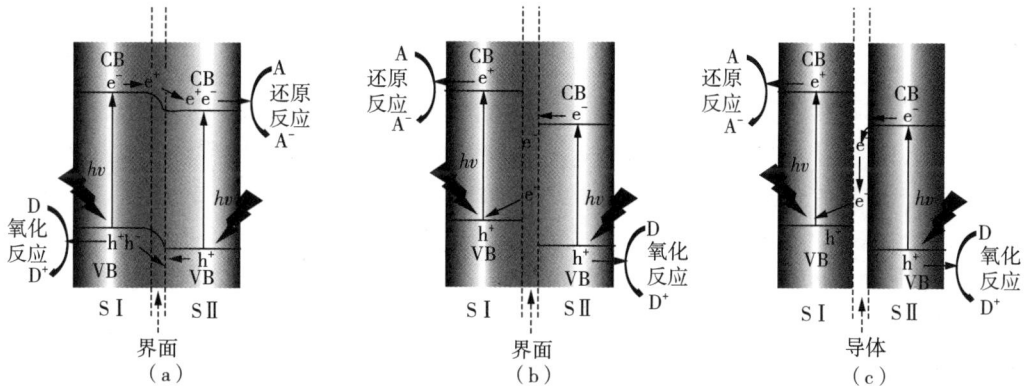

图 4 - 13　光催化反应中不同半导体异质结的示意图
(a)传统的 Ⅱ 型异质结;(b)全固态 S—S Z 型异质结;(c)全固态 S—C—S Z 型异质结。
SI,SEⅡ,A 和 D 分别代表半导体 Ⅰ,半导体 Ⅱ,电子受体和电子供体

4.5.3.3　g - C_3N_4 基半导体-半导体 Z 型异质结

Kumar 等通过分散-蒸发的方法制备出 N 掺杂 ZnO/g - C_3N_4 混合核-壳纳米结构
[图 4 - 14(a)],并提出罗丹明 B 的光催化降解反应类型为直接的 Z 型机理。为证实其 Z
型异质结催化机理,Kumar 等分别在不同的条件下,如叔丁醇(tBuOH)存在时,鼓 N_2 除
氧或加入 OH·、O_2·⁻和空穴的牺牲剂草酸铵(AO),来进行实验。当 tBuOH 存在时,
N 掺杂 ZnO/g - C_3N_4 显示非常弱的光催化活性,N_2 和 AO 存在时光催化活性也受到抑
制,说明 OH·、O_2·⁻和空穴是降解罗丹明 B 的主要活性物质。另外,使用对苯二甲酸
作为分子探针,证实了 OH·的存在。在光催化反应中,利用 5,5 -二甲基-1 -吡咯啉-
N -氧化物(DMPO)的甲醇溶液进行电子自旋共振实验证实了 O_2·⁻的存在。由于 N 掺
杂 ZnO 的 CB 位置低于 OH·/H_2O,因此使用传统的 Ⅱ 型异质结[图 5 - 8(b)]无法产生
OH·和 O_2·⁻,结合其空穴的强氧化能力,认为 S—S Z 型催化过程[图 5 - 8(c)]、光还
原和光氧化反应可分别发生在 g - C_3N_4 的 CB 和 N 掺杂 ZnO 的 VB。另外,人们还获得
用于甲醛的光催化氧化分解的 g - C_3N_4/TiO_2 Z 型光催化剂,其光催化还原和氧化过程
分别发生在 g - C_3N_4 的 CB 和 TiO_2 的 VB。类似的 S—S Z 型异质结还有 g - C_3N_4/S 掺
杂 TiO_2、g - C_3N_4—WO_3、g - C_3N_4—MOO_3 和 g - C_3N_4—BiOCl。

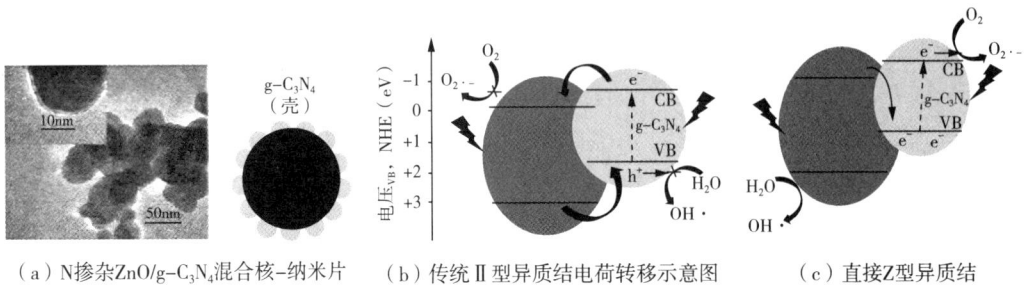

（a）N掺杂ZnO/g-C₃N₄混合核-纳米片　　（b）传统Ⅱ型异质结电荷转移示意图　　（c）直接Z型异质结

图 4 - 14

4.5.3.4　g - C₃N₄ 基半导体-导体-半导体 Z 型异质结

郭伊苓等通过光还原 AgBr/g - C₃N₄ 的混合物制备出 Ag@AgBr/g - C₃N₄ 光催化剂。其中，Ag 纳米粒子作为电子介质可促进光生电子从 AgBr 向 g - C₃N₄ 上转移。在 g - C₃N₄ 更负的 CB 电位上的电子和 AgBr 中更正的 VB 上的空穴对降解甲基橙和罗丹明 B 均显示出强的还原和氧化能力。Katisumata 等通过 Ag₃PO₄，Ag 和 g - C₃N₄ 组成类似的 S—C—S Z 型异质结，显示出快速的甲基橙脱色效果。

对 g - C₃N₄ 基半导体复合物的研究主要集中在传统的Ⅱ异质结。尽管其实现了高效的空间电荷分离并促进光催化反应，但是却削弱了光生电子和空穴的氧化还原能力。相比之下，全固态 Z 型异质结成功地克服了这一缺点，它不仅具有较高的电荷分散能力，同时具有很强的光催化活性。因此，全固态 Z 型异质结方面的研究具有良好的应用前景。

4.6　应　用

尽管有关半导体光催化的反应已经研究了几十年，但直到近年来，它才逐渐受到人们的特别关注。借助半导体光催化剂，开发利用取之不竭的太阳光并避免二次污染问题，有助于解决日益严峻的环境污染和能源危机问题。光催化反应一般包括三步：高于或等于半导体带隙的光子激发半导体，在 CB 和 VB 上分别产生同等数量的电子和空穴；光生电子和空穴转移至半导体的表面；在这些表面上的载流子和目标反应物之间发生光还原和光氧化反应。因此，一种理想的光催化剂应具备以下特征：优异的光吸收能力，如窄带隙和大的吸收系数；有效的电荷分离能力；长期的稳定性。目前，商业光催化剂 Degussa P25 已经取得广泛的实际应用。P25 是一种混合型的 TiO₂ 纳米粉末，约由 80% 锐钛矿和 20% 的金红石组成，它在紫外区域活性较高，并且较廉价，但是不能吸收可见光，极大地限制了它的应用。g - C₃N₄ 的主要优势在于其在可见光区域也具有良好的光催化活性，并且具有多种用途。然而，与很多单一组分的光催化剂一样，载流子的快速重组并不利于其催化反应，促使人们采用多种方法来对 g - C₃N₄ 进行改性，实现高效光子吸收能力和载流子分离效率。下面简要地总结 g - C₃N₄ 基光催化剂在光催化领域中的应用。

4.6.1 在光催化分解水制氢领域中的应用

范乾靖等报道石墨型氮化碳($g-C_3N_4$)聚合物是一种具有合适禁带宽度(2.7eV)的新型非金属有机半导体光催化剂,它具有良好的热稳定性和化学稳定性。在可见光下催化分解水生成 H_2,是直接将太阳能转化为清洁燃料的方法,是解决人类所面临的能源、环境和生态等重大问题的最理想方法。而研发和选择合适的光催化剂又是最关键的一步,迄今已发现很多金属化合物具有催化该反应的能力,但离实际应用还有很大的差距。$g-C_3N_4$ 因其特殊的价带结构,具有在可见光下催化分解水的潜能。Wang 等在 2009 年首次验证了 $g-C_3N_4$ 作为一种非金属光催化剂能在可见光下催化分解水。$g-C_3N_4$ 在可见光的照射下,以铂为共催化剂,三乙醇胺做牺牲剂,可稳定地生成氢气;而当以氧化钌做共催化剂时,可生成氧气。然而光催化氧化水制氧的催化活性比还原制氢低很多,这可能和 $g-C_3N_4$ 的价带位置有关(图 4-15),前者较后者的驱动力低很多。光催化制氢的催化活性非常稳定,多次循环也不衰减,但是其量子产率却很低,在 $420\sim460nm$ 的光照下仅为 0.1%,这是由于光生电子和空穴对快速复合的原因。

之后,大量的研究工作尝试通过不同的方法提高 $g-C_3N_4$ 的量子产率,如

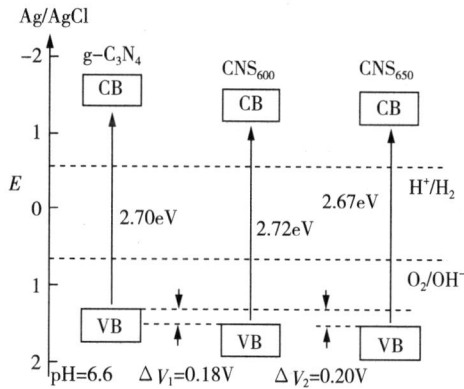

图 4-15 $g-C_3N_4$、CNS_{600} 和 CNS_{650} 的价带结构
(下角标 600 和 650 代表煅烧温度)

前面已经提到的形貌调控、元素掺杂和与其他半导体形成异质结等都可以提高 $g-C_3N_4$ 光催化还原水制氢的效率。而染料敏化作用也是提高 $g-C_3N_4$ 光催化效率的一种有效方法。如 Takanabe 等用酞菁镁(MgPc)和 $mpg-C_3N_4$ 复合制得 $MgPc/mpg-C_3N_4$ 可见光响应范围扩展到 900nm 之外,使其在可见光下催化还原水制氢的效率大为提高,而且在大于 600nm 波长的光照下还可以继续产生氢气。最近 Wang 等用多种染料与 $g-C_3N_4$ 作用,进一步验证了染料敏化作用可大大提高 $g-C_3N_4$ 在可见光下催化还原水的效率。如将赤鲜红(ErB)加入反应后,$g-C_3N_4$ 的最高量子产率在 460nm 可达到 33.4%。

$g-C_3N_4$ 光催化还原水制氢的效率在通过多种改性方法得到提高时,其光催化氧化水制 O_2,的效率多数情况下却不能同步提高。然而,Zhang 等用硫介质调控法制备的 CNS 却可以同时提高光催化分解水的两个半反应,这是因为 CNS 的价带位置降低的缘故。又用 Mo_3O_4 和 CNS 制备 Mo_3O_4/CNS 异质结,进一步提高了光催化氧化水制氧的效率,表观量子产率可以达到 $1.1\%(\lambda=420mm)$。最近 Lee 等在此基础上,改用钴基磷酸盐催化剂(CoPi)和 $mpg-C_3N_4$ 复合形成 $mpg-C_3N_4/CoPi$,发现所合成的杂相催化剂在光强为 $100m W/cm^2$ 的可见光照射下生成氧气的速率最优可达到 $1mmol \cdot h^{-1} \cdot g^{-1}$,是 $mpg-C_3N_4$ 的 400 倍。

4.6.2 在光催化降解有机污染物方面的应用

光催化降解污染物是一种清洁高效处理有机污染物的方法,而在可见光下实现多种污染物的降解是目前光催化领域研究的难点和热点。Yan 等用 g-C₃N₄ 在可见光下降解甲基橙(MO)和罗丹明 B(RhB),实验表明,降解 MO 主要是光电子的还原作用,而降解 RhB 则是光生空穴的氧化作用。这说明 g-C₃N₄ 在可见光下既可以通过光生电子还原作用也可以通过光生空穴的氧化作用降解有机污染物。Dong 等用碳自掺杂法和 Liu 等用 ZnO 与 g-C₃N₄ 复合法改性后的氮化碳均可以同时催化氧化 RhB 和还原 Cr(Ⅵ),也充分说明了这一点。Cui 等发现 mpg-C₃N₄ 在可见光下还可降解苯酚和对氯苯酚。最近,Dong 等将甲酸根离子(FA)插入 g-C₃N₄ 的层间,形成 FA/g-C₃N₄ 复合物,将在可见光下催化还原 Cr(Ⅵ)由两步(e+O₂ ⟶ ·O₂⁻;·O₂⁻ 还原)变为一步(e 直接还原),反应效率大为提高。原因是 FA 离子一方面可以消耗光生空穴,促进光还原过程;另一方面,FA 离子的插入可提而复合物的表面电势。

光催化是解决环境污染的清洁且高效的途径,通过在可见光驱动下光催化氧化降解有机污染物和染料分子等可以用于环保领域。借助掺杂复合等手段构建以 g-C₃N₄ 为主的少用甚至不用金属的新型催化剂,g-C₃N₄ 光催化过程中产生具有强烈氧化性的空穴,能够把大部分有机污染物氧化分解为二氧化碳、水以及其他无害的化合物。Zou 等以三聚氰胺为前驱体合成出 g-C₃N₄ 并用于甲基橙(MO)的可见光降解,促进其在光催化治理环境污染中的应用;最近,他们又将缺电子的苯四甲酸二酐(PMDA)修饰进 g-C₃N₄ 的网格中,有效降低了其价带位置,调整其能带结构增强光催化氧化能力和光催化降解有机污染物活性。

Shen 等制备了 Ag/Ag₃PO₄/g-C₃N₄ 三元复合光催化剂,能够扩大可见光吸收范围,并且研究了以罗丹明 B(RhB)作为模型化合物分子的催化剂光催化活性。研究发现:由于 Ag₃PO₄ 表面尺寸约为 40nm 的 Ag 纳米粒子在可见光下受激所产生的等离子表面共振效应以及 Ag₃PO₄ 与 g-C₃N₄ 界面处所形成的类似异质结构对所制备的三元复合光催化剂光催化活性起到显著增强的作用,Ag₃PO₄ 与 g-C₃N₄ 界面处所形成的类似异质结构提高了光生电子和空穴的分离效率以及光生载流子的浓度,使得这种三元复合光催化剂在可见光照射下表现出比 Ag₃PO₄ 以及 Ag₃PO₄/g-C₃N₄ 二元催化剂更为优异的光催化活性。王珂玮等采用简单溶剂热法成功合成具有高可见光催化活性的 ZnO/mpg-C₃N₄ 复合光催化剂,以亚甲基蓝(MB)作为目标降解物对其进行了光催化降解评价实验。由于 ZnO 颗粒较均匀地分散在 mpg-C₃N₄ 上,且二者间有效的能级匹配,使光生电子和空穴能够更好地分离,与纯 ZnO 和 mpg-C₃N₄ 相比,其光催化降解 MB 活性得到很大提高。

4.6.3 光催化二氧化碳还原

除了光催化水解制氢,半导体光催化剂还能将 CO₂ 还原成碳氢化合物燃料,在降低温室效应的同时,有助于解决全球能源短缺问题。如反应式(4-1)~式(4-5),还原 CO₂ 的反应是一个多电子转移过程,在该过程中,不同大小的还原电势可分别将其转化为蚁酸、一氧化碳、甲醛、甲醇和甲烷。

　　研究表明 g-C_3N_4 可作为潜在的催化剂驱动 CO_2 的光催化还原。张礼知等发现以盐酸蜜胺为前驱体制备的 g-C_3N_4 在水蒸气氛围和可见光照射下,不使用任何助催化剂时,可有效地将 CO_2 还原为 CO。彭天右等以尿素为前驱体制备了 g-C_3N_4(u-g-C_3N_4)与以三聚氰胺为前驱体制备的 g-C_3N_4(m-g-C_3N_4)相比,因其介孔片状结构具有大的表面积和小的晶体尺寸,故 u-g-C_3N_4 具有更高的光催化还原 CO_2 的活性。有趣的是,u-g-C_3N_4 的光催化产物是 CH_3OH 和 C_2H_5OH,而 m-g-C_3N_4 的仅有 C_2H_5OH(图 4-17)。研究表明 Pt 助催化剂在紫外-可见光下可以提高 CO_2 还原成 CH_4、CH_3O_{11} 和 $HCHO$ 的催化活性和选择性。Lin 等构建了光催化系统,以 g-C_3N_4 作为光催化剂,COO_x 作为氧化性助催化剂,CO-二吡啶配体 $CO(bpy)_3^{2+}$ 作为电子介质(图 4-18),该系统可将 CO_2 还原成 CO,并显示高效的可见光光催化活性。另外,CO 的产率和 g-C_3N_4 的紫外-可见光漫反射谱的一致性表明:在该光催化还原 CO_2 的过程中,电荷的产生、分离和转移占主导,且该光催化系统具有良好的稳定性。除此之外,半导体异质结材料,如 g-C_3N_4/In_2O_3 和 g-C_3N_4/红色磷光体,也能将 CO_2 转化为 CH_4。

$$CO_2 + 2H^+ + 2H^- \rightarrow HCOOH \tag{4-1}$$

$$E^0_{redOx} = -0.61V(VS. NHE\ at\ pH7)$$

$$CO_2 + 2H^+ + 2H^- \rightarrow CO + H_2O \tag{4-2}$$

$$E^0_{redOx} = -0.53V(VS. NHE\ at\ pH7)$$

$$CO_2 + 4H^+ + 4H^- \rightarrow HCHO + H_2O \tag{4-3}$$

$$E^0_{redOx} = -0.48V(VS. NHE\ at\ pH7)$$

$$CO_2 + 6H^+ + 6H^- \rightarrow CH_3OH + H_2O \tag{4-4}$$

$$E^0_{redOx} = -0.38V(VS. NHE\ at\ pH7)$$

$$CO_2 + 8H^+ + 8H^- \rightarrow CH_4 + 2H_2O \tag{4-5}$$

$$E^0_{redOx} = -0.24V(VS. NHE\ at\ pH7)$$

反应式(4-1)～式(4-5)CO_2 的还原过程

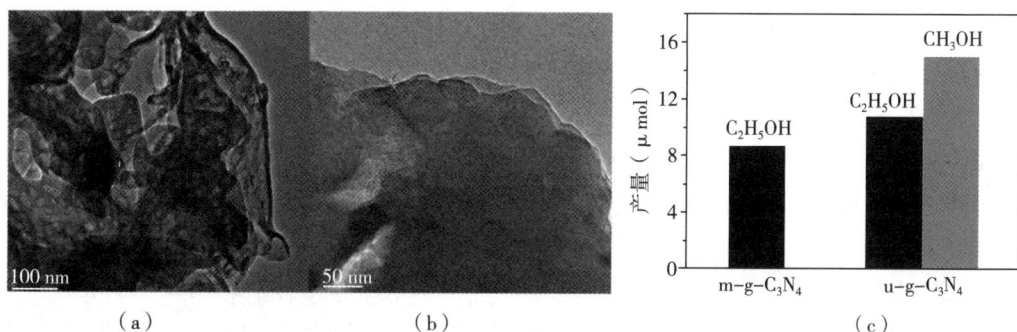

图 4-16　(a,b)u-g-C_3N_4(a)和 m-g-C_3N_4;(b)的 TEM 图;
(c)在 12h 可见光($\lambda > 420mm$)照射下不同样品的光催化 CO_2 的还原

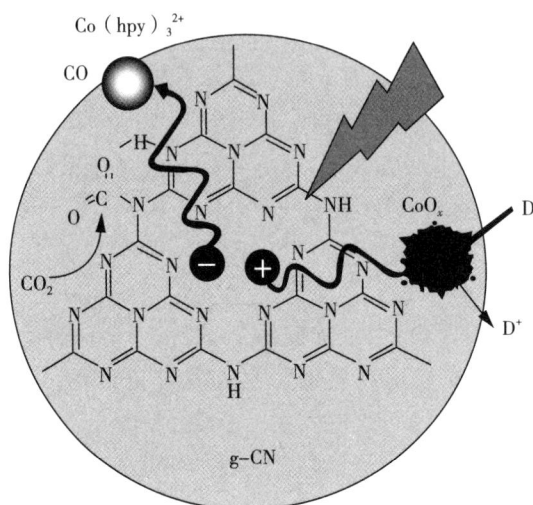

图 4-17 在 $g-C_3N_4$($g-C_3N_4$)表面 CO—二吡啶配合物和 COO_x 光催化还原 CO_2 的协同作用

上述研究表明 CO_2 还原的效率和选择性与 $g-C_3N_4$ 基催化剂和助催化剂的结构密切相关。将非贵金属助催化剂与 $g-C_3N_4$ 结合,生产出一种廉价的光催化还原 CO_2 的催化体系。但是,目前这些材料的效率和稳定性还有待提高。因此,需要长期不断地努力来提高光催化剂以及助催化剂的催化活性。

4.6.4 有机合成

$g-C_3N_4$ 基光催化剂已经在温和条件下成功地合成了一些有机物。王心晨等通过一系列研究证实 $g-C_3N_4$ 基光催化剂可有效地光催化氧化芳香族化合物,包括氧化苯为苯酚、氧化芳香醇为芳香醛、氧化芳香胺为亚胺等。Fe 配合物修饰的 $g-C_3N_4$ 如 Fe/$g-C_3N_4$ 在 H_2O_2 中,可见光条件下可显著提高氧化苯为苯酚的活性。王勇等使用 $FeCl_3$ 修饰的介孔氮化碳在可见光下活化 H_2O_2,其氧化苯为苯酚的转化率可达 38%,选择性达 97%。介孔氮化碳在可见光下也能将苯甲醇氧化成苯甲醛,胺基转化为亚胺,甲苯基硫醚转化为苯甲亚砜(选择性达 99%),此外也能在 N-芳基四氢异喹啉和硝基烷或戊二酸二甲酯之间形成新的 C—C 键。Antonietti 等开发了一种负载 Pd 纳米粒子的 $g-C_3N_4$ 的莫特-肖特恩光催化剂,$g-C_3N_4$ 上产生的光生电子可高效地向 Pd 转移,可在室温下将卤代芳烃和不同的化合物单元以 C—C 形式连接起来。Antonietti 等用硅藻土结构的 $g-C_3N_4$ 催化还原 β-NAD^+,使烟酰胺腺嘌呤二核苷酸磷酸氢(NADH)再生,该反应在有无电子介质时均可发生。尤其是当[Cp*Rh(bpy)H_2O]$^{2+}$ 作为电子介质存在时,1,4-NADH 可实现 100% 的转化率。在过氧化氢酶的作用下,产物 NADH 可进一步还原 H_2O_2 成 H_2O。其他的研究也表明,$g-C_3N_4$ 可使苯甲醛和乙醇实现高效的脂化反应;介孔 $g-C_3N_4$ 可使 a-羟基酮 C—C 键氧化断裂;$g-C_3N_4$ 联合 N-羟基化合物可使化合物烯丙位氧化;复合 CdS/$g-C_3N_4$ 光催化剂可选择性催化氧化芳香族醇成醛,还原硝基苯为苯胺。另外,O_2 存在和可见光照射下,在乙醇/水的混合物中,$g-C_3N_4$ 可选择性光催化产生过氧化氢,作为一种重要的清洁氧化剂,H_2O_2 可用作有机合成。

4.6.5 灭菌

相比传统的氯化和紫外灭菌法等,光催化灭菌作为一种无毒、有效和稳定的方法,效果更好。最近的研究已经证实在可见光照射下,$g-C_3N_4$ 基光催化剂具有抑菌活性。余济美等通过使用环辛硫包裹的石墨烯和 $g-C_3N_4$ 纳米片,证实其可光催化灭活大肠杆菌;不同包裹顺序的复合物也显示出不同的灭活能力。如还原的石墨烯(ICO)(中间层)处于 $g-C_3N_4$(外层)和环辛硫(内层)的包围之中,rGO 作为电荷传递介质,可实现 $g-C_3N_4$ 和环辛硫间空间电荷的快速分离,其中,光生电子积累在环辛硫的 CB 中,光生空穴积累在 $g-C_3N_4$ 的 VB 中;但是当 $g-C_3N_4$ 被 rGO(外层)和 $a-S_8$(内层)包围时,rGO 作为电荷传递介质便不能实现空间电荷的有效分离。导致前者显示出更高的光催化灭活大肠杆菌的能力,究其原因是因为其能够有效地形成活性氧化物如 $OH\cdot$、$O_2\cdot^-$ 和 H_2O_2。

上述研究说明在可见光照射条件下,$g-C_3N_4$ 基光催化剂具有良好的灭菌活性。但是,这一领域的研究才刚开始,$g-C_3N_4$ 基光催化剂在催化灭菌方面还需要进行更深入的研究。

4.6.6 在其他领域中的应用

$g-C_3N_4$ 材料在高硬度、耐磨损、低摩擦系数和导热性等方面与世界上最硬的天然物质金刚石十分接近,是一种新型超硬薄膜材料,可作为各种工业产品和特种机件的表面抗磨损涂层和抗高温高压层,使产品经久耐用,使用寿命延长。并且 $g-C_3N_4$ 没有金刚石的缺点,金刚石涂层刀具在空气中使用超过 700℃,金刚石薄膜即被氧化生成 CO_2 而被烧蚀。金刚石刀具加工铁基材料时,容易与铁发生化学反应,因而它不能加工钢材。而将 $g-C_3N_4$ 这种超硬涂层应用于金属切削刀具,用来加工不锈钢、耐热钢、球墨铸铁、钛合金等难加工材料,可以大大提高刀具的耐用度和加工精度。武汉理工大学物理系制备的 $g-C_3N_4$ 涂层麻花钻平均寿命是 TiN 涂层麻花钻平均寿命的 2.7 倍,是未涂层麻花钻平均寿命的 67.8 倍,很适合目前的机械制造行业对难加工材料的技术需求,具有很高的使用价值。此外,$g-C_3N_4$ 材料可应用于高科技领域,如军事领域的超音速导弹的整流罩中,能提高导弹的抗热震能力;应用于光电对抗防护材料,对保护光学武器装备具有重要意义。在航天领域,$g-C_3N_4$ 材料可替代目前在超高真空中使用的二硫化钼等固体润滑材料,不但可降低成本,提高其工作可靠性,还可利用 $g-C_3N_4$ 良好的导电性能作为卫星内部传热部件的涂层。由于 $g-C_3N_4$ 材料的制备原料价格便宜,制备工艺过程也不是十分复杂,并且具有众多的优良特性;因此,$g-C_3N_4$ 材料的研究对国防科技工业和军事技术的发展有着决定性的意义。

思考题:

1. 在阅读完上面的内容后,谈一谈你对氮化碳的认识。

2. 请查找资料,了解氮化碳的其他的改性方法。

3. 请说说你认为的制备氮化碳的最简单有效的方法。

4. 你在平时的生活中有听过氮化碳这个材料吗?

参考文献

[1] FRANKLIN E C, The ammono carbonic acids[J]. Journal of the American Chemical Society,1922,44(3):486－509.

[2] KOUVETAKIS J,KANER R B,SATTLER M L,et al. A novel graphite-like material of composition BC₃, and nitrogen-carbon graphites[J]. Journal of the Chemical Society-Chemical Communications,1986,24:1758－1759.

[3] LOWTHER J E. Relative stability of some possible phases of graphitic carbon nitride[J]. Physical Review B,1999,59(18):11683.

[4] WANG Y,DI Y,ANTONIETTI M,et al. Excellent Visible-Light Photocatalysis of Fluorinated Polymeric Carbon Nitride Solids [J]. Chemistry of Materials, 2010, 22 (18):5119－5121.

[5] WANG X,MAEDA K,THOMAS A,et al. A metal-free polymeric photocatalyst for hydrogen production from water under visible light[J]. Nature Materials,2009,8(1):76－80.

[6] ZHANG J,CHEN X,TAKANABE K,et al. Synthesis of a carbon nitride structure for visible-light catalysis by copolymerization [J]. Angewandte Chemie International Edition,2010,49(2):441－444.

第5章 碳量子点

5.1 碳量子点的简介

碳量子点具有悠久的历史。人们在 1985 年报道了零维的碳纳米材料富勒烯,然后在 1991 年发现了一维的碳纳米管,在 2004 年制备出了具有二维结构的石墨烯。与此同时,Xu 等在纯化电弧放电制备单壁碳纳米管过程中,首次观测到了发光的碳纳米粒子(下图 5-1),亦称碳量子点。2006 年,克莱蒙森大学的孙亚平等第一次用激光刻蚀方法合成出碳量子点。2007 年,从蜡烛燃烧的烟灰中分离出尺寸小于 2nm 的具有不同发光的碳量子点。同年,以多壁碳纳米管为原料通过电化学氧化制备出发蓝光的碳量子点。碳量子点(Carbon Quantum Dots,CQDs),于 2004 年被首次合成,是一种颗粒粒径通常在 10nm 以下的零维碳基纳米材料。具有准球形的结构,能稳定发光的一种纳米碳。另一种与碳量子点尺寸和表面功能性类似的碳纳米材料叫作纳米金刚石。但二者有明显的差别。纳米金刚石通常是通过球磨微米金刚石,化学气相沉积,冲击波或爆炸过程制备的。纳米金刚石一般含有大约 98% 的碳以及少量残余的氢,氧和氮;具有 sp^3 杂化的核,少量石墨碳的表面。不同于纳米金刚石,碳量子点具有更大的 sp^2 共轭体系,更少的碳含量以及更高的氧含量。

碳量子点相对于 CdX(X=S,Se,Te)等半导体纳米材料,具有更好的水溶性,较低的生物细胞毒性,非闪烁光致发光,易于功能化小分子修饰等优点。作为一种新型的碳基纳米材料,具有生物相容性好,可调谐光致发光,水溶性高,光稳定性好,这些优点使得碳量子点一经发现便引起了来自物理、化学、生物医学、材料等众多研究领域的广泛关注。

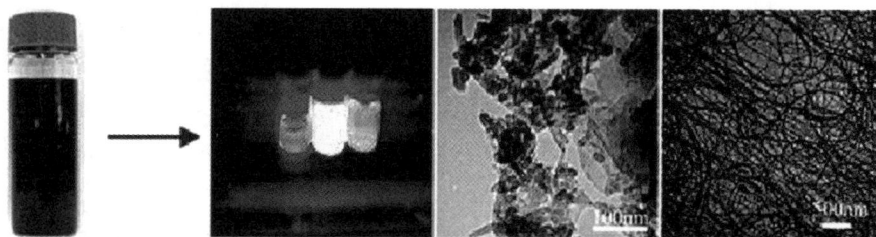

图 5-1 电弧放电制备单壁碳纳米管粗产品分离得到的不同组分

同时与传统的半导体量子点相比,碳量子点具有以下几个突出的特点:

(1)水溶性,碳量子点表面带有大量的羧基、氨基、羟基等亲水性官能团可直接溶于水中。(2)低毒性,碳量子点仅由碳、氢、氧、氮等非金属元素组成,对细胞和组织造成毒害作用较小。(3)易表面功能化,碳量子点表面含有大量的氨基、羧基、羟基等官能团易于表面功能化修饰。(4)稳定的荧光性能,碳量子点具有荧光稳定性强、耐光漂白、无光闪烁和激发波长依赖性荧光,即荧光发射波长随激发波长的变化而变化。

5.2 碳量子点的结构特点

碳量子点的主要存在形式包括碳点和石墨烯量子点。碳点是一种由 sp^2 和 sp^3 团簇碳结构组成的准球形非晶相碳纳米晶体。碳点的结构示意图及透射电镜图像如图 5-2 (a)和(b)所示。在碳点的表面分布有丰富的有机官能团。石墨烯量子点尺寸一般位于 $1\sim10nm$,由 $1\sim3$ 层石墨烯片层组成,呈圆形或椭圆形,通常具有比碳点更好的晶相结构。石墨烯量子点的结构示意图及高分辨透射电镜图像如图 5-2(c)和(d)所示。另外,碳点和石墨烯量子点的平面晶格间距为 $0.18\sim0.24nm$,石墨层间距约为 $0.334nm$。

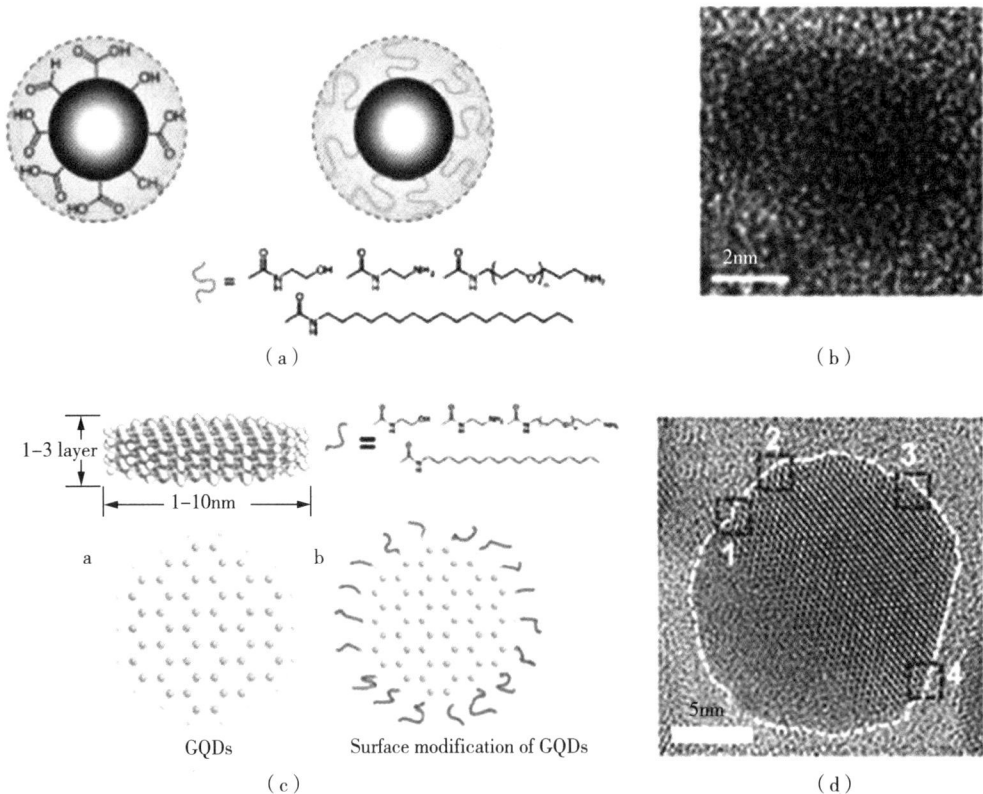

图 5-2 (a,c)碳点及石墨烯量子点的结构示意图;(b,d)高分辨透射电镜图像

王武采用水热法制备具有 pH 响应的 CQDs。先将 0.6g 苯硼酸和 60mL 超纯水置于 100mL 水反应器中,加入 NaOH 将溶液 pH 调节为 12,然后在 220℃下加热 12h,冷却至室温后,将得到的混合液用规格为 0.22m 的聚四氟乙烯膜过滤。为了进一步纯化

CQDs,将过滤得到的溶液通过截留分子量为 1000Da 透析袋中透析 48h。最后,通过冷冻干燥方法获得固体 CQDs 供进一步研究使用。

图 5-3 是对制备出来的 CQDs 的粒径进行统计分析。可以发现 CQDs 粒径尺寸呈正态分布,粒径分布在 0.5~3.0nm 之间。其中,粒径小于 1.0nm 的 CQDs 的比例为 6% 左右。粒径大于 2.0nm 的 CQDs 的比例为 17% 左右。CQDs 的粒径基本上处于 1.0~ 2.0nm 之间,其占比高达 77%。从图中也可以得出 CQDs 粒径的平均尺寸约为 1.6nm,符合对 CQDs 尺寸定义,即粒径小于 10nm。

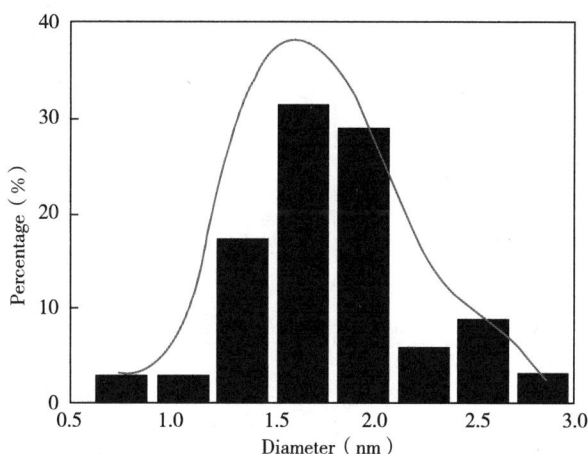

图 5-3 CQDs 的粒径分布图

为了掌握 CQDs 的元素组成以及官能团的种类,利用 XPS 对 CQDs 进行了测试。如图 5-4 是 CQDs 的 XPS 谱图。从中可以看出,所制备的 CQDs 的 XPS 谱图中有三个峰,分别是在 284.4eV(C1s)、532.4eV(O1s)和 192.1eV(B1s),说明制备得到的 CQDs 表面主要含有 C、O 和 B 三种元素。

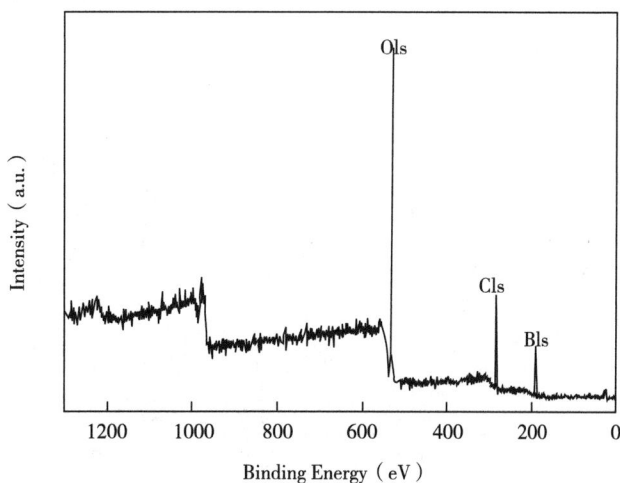

图 5-4 CQDs 的 XPS 谱图

通过对 CQDs 中 C1s 和 B1s 特征峰进行拟合分析,可以更加全面的了解 CQDs 中官能团的种类。图 5-6(a)为 CQDs 表面碳元素的高分辨分析,谱图可以拟合出五个峰,分别对应了 C—B(283.9eV)、C = C(284.5eV)、C—C(285.2eV)、C—O(285.9eV)和 C = O(287.4eV)等基团的结合能。

图 5-5(b)为 CQDs 表面硼元素的高分辨分析,谱图可以拟合出两个峰,分别对应了 B—C(191.8eV)和 B—O(192.7eV)等基团的结合能。XPS 高分辨图谱中可以看出 CQDs 的中包含如羟基、羧基和硼酸基等官能团。

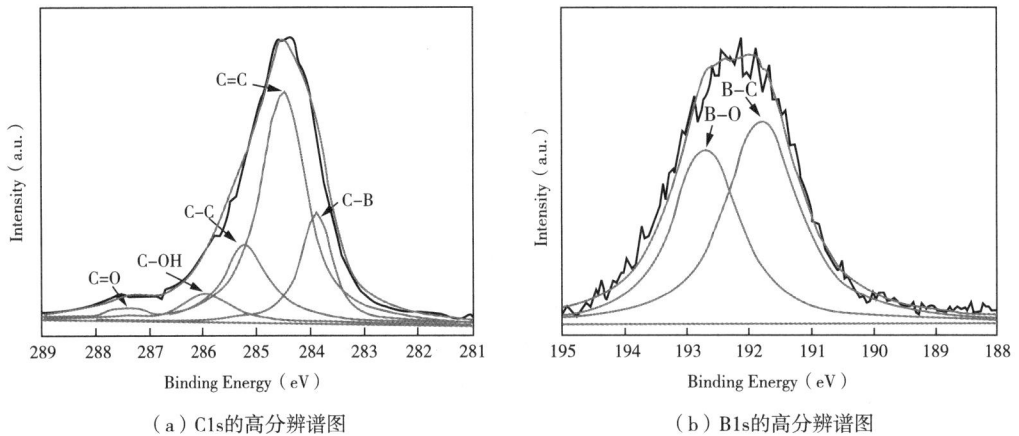

(a)C1s的高分辨谱图　　　　　　(b)B1s的高分辨谱图

图 5-5　CQDs 的 XPS 高分辨谱图

图 5-6 是所制备的 CQDs 的 FT-IR 谱图。3200cm^{-1}处有的较强吸收峰,是由于 CQDs 中—OH 官能团的伸缩振动引起的,1195cm^{-1}处的强吸收带是 CQDs 中 B—O 的弯曲振动 878cm^{-1}和 647cm^{-1}处的强吸收带可归因于 CQDs 芳香结构中 C—H 的面外变形振动,1460cm^{-1}附近的吸收峰是羧酸的—OH 二聚体面内弯曲振动和 C—O 伸缩振动的偶合引起的,1343cm^{-1}和 1090cm^{-1}处的弱肩峰表明 CQDs 中存在 B—O 和 C—B 伸缩振动。

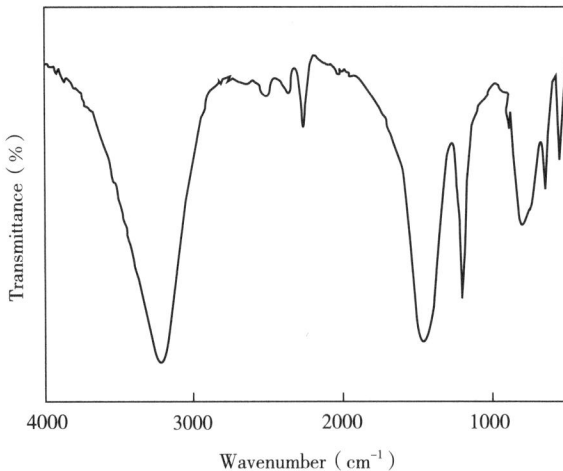

图 5-6　CQDs 的 FT-IR 谱图

因此,通过对 CQDs 的 FT-IR 普通进行分析,可以推测 CQDs 含有苯环、羟基、羧基和硼酸等官能团。CQDs 的表面官能团成分对其化学性能具有重要的影响作用。一般来说,利用水热法制备的 CQDs 表面都含有羟基和羧基等亲水性官能团,表现出较好的亲水性能。而利用非极性溶剂制备的 CQDs 表面可能会具有较多的疏水性官能团,表现出亲油性能。CQDs 表面官能团的不同,会对其化学性质产生影响。

5.3 碳量子点的性质

5.1.1 光吸收性质

因为 CQDs 为具有荧光发射的纳米点,因此无论是何种原料制备的何种 CQDs,均应具有光吸收特性,目前制备的 CQDs 均有紫外光区域吸收,部分可延伸到可见光区域。主要的吸收波长范围在 $230\sim300nm$ 和 $320\sim380nm$ 之间,而这两个区域的光吸收则分别归属于 C=C 键的 $\pi—\pi^*$ 跃迁和 C=O、C=N 等化学键的 $n—\pi^*$ 跃迁。如侯娟以柠檬酸作为碳源,利用微波法得到在 245nm(芳香 $\pi—\pi^*$ 跃迁)和 340nm(C=O 的 $n—\pi^*$ 跃迁)处有特征紫外吸收的 CQDs。Sun 等以头发纤维为原料,利用超声辅助、浓硫酸氧化热解法得到的了 S、N 共掺杂 CQDS,该 CQDs 的两个特征紫外吸收峰分别位于 250nm 和 323nm。Liu 等以海藻酸和乙二胺为原料,采用水热法得到的 CQDs 在 282nm 和 362nm 处有较强紫外光吸收,并且经过氨基钝化后的 CQDs 在 362nm 处的紫外吸收强于未钝化的 CQDs,证实了该处的紫外吸收峰源于 C=N 的 $n—\pi^*$ 跃迁,Jiang 等人制备了具有黄色荧光的氮掺杂 CQDs,该 CQDs 除了具有 270nm 处的 C=C 键的 $\pi—\pi^*$ 跃迁特征吸收峰外,还在 400nm 处也具有光吸收,该处的光吸收被认为源于 C—N 键的 $n—\pi$ 跃迁。Lu 等通过 γ 射线辐射氧化石墨烯制备了紫外－可见吸收光范围均 $250\sim450nm$ 范围内的 CQDs,但随着 γ 射线强度的增加,CQDs 的吸光度值降低,吸收边缘发生蓝移,表明这一点 CQDs 的共驱程度随之下降。Qu 等采用热溶剂法制备了 S、N 共掺杂的 CQDs,且该 CQDs 分别在 338nm,467nm 和 557nm 处具有明显的紫外吸收。并分别归属于 C=O 键的 $n—\pi^*$ 跃迁(338nm),C=N/C=S 键的 $n—\pi^*$ 跃迁(467nm)和 C=S 键的 $n—\pi^*$ 跃迁(557nm),该研究还指出杂原子掺杂会引起电子带隙或能级的改变,进而影响 CQDs 的紫外吸收情况。Yang 课题组以聚丙烯酸和乙二胺为原料,采用水热法制备了聚合物 CQDs,该 CQDs 在 326nm 处具有明显的光吸收峰,该吸收峰归因于 C=O 的 $n—\pi^*$ 跃迁。

5.1.2 上转换荧光性质

在所报道的 CQDs 中,部分 CQDs 具有反-斯托克斯的上转换荧光性质,即发射波长小于其激发波长,该性质被广泛用于 CQDs 的细胞成像和光催化领域。Cao 等人首次发现 CQDs 在 800nm 光激发下可以发射出可见光,并将该 CQDs 用于细胞成像中,Wang 等制备了具有上转换荧光性质的 CQDs,当以 700～840nm 的长波长光激发时 CQDs 的发射荧光中心为 500nm,Jin 等制备了以 650～800nm 的长长光激发时发射出 415～508nm 的具有光激发依赖性的可见荧光,并将之应用于河豚毒素的检测,Omer 等以咖啡为原料制备了磷、氮共掺 CQDs、该 CQDs 以 880nm 红光激发时可产生波长为 500nm 的可见光,该研究还将此 CQDS 用于光催化降解亚甲基。Cui 等以柠檬酸和氨水制备了 CQDs,当以 700～1000nm 波长的光激发时,该 CQDs 显示良好的上转换荧光特性。Jiang 等成功制备了具有上转换光性质的蓝、绿和红色荧光的三种 CQDs,并用于深层组织的双光子细胞成像中。Yin 等制备的 CQDs 在 780nm 光激发下发射出 470nm 的蓝光,并利用 CO 对其上转换荧光的猝灭作用建立了水样中 ClO^- 的检测方法。Kang 题体组利用制备的 CQDs 具有上转换荧光特性,设计合成了 TiO_2/CQDs,$BiVO_4$/CQDs,Fe_2O_3/CQDs 一系列光催化复合材料,用于光催化降解有机染料。

对于 CQDs 的上转换光学特性,很多研究者认为 CQDs 的上转换荧光源自双光子或多光子过程,即 CQDs 吸收两个或两个以上的光子后发射荧光,导致其发射光波长比激发光波长短,也有研究者将该现象归因于 CQD 的 π 轨道电子受激发跃迁至较高轨道后,回到低能量的 σ 轨道产生的。

然而,Gan、Wen 等课题组研究发现,一些 CQDs 的上转换荧光现象并非真正的上转换荧光现象,而是二级光栅的半波长的衍射波造成了上转换荧光的假象,该类"上转换荧光"和下转换荧光一样,具有明显的激发波长依赖性,因为其荧光激发来自设置激发波长的 λ/2 的激发作用,而该二阶衍射光 λ/2 可以通过在激发光路中添加滤波片的方式加以消除。因此在进行 CQD 的上转换光性质测定时,应在具有二阶衍射光滤波片的条件下进行。

5.1.3 磷光性质

近年来,CQDs 的磷光性质也开始得到了人们的关注,如 Deng 等将水溶性 CQDs 与聚乙烯醇复合铺膜,在该膜材料中观察到了室温磷光,室温磷光寿命达 380ms,该课题组将该室温磷光的产生原因归结于 CQDs 表面三重态芳香基基团与聚乙烯醇的羟基之间的氢键作用引起的,该作用过程可以有效地抑制发光基团的振动和能量的非辐射跃迁,减少了芳香基和氧分子的接触、碰撞,促进了磷光的发射。Li 等采用水热/溶剂热结晶法在沸石型分子筛中原位形成 CQD,该原位分子筛 CQDs 表现出高达 52.14% 的量子产率,且在室温条件下具有 350ms 的室温延迟磷光,该课题组将这种室温磷光现象归因于沸石限制空间可以有效地稳定三重态,实现该材料的反相系间跨越,实现磷光的延长。Joseph 等报道了一种以丙二酸和乙烯二胺为前驱体合成 CQDs,并将之掺入硅胶中后,该复合材料显示出了绿色的余晖,磷光寿命约为 1.8s。He 等通过静电纺织技术将 CQDs 和聚乙烯醇结合,形成了有序介孔结构的 CQDS/PVA 纳米纤维,该纳米纤维显示出平均余辉寿命为 1.61s,视觉识别时间为 9s。刘守新课题组以水热法制备了掺氮 CQDs,并将之分散在聚乙烯的乙醇溶液中,制备了常温常压下具有超长寿命的磷光材料,制备出的气凝胶和薄膜分别在室温环境空气条件下显示 442ms 的长寿命和 416ms 的平均寿命（图 5-7）。

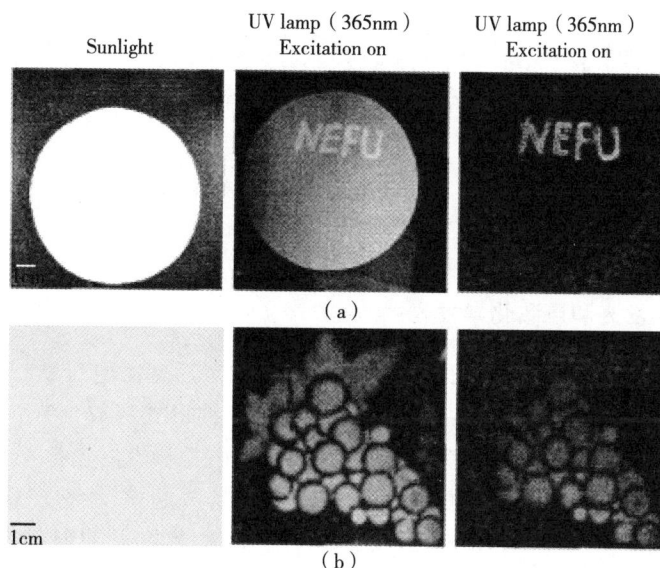

图 5-7 室温磷光现象

5.1.4 手性性质

手性性质在手性药物识别、手性分子生物学和手性化学中有着重要的地位最近，越来越多的研究人员开发并制备了手性碳量子点。在两种合成碳量子点的方法中，自下而上的方法通常更加容易合成手性碳量子点。当前驱体材料本身为手性分子时，不需要再引入其他的手性配体，直接可以合成手性碳量子点。Ghosh 等人使用手性 5′-环磷酸鸟苷为原材料通过微波辅助加热法在 160℃下反应 5min 成功合成了手性碳量子点。

在碳量子点的透射电镜图中，可以观察到所合成的手性碳量子点粒径小于 5nm，并且具有高度无定形的碳核。通过对碳量子点进行拉曼光谱图的分析，发现分别在 218nm，270nm 和 300nm 波长处产生三个正的手性峰、分别在 230nm 和 260nm 波长处产生两个负的手性峰。这与手性 5′-环磷酸鸟苷的拉曼光谱图相似，表明在合成碳量子点的过程中，前驱体手性结构成功修饰在碳量子点的表面。Xin 等人发现由 D-谷氨酸合成的手性碳量子点可以彻底破坏革兰氏阴性细菌和革兰氏阳性细菌的细胞壁，而与之对应的由 L-谷氨酸合成的碳量子点对细菌几乎没有影响，这表明手性碳量子点可以被用作手性抗菌剂。基于 L 和 D-半胱氨酸的碳量子点被合成并用于调节酶的活性（图 5-8），由 L-半胱氨酸为原材料合成的手性碳量子点可以使漆酶的活性提高 20.2%，而由 D 半胱氨酸为原材料合成的手性碳量子点可以使漆酶的活性降低 10.4%。Li 等人发现由 L/D-半胱氨酸合成的手性碳量子点可以影响细胞代谢的过程。相信在未来，更多手性碳量子点会被合成和研究，并在各个领域中得到更广泛的应用。

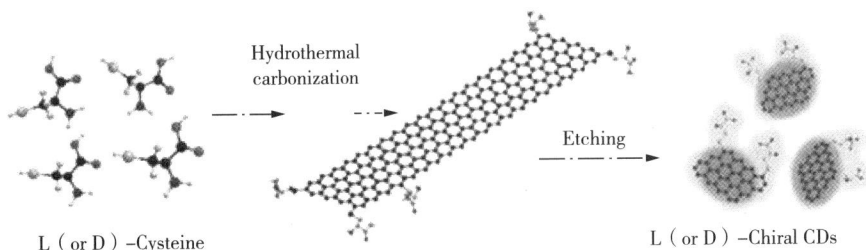

图 5-8 水热合成手性的半胱氨酸碳量子点

5.1.5 化学发光和电致化学发光

化学发光是指物质吸收化学反应过程中释放的能量后基态电子跃迁至激发态,激发态的电子通过弛豫重新回到基态并将吸收的能量以光的形式释放出来。Zhao 等通过研究碳量子点在 NaOH 存在下的化学发光行为,提出了碳量子点的化学发光机理。在碱性条件下,碳量子点向溶液中的溶解氧转移一个电子生成超氧阴离子 $O \cdot_2^-$,不稳定的 $O \cdot_2^-$ 与 H_2O 反应生成 H_2O_2,$O \cdot_2^-$,HO_2^-,$OH \cdot$ 等活性物质;自身结合形成高能量的 $(^1O_2)_2^*$,$(^1O_2)_2^*$ 与碳量子点反应生成激发态碳量子点($COQS^*$),在 $COQS^*$ 经弛豫回到基态的过程中产生光辐射现象(图 5-9a)。

电致化学发光是将电化学方法与化学发光技术结合,通过电化学作用在电极表面生成电活性物质,电活性物质之间或与反应体系中其他组分之间发生电子转移形成激发态,激发态的电子通过弛豫重新回到基态时产生光的辐射。2009 年,Chi 等最早提出并研究了碳量子点的 ECL 机理。如图 5-9b 所示,带正电的碳量子点($R \cdot^+$)和带负电的碳量子点($R \cdot^-$)发生湮灭产生激发态的碳量子点(R^*)弛豫产生光辐射,即湮灭型 ECL 机理;同时,带负电的碳量子点($R \cdot^-$)与共反应剂过硫酸根发生电子转移产生激发态的碳量子点(R^*)弛豫产生光辐射,即共反应型 ECL 机理。

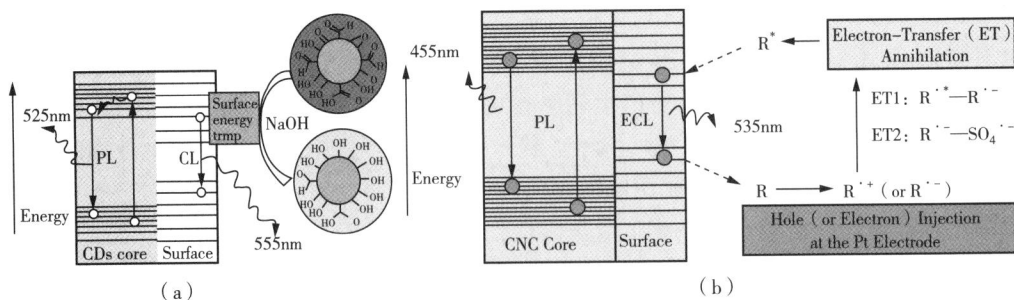

图 5-9 碳量子点的(a)化学发光和(b)电致化学发光机理

5.1.6 光催化性质

碳量子点具有上转换荧光性能,且激发态的碳量子点是优良的电子给体和电子受体,即碳量子点具有光生电子转移特性。因此,碳量子点具有显著的光催化性能。Lee 等设计合成了锐钛矿和金红石型 $TiO_2/GODs$ 纳米复合材料,并探究其在可见光($\lambda_{em}>$ 420nm)照射下的光催化性能(图 5-10a)。研究发现,金红石型 $TiO_2/GODs$ 纳米复合材料的光催化速率是锐钛矿型 $TiO_2/GODs$ 纳米复合材料的 9 倍,这是由于石墨烯量子点($\lambda_{em}=407nm$)的基态电子跃迁到激发态所需能量($E_{photon}=3.05eV$)小于锐钛矿型 TiO_2($\lambda_{em}=388nm$,$E_{photon}=3.2eV$),石墨烯量子点能有力地激发金红石型 TiO_2 形成电子空穴对所致。Xu 等研究发现氨基功能化的碳量子点存在带边转移、碳量子点的多光子活性转移及从氨基向碳量子点转移等三种光电子转移通道,可作为一种出色的光催化剂应用于光催化分解水产氢(图 5-10b)。

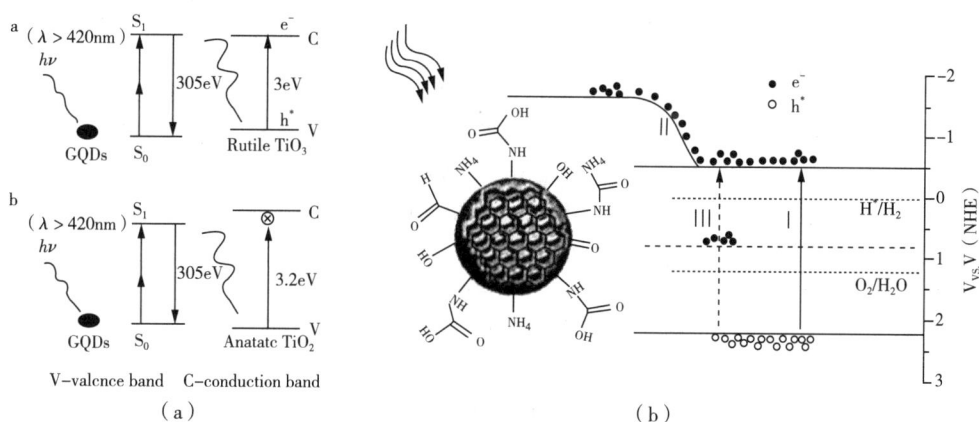

图 5-10　碳量子点的(a)光电子能级跃迁及(b)光电子转移途径.

5.1.7　电催化性质

众所周知,由于掺杂的氮原子会影响石墨烯中碳原子的自旋密度和电荷分布,使石墨烯表面产生可以直接参与催化反应的"活性位点",导致氮掺杂的石墨烯具有较好的氧还原电催化性能。最新研究发现,氮掺杂碳量子点和石墨烯量子点(N-Gdots)在氧还原反应的非金属催化剂方面也具有很好的潜力。Xia 等研究发现,由于吡啶氮和石墨氮活性位点的形成,氮掺杂的石墨烯量子点具有优异的氧还原电催化性能[图 5-11(a)]。吡啶氮的孤对电子可与 sp^2 杂化的石墨烯碳骨架之间形成离域共轭 π 体系,导致碳原子费米能级附近的电子态密度增加。

作为石墨烯晶格中的氮原子,吡啶氮的存在还有利于氧分子的吸附,石墨氮的形成可促进电子从石墨烯碳骨架转移到氧分子的反键轨道,有效改善 ORR 活性。此外,Valentin 等研究发现硼氮共掺杂的石墨烯量子点具有比商业化 Pt/C 催化剂更好的催化活性[图 5-11(b)]。研究结果显示,与氮原子掺杂方式不同,硼原子可以直接以三个键的方式取代碳原子进行掺杂,低浓度的硼掺杂会在价带上方低能量的位置形成一个空的受体能带,导致体系的费米能级降低。

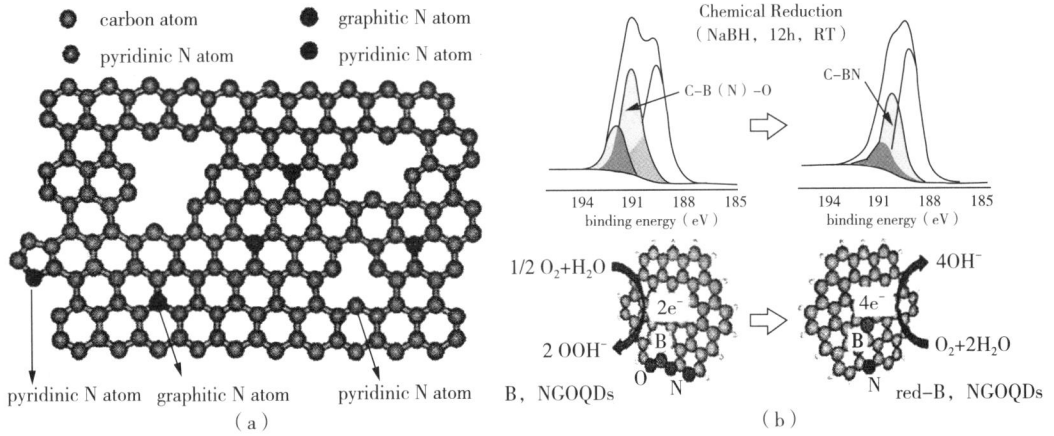

图 5-11　(a)氮原子及(b)硼氮共掺杂对碳量子点电催化活性位点的影响

5.4　碳量子点的制备方法

　　碳量子点是碳纳米材料的一名新成员,目前发现的石墨烯量子点和聚合物纳米点等都可以归为碳量子点。因此,广义上来讲,碳量子点是一类尺寸小于 10nm 的由类石墨烯内核及羧基、氨基等功能化基团外壳构成的准球形小尺寸碳纳米材料(图 5-12),既包括晶格明显的碳量子点也包括无晶格的碳纳米点,主要有 C、H、O 等元素组成,这也是组成生命的基本元素,这是碳量子点具有低的生物毒性的根本。与其他的早期发现的金刚石、富勒烯、碳纳米管等碳纳米材料相比,碳量子点由于具有更小的尺寸,更多的羧基、氨基等表面基团,其发光性质和水溶性更好,更易于表面功能化修饰及应用,尤其是在生物领域的应用。

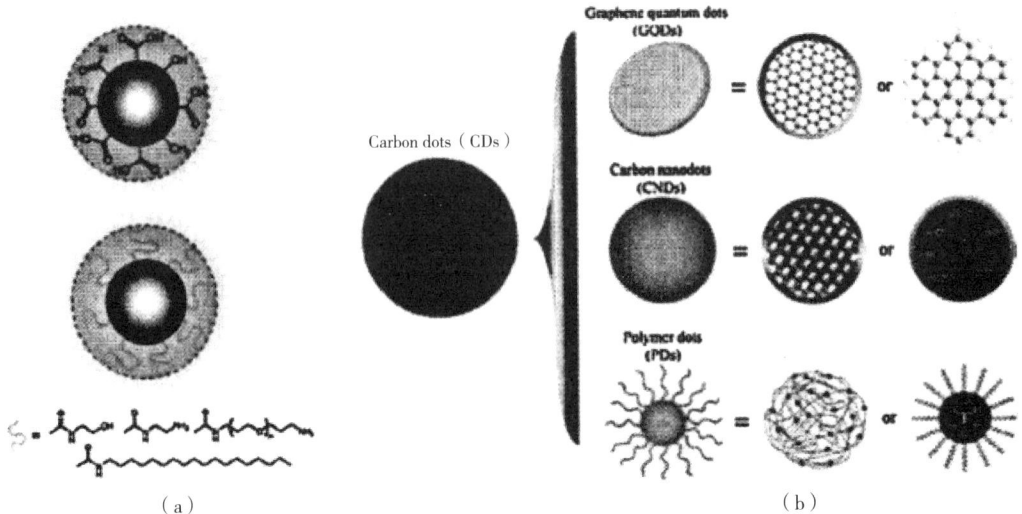

图 5-12　(a)碳量子点的结构示意和(b)碳量子点的分类

5.4.1　电弧放电法

电弧放电法是碳量子点被首次发现时使用的方法。2004 年,Xu 等用电泳法分离纯化电弧放电排放出来的单壁碳纳米管烟灰时,首次发现了具有荧光的碳纳米材料。他们将电弧排放的烟灰经硝酸氧化,再用氢氧化钠提取,将得到的黑色悬浮液经过凝胶电泳分离后,通过进一步洗脱,对不同分子量和尺寸的单壁碳纳米管进行划分。在 365nm 的激发下,他们发现了不同颜色的荧光条带,这些能发出荧光的碳纳米管就是我们现在的碳量子点。Jiang 等利用开发的新一代一体化小型埋弧等离子体反应器,实现了碳纳米颗粒的一步合成与功能化的新胺化工艺。如图 5 - 13 所示,利用深埋电弧氦气等离子体产生的长寿命自由基驻留在纳米颗粒表面,在等离子体后直接提供乙二胺,得到的纳米颗粒体积小,大小相对均匀,在水溶液中具有非常好的分散性。

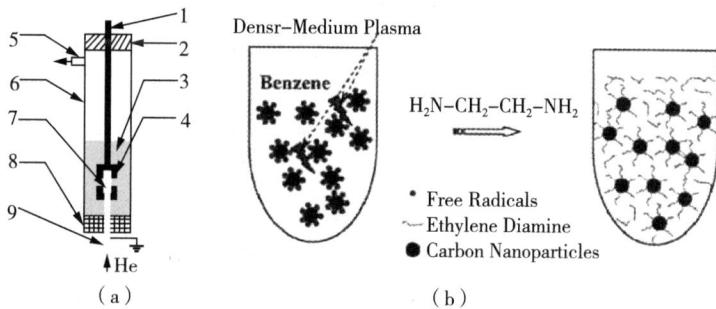

图 5 - 13　(a)小型一体化等离子体反应器的结构(b)碳量子点的一步胺化合成

5.4.2　电化学合成法

电化学合成法主要是利用一个以碳源作为工作电极的电化学电池,在电位作用下进行电化学氧化,使得无色的电解质溶液最终转变为深褐色,合成碳量子点。该方法具有操作简单,合成条件温和,原材料丰富,成本低,易于大批量生产等优点而被广泛采用。Zhou 等首次报道了这一方法。他们首先采用化学气相沉积在碳纸上生长多壁碳纳米管,以此作为工作电极,铂作对电极,$Ag/AgClO_4$ 作参比电极,在含有脱气乙腈的电化学电池中,以 0.1M 高氯酸四丁基铵(TBA^+ClO4^-)为支撑电解质,以 0.5V/S 的扫描速率,在 $-2.0V$ 和 $+2.0V$ 之间循环施加电压,溶液的颜色由无色变为黄色,再变为深褐色,证明了碳量子点被成功合成。他们的实验结果证明,有机 TBA^+ 离子插入到多壁碳纳米管间隙,破坏了其结构,产生大量的碳量子点,释放到电解质中。这一方法大幅度降低了原料成本,扩大 CQD 生产规模。Zhao 等以石墨柱为电极,饱和甘汞电极和铂电极作对电极,0.1M 的 NaH_2PO_4 水溶液作电解液,在 3.0V 电压下进行电化学氧化,随着氧化时间的延长,无色的电解质溶液最终变为深褐色。将氧化后的溶液离心去除不发光的沉淀,然后用滤膜对上清液进行过滤处理,成功合成了碳量子点。然而,上述合成的碳量子点都需要经过复杂的后期纯化处理过程。Deng 等提出了一种简便、通用的低分子量醇电化学碳化方法。使用两个钼片作为辅助电极和工作电极,一个安装在可自由调节的单管毛细管上的甘汞电极做参比,以醇类化合物作为前驱体,在碱性条件下,通过电化学碳化将醇转化为碳量子点。合成的碳量子点的尺寸通过外加电压来调控,随着外加电压的增加,碳量子点尺寸增大。所得到的非晶核碳点具有良好的激发依赖和尺寸依赖发光特性,无需复杂的纯化和钝化过程,量子产率高达 15.9%。细胞实验证明,该方法合成的碳点具有较低的毒性,可以应用于生物成像等领域。

5.4.3 微波/超声辅助法

微波/超声辅助法是一种简单方便,快速低廉、无毒易推广的合成方法。该方法利用微波提供高的能量,可以在短时间内达到实验需要的温度,能一步合成碳量子点。但是,该方法合成的碳量子点粒径大小不好控制。Edison 等以 L‑抗坏血酸(AA)为碳的起始原料,丙氨酸(BA)为氮掺杂剂,开发了一种快速简便的微波技术制备氮掺杂的荧光碳点(N‑CODs)。具体如下,AA(3g)和 BA(1g)溶解在 30mL 去离子水中,完全溶解形成混合物。然后将得到的混合物转移到装有 100mL 聚四氟乙烯反应器中,放入微波反应器中,在 180℃加热 1 小时(功率 900W)。随后将容器冷却至室温,15000rpm 离心 15min,然后透析 24 小时。得到的 N‑CODs 在 401nm 处表现出较强的蓝色荧光,荧光量子产率约为 14%。

Yang 等以叶酸受体(FR)和叶酸(FA)作为碳前驱体,开发了一种低成本的一步微波法合成了水溶性的碳量子点,平均直径为 4nm。在蒸馏水中加入适量的 FA 和 FR,在微波炉中以 500W 的功率加热 8 分钟。溶液的颜色由黄色变为棕色,最后变为深棕色的团块状固体,说明了碳量子点的形成。然后将溶液离心并用 0.22μm 的滤膜过滤,去除不发光的团聚颗粒,得到的碳量子点荧光量子产率约为 25%。此外,碳量子点中的 FA 分子可以被 FA 受体阳性的癌细胞所摄取,实现肿瘤细胞的成像区分及医学诊断。

5.5 碳量子点的应用

碳纳米材料(如:纳米金刚石、石墨烯片、碳纳米管、富勒烯和荧光碳量子点)吸引着众多研究者的关注。其中人们对碳量子点的电学、物理化学特性越来越感兴趣。研究者利用碳量子点的低毒性、生物相容性、光学特性等将它与金属、半导体氧化物以及块体材料等复合,充分发挥两者的特性,增强其应用。

5.5.1 光催化

人们对半导体材料进行了广泛而且深入的研究,但是就光催化方面而言,半导体材料仍存在一些急于解决的问题,那就是提高光的利用率和催化效率,因此研究者通过在其表面修饰贵金属,或引入掺杂以及耦合的方式来达到这个目的。随着碳量子点的出现,人们把目光投向了这个具有很多量子特点的物质,碳量子点具有上转换发光性质以及半导体性质,因此碳量子点在光催化领域具有重要应用,将金属或半导体与碳量子点复合从而发挥两者的优势。

　　碳量子点在光催化领域的应用可以分为两类:光催化降解和光催化制氢。传统的半导体纳米光催化剂(如 ZnO,TiO₂ 和 Ag₃PO₄ 等)由于其带隙过宽,因此仅在紫外或近紫外光区有吸收。如何提高催化剂在可见光区的有效吸收成为口前光催化领域研究的热点。碳量子点具有光诱导电子转移特性,可在可见光照射下适时地供出或接受电子。碳量子点可作为光电子存储材料用在光催化体系中,兼具电子传递和能量交换双重功能。利用其优异电子供受体特性以及光的上转换性能,可以设计碳量子点与多种光催化剂合成复合材料,使得吸收光从紫外光区转移到可见光区,从而大大提高了可见光的利用率。Li 等将其制备的具有荧光上转换性质的碳量子点与二氧化钛纳米粒子进行复合,碳量子点将吸收的可见光转换为二氧化钛可以利用的短波长的光,从而提高了二氧化钛在可见光区的光催化效率(图 5-14)。

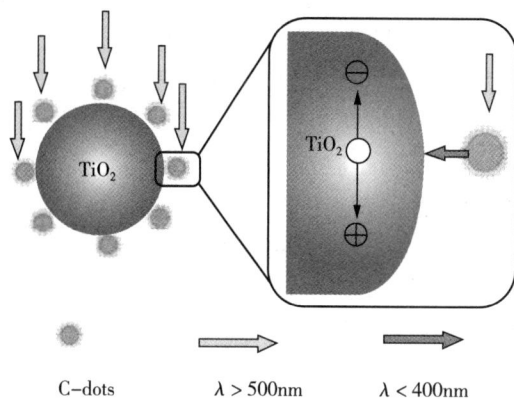

图 5-14　可见光下 TiO₂/碳量子点可能的光催化机理图

5.5.2　化学传感

　　由于重金属元素不能被生物降解,对生态系统和人体会造成很大的伤害。人们依据碳量子点的低毒性、生物相容性、光稳定性等特点,把它加以利用,用于检测金属离子、金属、阴离子以及一些分子等。

　　碳量子点在化学传感器中的一种早期应用则是对汞离子的检测。Goncalves 等人证明了碳量子点在溶液中或是固定在溶胶凝胶中均对汞离子有着一定的敏感性。在他们的研究中,碳量子点的荧光强度被微摩尔量级的汞离子有效地猝灭,体现出了较高的灵敏度。而由于实验中较高的 Stern-Volmmer 常数汞离子对碳量子点荧光的猝灭作用很有可能属于静态猝灭。通过氮元素的掺杂,相关基团在碳量子点表面的产生会使碳量子点对汞离子的敏感性进一步提升。

　　Liu 等人以蜡烛灰为碳源,通过超声使其分散到 NaOH 溶液中,然后利用聚四氟乙烯反应釜在 200℃下加热 12h 制得粒径 $3.1\pm0.5nm$ 的碳量子点。由于碳量子点表面有很多羟基存在,因此金属离子很容易与碳量子点复合,致使其发生荧光猝灭现象。以 Cr^{3+} 为例,Cr^{3+} 的浓度处于 $1\sim25\mu M$ 之间,加入 Cr^{3+} 前后,碳量子点的荧光寿命没有变化,由此说明荧光猝灭是静态猝灭。碳量子点的荧光强度变化与加入的 Cr^{3+} 的加入量呈线性关系,即荧光猝灭变化图为直线,因此,可以利用碳量子点检测 Cr^{3+}。与检测金属离子不同的是,检测阴离子的机理是阴离子的加入会使已经被金属猝灭的碳量子点的荧光重新恢复。存在阴离子的加入会替代碳量子点和金属离子的复合,这些阴离子与金属离子形成的复合物更加稳定。

5.5.3 离子探针

碳量子点表面有大量的羧基和羟基,通过轨道能量传递很容易与金属离子发生作用,表现为荧光增强或猝灭。作为一种新型的金属离子荧光探针,碳量子点能高灵敏检测溶液中金属离子,并在一定范围内确定金属离子的浓度,进行痕量分析,进而应用于真实环境中重金属离子的检测。Sun 等首次将碳量子点应用在铁离子的定量分析中。他们以一水柠檬酸为碳源、二甘醇胺为钝化剂水热制备碳量子点,荧光强度与 Fe^{3+} 在 $5.0 \times 10^{-5} \sim 5.0 \times 10^{-4} mol/L$ 之间呈线性关系,检出限为 $11.2 \mu mol/L$。Xu 等以柠檬酸钠为碳源,$Na_2S_2O_3$ 为钝化剂,采用水热法制备了硫掺杂的碳量子点,平均粒径 4.6nm,荧光量子产率达到了 67%。荧光能被 Fe^{3+} 淬灭从而检测其浓度,几乎不受其他离子的影响,检测范围是 $1 \sim 500 mol/L$ 检出限是 $0.1 mol/L$。

Karfa 以氨基酸为碳源制备得碳量子点,荧光滴定实验表明该碳量子点分别对 Cd^{2+} 和 Fe^{3+} 有较强的荧光猝灭作用,分别 $6.0 \sim 268.0 \mu g/L$ 和 $6.0 \sim 250 \mu g/L$,从而呈现线性关系,检测限各自为 2.0 和 $3.0 \mu g/L$。作为一种重金属离子,Cu^{2+} 会破坏蛋白质活性,造成组织坏死,对于生物体具有较高毒性,因此高灵敏的检测 Cu^{2+} 十分重要。Zhu 等制备了以 N-(2-aminoethyl)-N,N,N'-iris(pyridin-2ylmethyl)ethane-1,2-diamine(AE-TPEA)作为配体的双发射 CdSe@碳量子点荧光探针,此探针能特异性地识别 Cu^{2+},已成功用于活细胞中 Cu^{2+} 成像和生物传感研究。

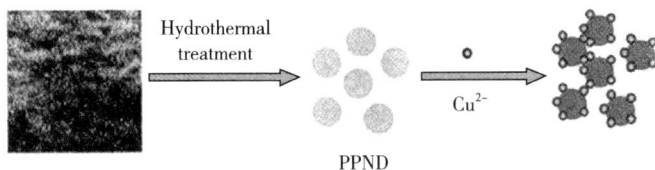

图 5-15 水热法合成碳点作为检测 Cu^{2+} 的高荧光探针

5.5.4 生物应用

碳量子点具有荧光的波长依赖性,能够发射出不同颜色的光。同时修饰后的碳量子点具有荧光强度高、量子产率高、低毒性、生物相容性好等特点,因此在生物上有很好的应用前景。

蛋白质组学和基因组学的生物分析经常需要生物化合物来做标记。虽然质谱分析技术提供了一种无标记方法,但是质谱设备昂贵,不容易快速成像或者是需要在体内进行检测,这时就需要采用其他的方法,因此荧光标记应运而生。碳量子点作为无毒的、生物相容性好的、可以发出荧光的指示剂吸引着研究者的目光。Yang 很早对此进行了研究,Li 等也进行了相关研究,他们将人体宫颈癌细胞(Helacells)放置在具有 24 孔的载玻片上培养,每孔有 $5×104$ 个细胞,培养一夜,然后将 Hela 细胞与分散在没有血浆的培养基中的 $150\mu g/mL$ 碳量子点复合培养,分别培养 15min,0.5h,1.0h 和 2h 后,用 pH＝7.4 的磷酸盐缓冲液洗涤细胞三次,接下来与 4% 多聚甲醛混合 10min,最后放在荧光显微镜下观察结果。激发波长为 405nm 时,碳量子点的荧光为 500nm 的蓝光,碳量子点在细胞核的周边广泛分布。

　　碳量子点除了可作为简单的成像和标记外,在此基础上发展起来的对于肿瘤的诊断更具有意义。对于肿瘤来说,无论是诊断,还是治疗,关键是对肿瘤的靶向识别。肿瘤组织表面具有很多特异性蛋白质以及基因,它们都可作为靶标用于检测肿瘤。这些肿瘤标志物在肿瘤早期诊断和治疗中意义非凡,可以用于肿瘤筛选、分期、转移评价、确定药物干预反应。

　　Kim 等以丙三醇(甘油)为碳源,利用微波辅助水解的方法制得聚乙烯亚胺功能化的碳量子点(CD－PEI),同时通过氯金酸($HAuCl_4$)和柠檬酸溶液制得金纳米粒子,然后用 PEI 对其进行修饰,从而得到 Au－PEI。CD－PEI,Au－PEI 和闭合环状双链 DNA 分子(plasmidDNA,即 p－DNA)通过静电作用复合在一起,即 CD－PEI/p－DNA/Au－PEI。当金纳米粒子或 Au－PEI 靠近 CD－PEI 时会使碳量子点的荧光猝灭。当细胞内的 CD－PEI/p－DNA/Au－PEI 分解时又会使得 Au－PEI 和 CD－PEI 间的距离变大,因此又会使荧光恢复。复合体与 PEI25k 载体相比 PEI 被广泛认为是最具潜力的基因载体,其中 PEI25K 被当作基因载体的"金标")效率更高,并且毒性小。同时,转染在细胞间进行,p－DNA在细胞中的转染过程能够在荧光显微镜下进行实时观察。

　　Pang 等用苹果酸和乙二胺为前体,通过微波法制备得碳点,未经任何修饰,通过非辐射能量转移,碳量子点荧光被 Cu^{2+} 猝灭,在碳量子点-铜离子体系逐渐加入鸟嘌呤,荧光逐渐恢复,其线性范围 $1.31×10^{-8}\sim7.27×10^{-7}mol/L$,检测限 $0.67×10^{-8}mol/L$,该体系在尿液及 DNA 中对鸟嘌呤的检测具有较高的可信性(图 5－16)。

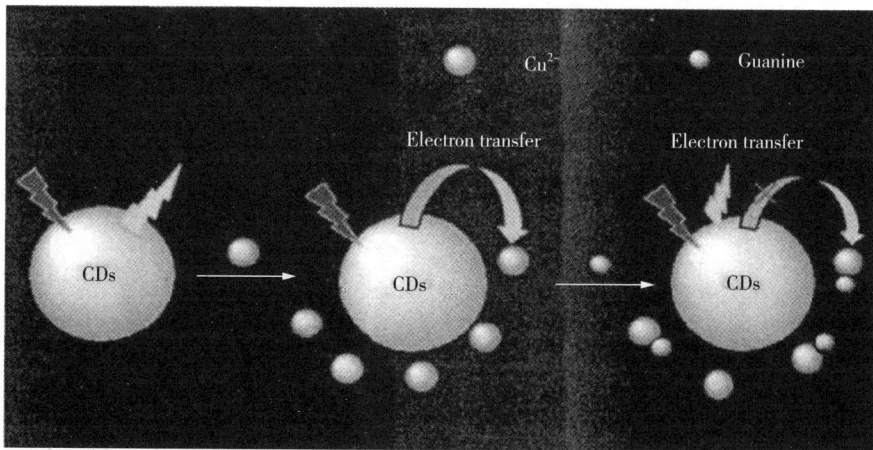

图 5－16　CQDs－Cu^{2+}-鸟嘌呤体系荧光"开"和"关"过程的模式图

5.5.5　环境治理

随着我国经济的快速发展,污染水体的重金属离子主要有 Pb^{2+}、Hg^{2+}、Zn^{2+}、Cu^{2+}、Cr^{6+}、Cr^{3+}、Cd^{2+} 等,水体中重金属污染的处理方法较多,每一种方法都有它自身的优缺点。在众多方法中,吸附法因经济环保、高效节能、操作简易等优点,在重金属污染治理方面具有广泛的应用前景。而利用碳基纳米材料作为吸附剂具有比表面积大、表面活性高等优点,可有效去除污染水体中的重金属离子。

碳纳米管作为一种新型的吸附材料,具有许多异常的力学、电学和化学性能很多学者利用碳纳米管或改性碳纳米管作为吸附剂,研究其对重金属离子的吸附效果,Yang 等利用等离子体诱导接枝技术,研究了聚丙烯酰胺接枝多壁碳纳米管(MWCNT)处理重金属污染,结果表明该吸附材料对 Pb^{2+} 有很好的吸附效果。Wang 等采用氧化多壁碳纳米管作为一种新型吸附剂,研究了吸附时间、pH 值、离子浓度、MWCNT 度和温度对 N_2 吸附影响,结果表明,氧化 MWCNT 与 MWCNT 相比具有更大的表面积、含氧官能团更丰富,所以离子交换能力更强及吸附量更大。Liu 等将多壁碳纳米管进行磁性改良,并研究了其对水体中 Cu^{2+} 的吸附效果,研究结果表明磁性多壁纳米管为吸附剂具有吸附性能好、再生能力强等性能。

石墨烯因具有超大的比表面积和丰富的孔隙结构,这一点使其成为具有良好吸附性能的吸附剂。此外,氧化石墨烯因含有羟基、羧基、羰基和环氧基等含氧官能团,这些含氧官能团不仅可明显改善其水溶性,还可成为活性吸附位点吸附重金属,进而有效分离水体中的重金属离子,学者们通常采用氧化石墨烯及以氧化石墨烯为前驱体形成的其他复合材料作为吸附剂。近年来,许多学者开展了对石墨烯及其衍生物吸附去除水体中重金属等方面的研究,并取得了卓有成效的结果。

介孔碳材料具有极高的比表面积、规则有序的孔道结构,且孔径分布均匀、孔径大小连续可调等特点,更加有利于物质的传输和转移,使其在大分子吸附分离及光催化方面具有较大的优势,与其他种类的吸附剂相比,介孔材料对氩气、氮和重金属离子等均具有较高的吸附能力。采用介孔材料作吸附剂不需要特殊的吸附剂活化装置,就可回收各种挥发性有机污染物和污染水体中的重金属离子,此外,介孔材料还具有可快速脱附、循环利用的特性,使其在分离和回收上更具环保经济效益。

随着城市化进程的加快和现代工农业的迅速发展,大量的人工合成有机物,如染料、石油烃、农药、杀虫剂及多氯联苯(PCBs)等典型有机污染物,未经有效处理直接排入环境,因其具有高毒性、长残留性、半挥发性、高脂溶性等特点,对人类的健康构成巨大威胁,并制约着当前经济和社会的发展。

近年来,有机污染的控制与治理备受学者们关注,对有机污染的传统处理方法主要包括物理修复技术(如热处理、蒸汽提取等)、化学修复技术(光降解、氧化法等)和生物修复技术(微生物法等)等。随着科技的发展和科技人员对修复技术的不断创新,纳米材料修复技术为人们提供了新的研究机遇。与传统有机污染修复技术相比,纳米材料具有巨大比表面积、超强的吸附螯合能力和优秀的催化活性,使得纳米材料修复技术克服了传统修复技术的部分缺点,在有机污染修复中表现出极高的修复效率。Long 等发现,在低浓度下吸附到 CNTS 上二噁英的量比活性炭要高 1034 倍。Fang 等发现,使用 50mg/L MWCNTs 作为载体可以显著提高其在土壤中的迁移能力。而环境友好型纳米材料修复有机污染的研究已成为国内关注的热点,主要集中在纳米材料的制备、结构表征、污染物去除机制和去除效率等方面。

思考题:

1. 请查找资料,请思考还有哪些制备碳量子点的方法。
2. 碳量子点具有哪些性质?
3. 请举例说出碳量子点在生活中的应用。
4. 你认为碳量子点未来前景如何?

参考文献

[1] KROTO H W,HEATH J R,O'BRIEN S C,et al. C60:Buckminsterfullerene [J]. Nature,1985,318(6042):162 - 163.

[2] IIJIMA S. Helical microtubules of graphitic carbon[J]. Nature,1991,354 (6348):56 - 58.

[3] NOVOSELOV K S,GEIM A K,MOROZOV S V,et al. Electric field effect in atomically thin carbon films[J]. Science,2004,306(5696):666 - 669.

[4] BAKER S N,BAKER G A. Luminescent carbon nanodots:emergent nanolights [J]. Angewandte Chemie-international Edition,2010,49(38):6726 - 6744.

[5] ZHENG X T,ANANTHANARAYANAN A,LUO K Q,et al. Glowing graphene quantum dots and carbon dots: properties, syntheses, and biological applications [J]. Small,2015,11(14):1620.

[6] 张卿. 碳量子点制备及应用研究[D]. 上海交通大学,2020.

[7] LI F,LI Y Y,YANG X,et al. Highly fluorescent chiral N-S-doped carbon dots from cysteine: affecting cellular energy metabolism [J]. Angewandte Chemie International Edition,2018,57(9):2377 - 2382.

第6章 MXene

6.1 Mxene 的简介

2004 年初，Novoselov 等人通过石墨的机械剥离发现了单个石墨烯片的真正新颖的传输特性。几十年来，石墨烯和其他层状材料向超薄纳米片的剥离引起了二维（2D）材料的大量研究，这归功于其非凡的结构、电化学和光电性能。2D 超薄层状材料的引入使得传统设备的性能得以创新：例如能量转换和存储设备以及气体和化学传感器。此后，二维超薄层状材料相关的研究迅速发展，研究人员逐渐意识到，通过调整任何层状材料的原子层数量，都有可能获得前所未有的性能。

自 2011 年由美国德雷塞尔大学的研究者们首次报道 MXene 材料以来，是近几年继石墨烯和钙钛矿材料之后又一次掀起了研究热潮，这归因于其非凡的结构、电化学和光电性能。二维过渡金属碳化物、氮化物或碳氮化物，即 MXene 材料，是由层状陶瓷材料 MAX 相刻蚀去除 A 元素后得到的一类新型二维纳米材料，此命名既体现出该材料源于 MAX 相，又因其具有类石墨烯的二维层状结构的特征，MXene 的化学式可表示为 $M_{n+1}X_nT_x (n=1,2,3)$ 或 $M_{1.33}XT_x$，其中 M 代表前过渡金属元素（Sc、Ti、V、Cr、Zr、Nb、MO 等），X 代表 C、N 或 C 和 N 元素，T_x 代表表面端基（—O、—OH、—F 等）。目前已经合成及研究了 150 多种 MAX 相和 30 多种 MXene，目前在实验中已经刻蚀掉 A 层，成功合成 MXene 的相应的元素如图 6-1 所示。MXene 具有独特的二维层状结构、高的密度、类

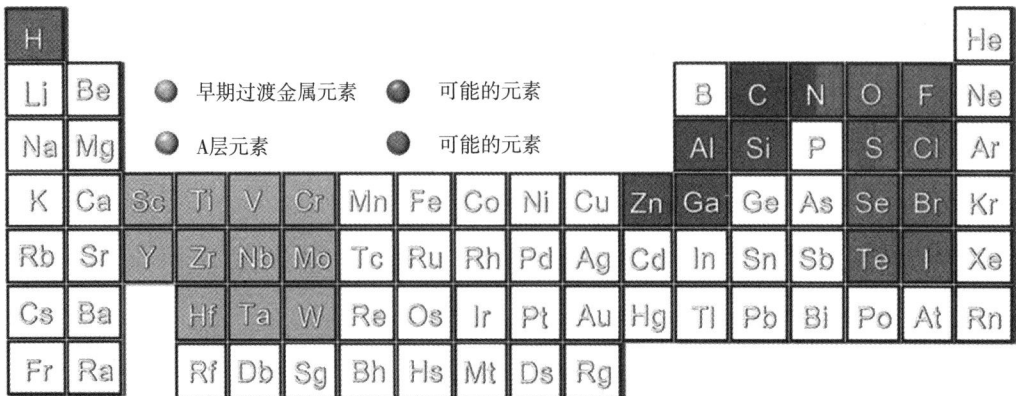

图 6-1　实验性用于合成 MXene 的元素周期表，以及用作已成功刻蚀的"A"层的元素

金属的导电性、优异的光电特性，已应用于储能器件材料、催化材料、光电探测器材料等领域。

MXene 通常分三步合成。第一步是合成层状 MXene 前体，从中获得晶体结构；这些通常是具有一个以上"A"原子层（例如 $M_{n+1}A_2X_n$）或具有 A 元素碳化物层（例如 MnA_3X_{n+2}）的 MAX（$M_{n+1}AX_n$，其中"A"是指第 11～16 族原子，例如 Al、Si 和 Ga）或非 MAX 相层状材料。第二步，A 原子层被刻蚀掉，剥离前体以产生弱键合的 MXene 多层材料。在 A 原子层刻蚀过程中，较弱的 M—A 键（相对于 M—X 键）被切割，导致未配位的 M 金属表面将通过与刻蚀剂中的 T_x 物种反应再次快速饱和。第三步，剥离的多层 MXene 材料被分层以产生单层到几层 MXene 材料。过渡金属碳化物基的 MXene 具有金属导电性、多价过渡金属具有良好的氧化还原活性、丰富的表面端基提供活性位点、溶液分散能力和改变性质的能力。

6.2　Mxene 的结构与组成

MXene 是二维（2D）金属碳化物和氮化物的大家族，其结构由填充到蜂窝状 2D 晶格中的两层或多层过渡金属（M）原子组成，所述过渡金属由占据相邻过渡金属层之间八面体位置的碳和或氮层（X 原子）介入。结构如图 6-2 所示，与 MAX 相类似，MXene 具有六方紧密堆积的晶体结构，具有 P63/mmc 空间群对称性。

根据二维碳化物 MXene 结构中存在的过渡金属层和碳层的数量，MXene 通式中的 n 值可以从 1 到 4 变化，目前已知的二维碳化物有 Ti_2CT_x（$n=1$）、$Ti_3C_2T_x$（$n=2$）、$Nb_4C_3T_x$（$n=3$）和 $(MO,V)_5C_4T_x$（$n=4$），M 位还可以被两种或多种过渡金属填充以形成固溶体或有序结构。如果有两种随机分布的过渡金属占据 MXene 结构中的 M 个位点形成固溶体，则公式将写成 $(M',M'')_{n+1}X_nT_x$，其中 M' 和 M'' 是两种不同的金属[例如，$(Ti,V)_2CT_x$]。如果两种金属具有面内有序性，并在同一 M 层内形成 M' 和 M'' 原子的交替链，则生成的 MXene 结构称为 i-MXene，迄今已知的所有 i-MXene 都具有 $(M'_{4/3}M'_{2/3})_xT_x$ 的公式。在大多数 i-MXene 中，M'' 原子可以被选择性地刻蚀，从而产生有序空位，并产生具有 $M'_{4/3}XT_x$（以前称为 $M'_{1.33}XT_x$）式的 i-MXene。M' 和 M'' 的原子也可以位于具有面外有序的独立原子平面中，称为 O-MXene，其中 M'' 构成内部金属层，M' 原子位于外部，到目前为止，O-MXene 通过两个公式已知，即 $(M'_2M'')X_2T_x$ 和 $(M'_2M''_2)X_3T_x$。此外，所有 MXene 可以以多层颗粒（ml-MXene）或分层（d-MXene）单层薄片的形式产生。

目前理论上预测了至少 26 种不同的 O-MXene，其中 $MO_2TiC_2T_x$、$MO_2ScC_2T_x$、$Cr_2TiC_2T_x$ 和 $MO_2Ti_2C_3T_x$ 已经通过实验报道。理想的 O-MXene 中 M' 与 M'' 的比例为 2:1 或者 2:2，与 MXene 结构中不同金属晶格位点的比例相对应。另一方面，只有当 M' 与 M'' 的比例为 2:1，且 M' 与 M'' 的尺寸差异至少为 0.2Å 时，i-MXene 才受青睐，这一要求源自 M 层内的六方原子转移，其中 M' 原子形成蜂窝晶格，M'' 原子占据六边形中心并从 M 层延伸（在其前驱体 i-MAX 相中的 A 层位置）。这种原子排列赋予 i-MAX 相

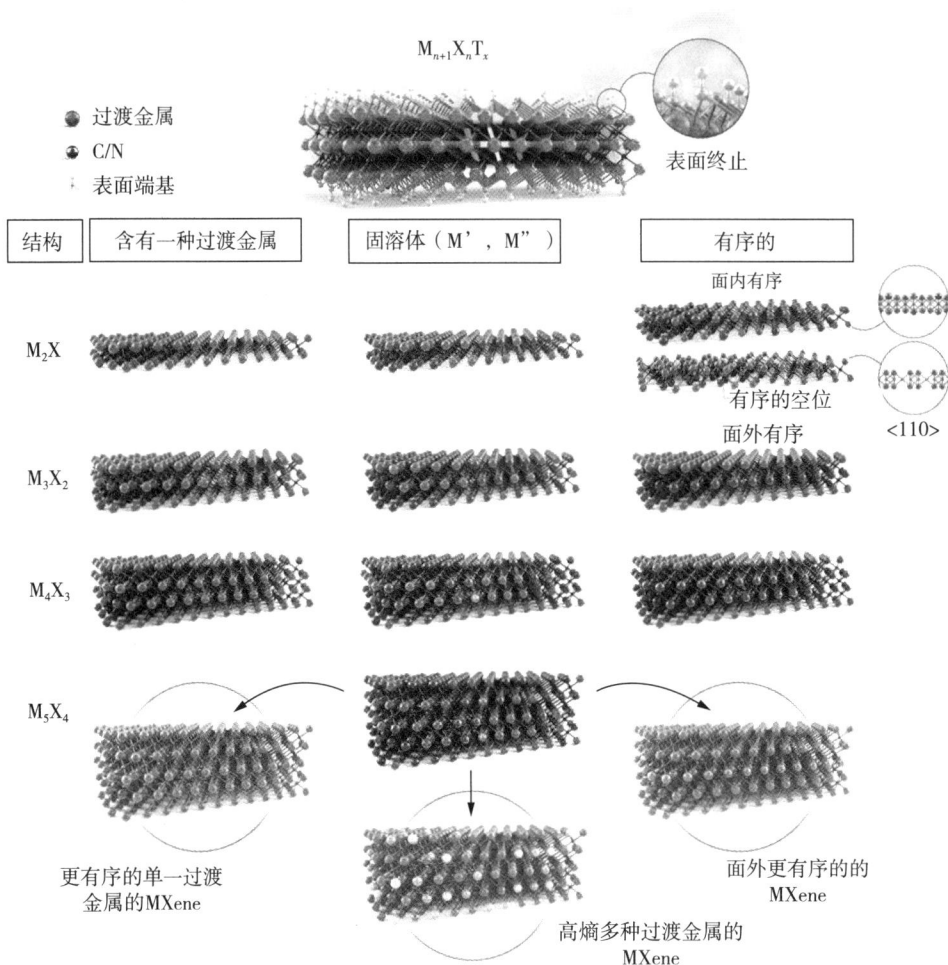

图 6-2　MXene 结构示意图，二维 MXene 的一般公式为 $M_{n+1}X_nT_x$，
其中 M 是早期过渡金属，X 是碳或氮，T_x 表示外金属层的表面端基

单斜（C2/c）或正交（C2/m 或 Cmcm）结构，i-MXene 的也有类似的结构。到目前为止，已经合成了 32 种不同的 i-MAX 相。然而，A 和 M″元素同时被刻蚀掉大部分 i-MAX 相。例如，使用 HF，从（$W_{2/3}Sc_{1/3}$）$_2$AlC 和（$W_{2/3}Y_{1/3}$）$_2$AlC 中选择性地去除 Al 和 Sc 或 Y，得到具有有序二价的 $W_{1.33}CT_x$ i-MXene。这种行为源于 M″元素与碳位点的较弱结合，正如它们从 M 平面向外位移这一现象可以得到证明。这些结构特征也允许目标性的刻蚀，其中调整的合成条件可以促进从 i-MAX 相中单独去除 A 或同时去除 A 和 M″元素，如 $MO_{4/3}Y_{2/3}AlC$ 所示。

　　X 位点可以被碳、氮或两者占据。氮化物 MXene 的研究一直有限，除了 ml-Ti_2NT_x 和 ml-$Ti_4N_3T_x$，因为氮化物 MXene 合成存在挑战。在碳氮化物 MXene 中，C 和 N 原子随机占据八面体位置，与碳氮化物化学计量无关。原子可以位于表面上相对于 M 和 X 原子的不同位置。这些部分最有利能量和热力学稳定的位置是 M_2C、M_3C_2 和 M_4C_3 层的表面和位于外层下方原子平面的过渡金属原子上方。官能团也可以以位于 X 原子顶部的方式排列在表面上。尽管在室温下,不同基团之间存在竞争,以确保在优选的热力学稳定位点,但 STEM 研究表明,F 原子是占据面心立方位点的原子,而 O 原子可以存在这两个位点。MXenes 末端的组成和配位可以通过热处理和真空退火来改变。例如,$Ti_3C_2T_x$ 和 Ti_3CNT_x MXene 的表面可以在 550℃ 以上的温度下完全脱氟。

可以通过在路易斯酸中刻蚀形成 $CuCl_2$ 或 $CdCl_2$ 盐熔体来制备含有 Cl 端基的多层 MXene($M_{n+1}X_nCl_2$)。可以使用溴,例如 $CdBr_2$ 代替 $CdCl_2$,以实现含的 Br 端基。这些均匀分布在 MXene 表面的卤素端基(特别是 Br)去除后,可以产生塌陷的三维结构,其中 MXene 片之间存在实质性的层间作用力,类似于电极。这些端基还可以通过随后的表面反应与其他官能团交换,进一步扩大了 MXene 组合物的范围。例如,在 LiH 存在下,将 $Ti_3C_2Br_2$ 加热至 300℃ 可去除表面端基并产生多层 Ti_3C_2。类似的,已经生产了具有 Se、Te、S、NH 和 O 端基的 MXene。相关测试分析表明,MXene 的结构根据均匀表面端基的类型略有变化,导致面内压缩或拉伸应变。

6.3 Mxene 的制备方法

MAX 相的结构和获得的具有官能团的 MXene 已经被系统地和逐步地研究。通常在宏观尺度上,MAX 材料是微米尺寸的密集层堆叠结构。在去除"A"层后,MXene 通常表现出手风琴状多层纳米结构。在微观尺度上,MXene 中的 M 原子以紧密堆积的结构排列,X 原子填充八面体间隙位点,这与它们的 MAX 前体类似。在配制和合成 MAX(和非 MAX)相前体后,对其进行刻蚀,然后剥离以产生多层 MXene。HF 常被用作刻蚀剂,以从 Ti_3AlC_2 中去除 Al 层。此后,开发了许多其他方案,从基于 HF 的直接和间接合成到电化学、碱性、熔盐和卤素刻蚀。

目前合成 MXene 的方法主要分为两大类:自上而下和自下向上。大多数 MXene 是通过自上而下的方法制备的,因此从其各自的块状层状碳化物和氮化物前驱体中获得其结构和组成。过渡金属碳化物和氮化物由于其具有 M 和 X 空位或混合占有率的稳定性而具有多种化学成分和结构,迄今为止合成的 MXene 组合物利用了层状过渡金属碳化物与氮化物的化学多样性,包括 MAX 相和非 MAX 相。

6.3.1 自上而下法

在自上而下的 MXene 合成中,A 原子层被选择性地从前体中去除,使 $M_{n+1}X_n$ 层保持完整(图 6 - 3)。MAX 中的 A 元素具有接近于零的标称氧化状态(例如 Ti_3AlC_2 中的 Al),因此刻蚀过程是 A 原子的氧化(例如氧化为 Al^{3+} 或 Si^{4+})。理论上,去除 A 元素的能力取决于刻蚀反应的吉布斯自由能,在 Al 基 MAX 相的 HF 刻蚀的情况下,这与 M-A 键与 M-X 键的结合强度以及其他因素(如副产物形成的吉布斯自由能量)有关。一般地,剥落还取决于 A 元素的氧化,以及随后通过连接将其转化为可溶性副产物,从而将其从前体转移出去。后者是至关重要的,因为如果氧化产物或氧化物种(即氧化铝和氢氧化物)的后续水解产物限制刻蚀剂进入前体反应位点进行进一步刻蚀,刻蚀过程立即停止。刻蚀溶液还应能够去除 MAX 相颗粒表面上存在的保护性天然氧化物层。

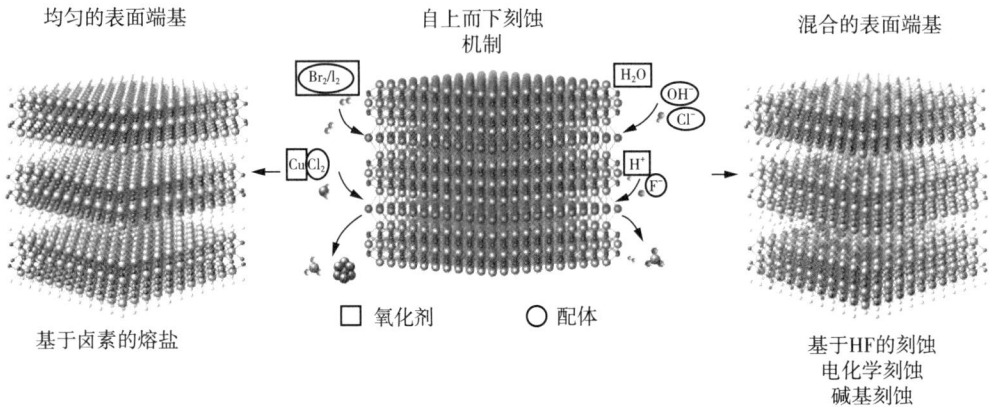

图 6-3 MXene 合成的自上而下刻蚀路线

刻蚀路线根据刻蚀后所得 MXene 中 T_x 表面端基的均匀性进行分类。熔盐和基于卤素的刻蚀工艺产生具有均匀表面端基的 MXene(左),而 HF、LiF/HCl、NaOH/KOH 溶液和电化学刻蚀产生具有混合表面端基的 MXene(右)。无论是哪种途径,刻蚀都涉及氧化 A 元素,最常见的是 Al,并将氧化的 A 产物与配体(如 F^- 或 OH^-)结合,以作为可溶性副产物从前体中运输,以便于进一步刻蚀。在 MAX(中间)和 MXene(左侧和右侧)结构中,青色、红色、灰色和黄色球体分别代表 M、A、X 和 T_x。

6.3.1.1 基于 HF 的刻蚀法

(1)HF 刻蚀

酸辅助刻蚀已经成为制备 MXene 最常用的合成方法。特别是,HF 刻蚀是用于大块和刚性 MAX 相分层的最常用方法,不受含有"Al"层的前体的限制。此外,最终获得的 MXene 受到各种实验参数的影响,如刻蚀剂浓度和响应时间。Gogotsi 及其同事于 2011 年首次引入 HF 刻蚀法,在含 HF 溶液中刻蚀 Al 基 MAX 相(例如 Ti_3AlC_2),质子(H^+)充当氧化剂,F^- 用作溶解副产物(Al^{3+})的配体,HF 刻蚀 Ti_3AlC_2 前驱体的过程如图 6-4 所示,其主要反应过程为:

$$Ti_3AlC_2 + 3H^+ \rightarrow Ti_3C_2 + Al^{3+} + 3/2H_2$$

$$Al^{3+} + 3F^- \rightarrow AlF_3 \ 和 \ Al^{3+} + 6F^- \rightarrow AlF_6^{3-}$$

$$Ti_3AlC_2 \rightarrow Ti_3C_2 + 3e^- + Al^{3+}$$

经过刻蚀后 MXene 的主体形貌与 MAX 前驱体相似,A 层被刻蚀掉,表面暴露的过渡金属元素与端基—OH、—O 或—F 相结合,提高 MXene 的稳定性。由于 M-A 和 M-X 键合的不同,HF 刻蚀法被广泛用于制备大多数二维碳化物 MXene,一般来说,MAX 相被 HF 刻蚀的难易程度取决于 M-A 键的结合强度及 A 原子对 HF 溶液的溶解能力。对于 A 层原子为 Al 的 MAX 相而言,几乎均能被刻蚀,其中 Ti_3AlC_2 最容易被刻蚀,所需 HF 溶液浓度最低和刻蚀时间较短,对于 V 和 Nb 元素的 MAX 相难以刻蚀,所需 HF 浓

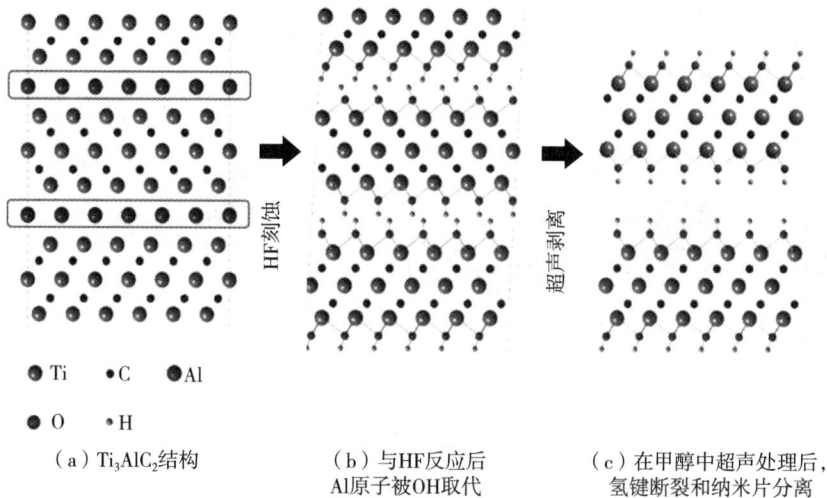

（a）Ti₃AlC₂结构　　　（b）与HF反应后　　　（c）在甲醇中超声处理后，
Al原子被OH取代　　　　氢键断裂和纳米片分离

图 6 - 4　Ti₃AlC₂ 剥落过程示意图

度较高，刻蚀效果较差。目前 HF 刻蚀法在实验中已成功刻蚀 Ti_2C、MO_2C、Nb_2C、V_2C、Hf_3C_2、MO_2TiC_2、Nb_4C_3、MO_4VC_4 等二维碳化物 MXene。

（2）原位形成 HF 刻蚀

尽管 HF 刻蚀被广泛用作剥离 MXene 的简单和通用方法，这仍然是一种具有高毒性和危险性的方法，并且可能导致获得的 MXene 上存在大量缺陷。因此，通过混合具有类似刻蚀行为的氟化物盐（LiF、NaF、CaF₂ 和 KF）和酸（HCl、H_2SO_4），获得了原位 HF 方法。2014 年，Ghidiu 及其同事表明，使用盐酸（HCl）与氟化锂（LiF）的混合溶液也可以刻蚀 MAX 相获得了黏土状的 MXene。通过将 LiF 溶解在 HCl 中，然后将 MAX 相前驱体（Ti₃AlC₂ 粉末）缓慢加入其中，并在 40℃ 的温度下加热 45 小时，刻蚀后将所得沉淀物洗涤以除去反应物，获得黏土状的糊状 MXene，通过辊压法轧制成膜状，并测其导电性能，电导率高达 1500S/cm，其制备工艺如图 6 - 5 所示。HF 是在刻蚀过程中原位形成的，事实上，氟化物盐/酸刻蚀剂比专用 HF 温和得多，在原位 HF 形成系统中，由于 F⁻ 和含 Al 的 MAX 相之间的高反应性，F⁻ 可以与 MAX 前体的 Al 原子反应，形成氟化物、H₂ 和 MXene。由于可以避免直接使用 HF，原位 HF 形成方法具有优于常规 HF 方法的优点，包括操作简单、能耗低以及刻蚀过程中的化学风险小。因此，其产生的薄片具有更大的横向尺寸，不包含 HF 刻蚀样品中经常观察到的纳米尺寸缺陷。此外，刻蚀的合成条件可能导致获得的 MXene 的电子性质和环境稳定性的显著差异。例如，通过改变氟化物盐（LiF）与 MAX 的摩尔比，可以获得更大的 MXene 薄片，尺寸更均匀，缺陷更少。同时，由于不同的酸和盐，不同的阳离子可以同时插入 MXene 的夹层。它扩大了夹层间距，削弱了 MXene 层之间的相互作用，有助于表面改性和分层，无论是否进行超声处理。

除了上述通过酸/氟酸盐原位形成 HF 的刻蚀方法外，另外一种常见的原位 HF 刻蚀方法就是通过双氟盐通过水解原位形成 HF 来达到刻蚀作用，其主要反应如下：

$$NH_4HF_2 \Longrightarrow NH_4^+ + HF_2^-$$

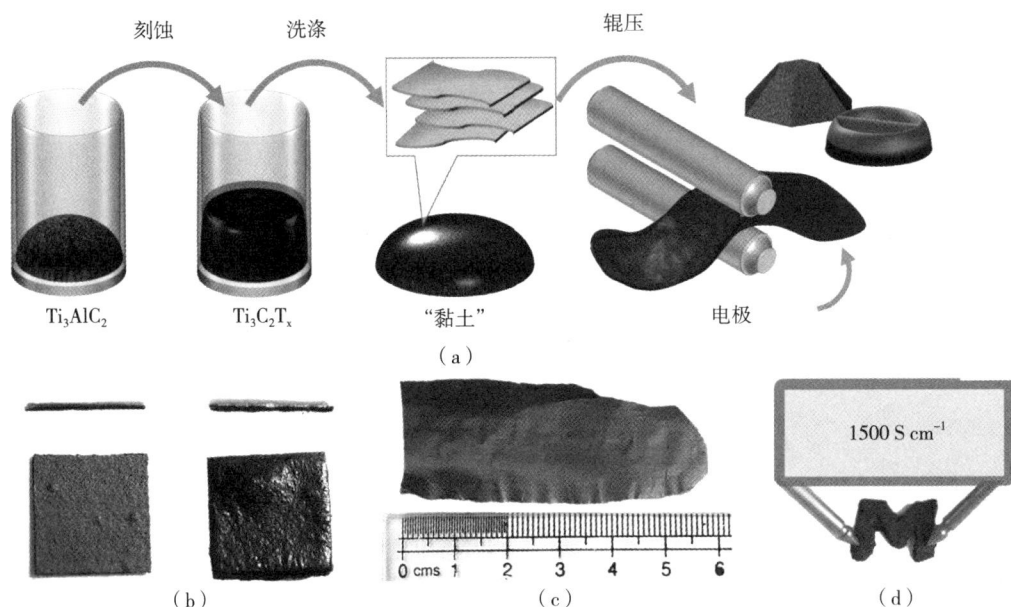

图 6-5 MXene 黏土合成和电极制备示意图

$$HF_2^- \Longrightarrow HF + F^-$$

德雷赛大学与林雪平大学的两个团队合作与 2014 年通过溅射沉积外延法制备的 Ti_3AlC_2 薄膜使用 NH_4HF_2 进行刻蚀得到 MXene,证实了双氟盐刻蚀的可行性。NH_4HF_2 通过在水中解离成阳离子,吸附在带负电的 MXene 纳米片表面,形成了较大的层间距。作者于 2015 年进一步证实了双氟盐可以对 MXene 粉末进行刻蚀,并通过表征方法证明了该方法可以获得二维片状 MXene。对于 NH_4HF_2 刻蚀 Ti_3AlC_2 的主要反应如下:

$$Ti_3AlC_2 + 3NH_4HF_2 \Longrightarrow (NH_4)_3AlF_6 + Ti_3C_2 + 3/2H_2$$

$$Ti_2C_3 + aNH_4HF_2 + bH_2O \Longrightarrow (NH_3)_c(NH_4)_dTi_3C_2(OH)_xF_y$$

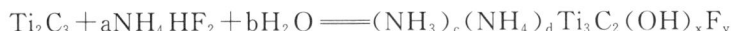

6.3.1.2 熔盐刻蚀法

(1)含氟盐的刻蚀

水性刻蚀方法适用于大部分含 Al 的 MAX 相,产生亲水性的 MXene。但是,由于较高的剥离能,大部分 A 原子层非 Al 的 MAX 相或氮化物 MAX 相在水溶液中难以完成刻蚀。相比较于水溶液的刻蚀方法,熔盐刻蚀方法具有更强的刻蚀效果。Gogotsi 等人在 2016 年利用多种氟盐的混合物熔融刻蚀 MAX 制备了 Mxene。通过质量分数为 59% 的 KF、29% 的 LiF 和 12% 的 NaF 混合后,将 Ti_4AlN_3 和氟化物盐的混合物置于氧化铝的坩埚中,在 550℃下加热 30 分钟,加热速度为 10℃/min,在氩气氛围中从室温开始升温,合成过程如图 6-6 所示。具有高形成能的 MXene 而言,采用熔盐法刻蚀效果更好,由于熔盐的离子组成会导致 MXene 表面的官能团(例如含氟盐会导致 MXene 表面会含有端基—F），因此有必要开发无氟熔盐的刻蚀方法。

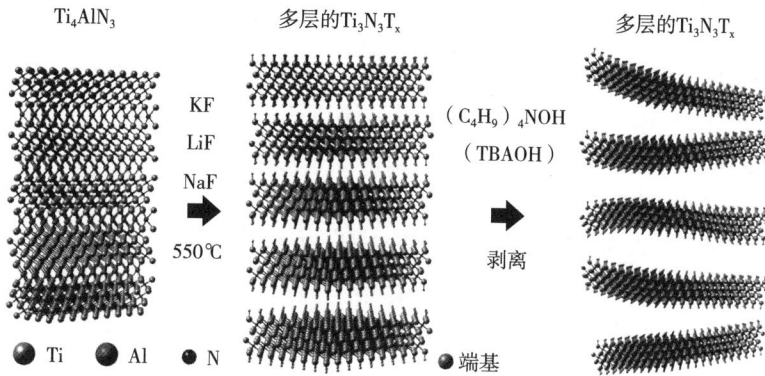

图 6-6　在 550℃和 Ar 氛围下对 Ti₄AlN₃ 进行熔盐处理，
然后通过 TBAOH 对多层 MXene 进行分层，合成 $Ti_4N_3T_x$ 的示意图

（2）无氟盐的刻蚀

处于熔融状态的过渡金属卤化物的无机盐可于 MAX 相的 A 层反应，因为过渡金属卤化物无机盐是电子受体。黄庆等人在 2018 年通过在混合 $ZnCl_2/NaCl/KCl$ 熔融盐体系中刻蚀 Ti_3AlC_2、Ti_2AlC、Ti_2AlN 和 V_2AlC MAX 相。在该熔盐体系中 $ZnCl_2$ 被用作刻蚀 MAX 相的刻蚀剂，而摩尔比为 1∶1 的 NaCl 和 KCl 被用于形成熔盐并降低共晶系统的熔点。在刻蚀过程中，Zn^{2+} 与 MAX 相的 A 原子反应，其中弱键合的 Al 原子转变为 Al^{3+}，还原的 Zn 原子随后占据 A 层位置，形成新的 Zn-MAX 相，即 Ti_3ZnC_2，然后过量的 $ZnCl_2$ 刻蚀 Zn-MAX 相中的层间 Zn 原子以产生 MXene，刻蚀过程如图 6-7 所示。通过刻蚀 Ti_3AlC_2 作为样品，可以如下描述刻蚀工艺：

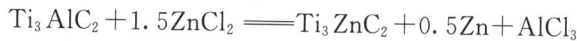

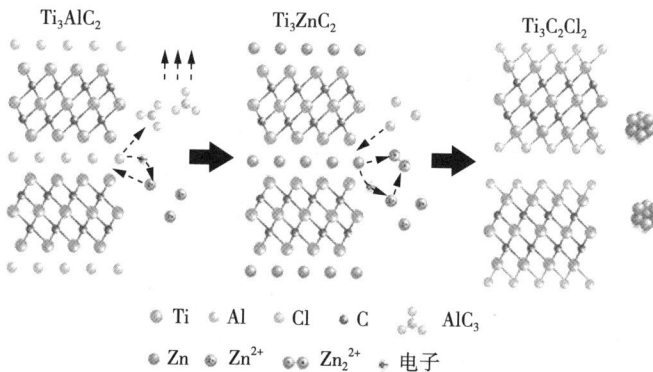

$$Ti_3AlC_2+1.5ZnCl_2 = Ti_3ZnC_2+0.5Zn+AlCl_3$$

$$Ti_3ZnC_2+ZnCl_2 = Ti_3C_2Cl_2+2Zn$$

图 6-7　利于 $ZnCl_2$ 熔盐体系刻蚀 Ti_3AlC_2 示意图

对于以上的熔盐刻蚀体系，$ZnCl_2$ 和含 Al 的 MAX 相的比例显著影响最终产物。

Al-MAX∶ZnCl₂ 的摩尔比 1∶1.5 会有利于生成 Zn-MAX 相,而 1∶6 的摩尔比会生成 MXene。由于该工艺中不含氟且不含水,因此 ZnCl₂ 刻蚀 MXene 的表面充满了端基—Cl,而不是—F、—O 以及—OH。受到 ZnCl₂ 可以作为刻蚀剂的启发,黄庆等人提出了一种路易斯酸刻蚀路线,通过调整 MAX 前体和路易斯酸熔体组成的摩尔比,将该合成路线概括为除了 Zn 之外,包括来自各种 MAX 相前体的 A 位元素 Al、Si 和 Ga。黄庆等人也提出了一种通过 A 元素和路易斯酸熔融盐阳离子之间的直接氧化还原偶联来刻蚀 MAX 相的通用方法,这使能够预测熔融盐中 MAX 的反应性,并大幅增加通过该方法制备的 MXene 的数量。结果表明,该方法可用于从 A-Ga 元素的 MAX 相获得 MXene。此处使用由 Ti₃SiC₂ 浸渍在 CuCl₂ 熔融盐中制备的 Ti₃C₂ 来说明刻蚀过程,该刻蚀过程如图 6-8 所示,该刻蚀反应工艺如下:

$$Ti_3SiC_2 + 2CuCl_2 = Ti_3C_2 + SiCl_4 + 2Cu$$

$$Ti_3C_2 + CuCl_2 = Ti_3C_2Cl_2 + Cu$$

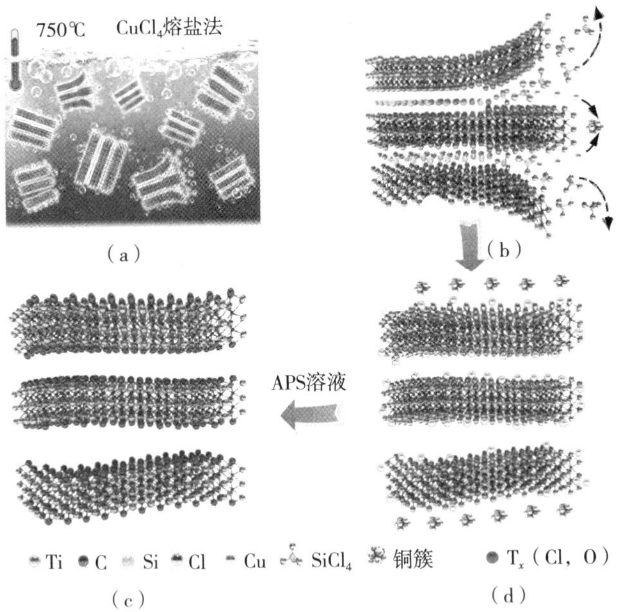

图 6-8 Ti₃C₂Tₓ MXene 制备示意图。(a)Ti₃SiC₂ MAX 相在 750℃下浸入 CuCl₂ 路易斯熔融盐中。(b)、(c)Ti₃SiC₂ 和 CuCl₂ 之间的反应导致 Ti₃C₂Tₓ MXene 的形成。(d)MS-Ti₃C₂Tₓ MXene 在过硫酸铵(APS)溶液中进一步洗涤后获得

该路线遵循以下原理:具有较高电化学氧化还原电位的熔融卤化物可以刻蚀具有较低 A 位元素电化学氧化还原电位的 MAX 相,熔融刻蚀剂的种类扩展到路易斯酸盐,而可刻蚀的 MAX 相从含 Al 的 MAX 相扩展到非 Al 基 MAX 相(例如 Si、Zn 和 Ga)。所获得的 MXene 表现出增强的电化学性能,具有高 Li⁺ 存储容量,并且在非水电解质中具有高性能,这使得这些材料有望成为高速率电池和混合器件(如锂离子电容器应用)的电极材料这种方法能够生产新的二维材料,该合成路线扩大了可使用的 MAX 相前体的范围,

并为调整 MXene 的表面化学和性质提供了重要机会。尽管非水熔融盐刻蚀方法具有更宽的刻蚀范围和化学安全性,但它仍处于早期阶段,这需要对所产生的 MXene 的物理和化学特性进行深入研究,例如电导率、亲水性或机械性能。此外,所制备的 MXene 呈现手风琴状结构,使得它们不适合形成纳米复合物。

6.3.1.3　碱刻蚀法

大多数方法都是使用酸来刻蚀 A 层原子,实际上碱也可以用来刻蚀 MAX 相来获得 MXene。最早对碱刻蚀的探究是通过两步刻蚀工艺,将 Ti_3AlC_2 在 NaOH 溶液中浸泡 100h,随后在 80℃的 H_2SO_4 溶液中浸泡 2h,这将 MAX 相表面刻蚀成 $Ti_3C_2T_x$。图 6-9 显示了 MXene 覆盖的 MAX 相的工艺和所得形态的示意图。在此过程中,使用碱从 MAX 相层中去除 Al 原子,其中 H_2SO_4 负责去除表面暴露的 Al 原子。这种方法产率较低,将表层的 MXene 与 MAX 相进行分离收集 MXene 也有一定难度。在采用稀碱溶液处理 MAX 相时,若温度过高,还可能生成氧化物层。

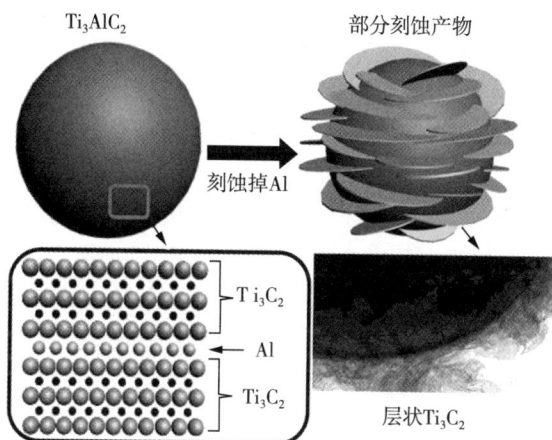

图 6-9　由烯 NaOH 刻蚀 MAX 相的工艺和所得形态的示意图

当碱浓度和温度升高到一定程度时,碱与 MAX 相的反应将发生质变。例如,使用 27.5mol NaOH 在 270℃下进行水热反应,成功地从 Ti_3AlC_2 中去除 Al 层,以获得产率为 92% 的 $Ti_3C_2T_x$,且产物亲水性良好,如图 6-10 所示,主要反应途径是 Al 转化为 $Al(OH)_3$,然后在碱性介质中溶解,在刻蚀过程中发生的反应如下:

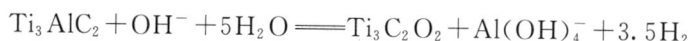

$$Ti_3AlC_2 + OH^- + 5H_2O = Ti_3C_2(OH)_2 + Al(OH)_4^- + 2.5H_2$$

$$Ti_3AlC_2 + OH^- + 5H_2O = Ti_3C_2O_2 + Al(OH)_4^- + 3.5H_2$$

水热反应结束后所得 MXene 的微观形貌同样呈现为手风琴状,表面端基类型为—O 和—OH,具有良好的亲水性,且避免了卤素端基的引入。碱刻蚀方法绿色、环保、高效,并且可以获得无氟端基和亲水性良好的 MXene,然而,高浓度的碱和高温水热反应的安全风险限制了该方法的广泛使用。

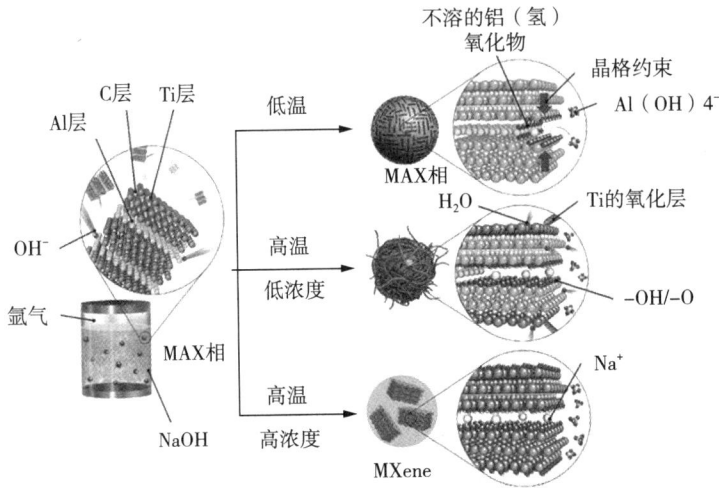

图 6-10 利用不同温度和不同浓度的 NaOH 对 Ti_3AlC_2 进行刻蚀

6.3.1.4 电化学刻蚀法

通过电化学刻蚀路线制备 MXene 涉及使用 MAX 相作为电极在一定电压下选择性去除 Al 原子层。电化学方法可用于使用 NaCl、HCl 或 HF 作为电解系统的 MAX 相的碳衍生碳（CDC）。在典型的电化学刻蚀过程中，在阳极发生氧化反应使得 M-A 键断裂，允许在 MAX 阶段去除 A 层。电压的逐渐升高进一步去除 M 层，从而形成非晶碳材料，即 CDC。因此，通过将刻蚀电压（刻蚀电势）控制在 A 和 M 层之间的反应电势的范围内并控制适当的刻蚀时间，可以实现 A 原子的选择性去除，从而允许精确控制合成的 MXene。由于工作电极通常由 MAX 相组成，因此刻蚀工艺首先在 MAX 电极的表面上实现，这通常导致形成阻碍后续刻蚀工艺的表面 CDCs。因此，刻蚀电压的调节是有效刻蚀 MAX 相的关键因素。

电化学刻蚀法的主要参数包括刻蚀电位、刻蚀时间和电解液。有人使用双电极系统，使用 Ti_3AlC_2 作为工作电极和对电极，分别以 H_2SO_4、HNO_3、NaOH、NH_4Cl 和 $FeCl_3$ 作为电解质（其电化学刻蚀法如图 6-11 所示）。

该研究强调了不同电解质对刻蚀过程的影响。尽管无氯酸（如 H_2SO_4 和 HNO_3）可以很好地腐蚀铝箔，但在电化学系统中，此类酸不能从 MAX 相中刻蚀铝原子层。相反，Al 和含 Cl 电解质之间的强相互作用使得能够在 MAX 相中充分刻蚀 Al 层。在这种情况下，基于刻蚀产物与前体的重量比，刻蚀产率约为 40%。为了

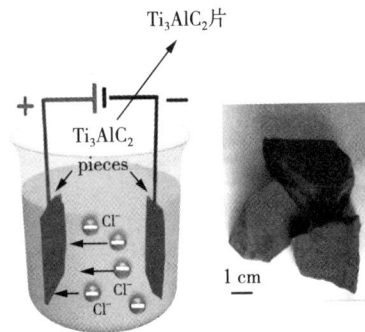

图 6-11 二元水电解质中 Ti_3AlC_2 的阳极腐蚀

增加 MAX 相的内部可接近性，使其充分地与电解质接触并确保连续刻蚀反应，MAX 相可以被插入物插入以增加层间间隔并允许电解质离子的连续扩散，电化学刻蚀机理为：

$$Ti_3AlC_2 + 3Cl^- \rule[0.5ex]{2em}{0.5pt} Ti_3C_2 + AlCl_3 + 3e^-$$

$$Ti_3C_2 + 2OH^- \rule[0.5ex]{2em}{0.5pt} Ti_3C_2(OH)_2 + 2e^-$$

$$Ti_3C_2 + 2H_2O \rule[0.5ex]{2em}{0.5pt} Ti_3C_2(OH)_2 + H_2$$

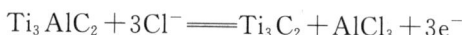

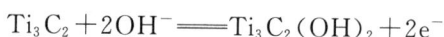

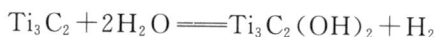

6.3.2　自下而上法

据报道,自下而上的方法也用于制备 MXene。与自上而下的方法相比,前者可以合成二维无缺陷单层晶体,具有很大的比面积,在电子、光电子和光伏领域有潜在的应用。有人在 1085℃高温下通过化学气相沉积(CVD)方法制备的大面积 2D 超薄 MO_2C 晶体,其中甲烷和铜/钼箔分别用作碳源、基底和钼源。生长的 MO_2C 晶体具有几纳米的厚度,并且在该环境条件下具有稳定的结构。随后耿等人使用类似的方法进一步实现了 2D MO_2C 在铜箔上的受控生长(图 6-12)。通过调节 CH_4 浓度和铜箔厚度来调节 MO_2C 的形状和厚度。离子溅射也被用于合成超薄 Ti_2C 纳米片,用离子束设备轰击 Ti 和 C,用低能重离子(LEIF)轰击靶材,以获得由单个相组成的纳米层。通常,通过自下而上方法(即 CVD、离子溅射)制备的 MXene 在表面上没有端基,但产率低,对设备要求高。

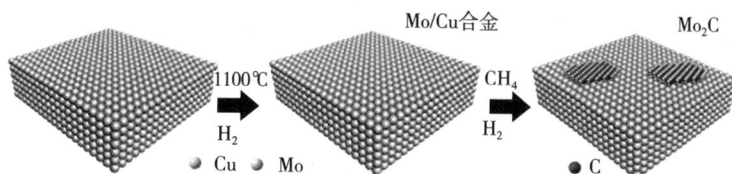

图 6-12　使用 CVD 法生长 MO_2C 晶体的过程

6.4　多片层 MXene 的插层与剥离

使用自上而下的方法从层状三元前驱体中刻蚀 A 元素通常会导致堆叠的手风琴状 MXene,需要夹层和分层来获得单层 MXene 纳米片。与堆叠的 MXene 不同,单层 MXene 纳米片具有优异的化学特性,例如高比表面积、良好的亲水性和丰富的表面化学性质,二 MXene 的诱人应用将研究注意力转移到了有效的分层策略上。事实上,在 MXene 的最初报道中,超声波处理用于将手风琴状 MXene 分层为几层厚。然而,由于 MXene 层之间的强相互作用,分层的产率低,无法生产应用。因此,分离 MXene 堆叠纳米片的关键因素是打破主要的层间作用力。向这些层中注入有机分子或无机离子已被证明是削弱层间相互作用并扩大层间间距的可行性选择。

6.4.1　有机物插层剥离

MXene 被认为与高岭土等黏土相似,因为其流变性、亲水性和可塑性。因此,有机物物种是黏土的常见嵌入剂,在嵌入 MXene 的情况下会有一个很好的结果。2013 年,

Mashtalir 等人发现,经过 HF 刻蚀后的多层 $Ti_3C_2T_x$ 可以通过二甲基亚砜(DMSO)的嵌入,之后再经过超声分层为单层 MXene 纳米片。在插入二甲基亚砜分子后,多层 $Ti_3C_2T_x$ 的层间距进一步扩大,增大的层间间距可以显著降低 MXene 层之间的范德华力,从而有助于通过简单的超声处理对多层 $Ti_3C_2T_x$ 进行后续剥离。其表面的—O、—OH 和—F 的端基使得 MXene 纳米片呈现负电性,使其具有良好的亲水性,在不添加表面活性剂的情况下能够稳定分散在水中,形成均一稳定的胶体溶液。与多层 $Ti_3C_2T_x$ 相比,分层堆叠的 MXene 膜具有明显更大的面间距,这有利于暴露更多的表面活性位点,从而实现更好的电化学性能。当作为锂离子电池的阳极进行测试时,分层 $Ti_3C_2T_x$ 纳米片的容量是其多层对应物的四倍。除 DMSO 外,还探索了一些其他有机溶剂,即一水合肼(HM)、N,N-二甲基甲酰胺(DMF)和尿素,作为多层 $Ti_3C_2T_x$ 剥离的嵌入剂。虽然 DMSO 用作 $Ti_3C_2T_x$ 的插层剂时显示出很有前景的结果,但它对其它类型 MXene 的插层没有太大作用,例如 V_2CT_x、MO_2CT_x。与 DMSO 相比,四丁基氢氧化铵(TBAOH)、羟基胆碱和正丁胺(它们都是相对大分子的有机碱)已被确定具有普遍的嵌入性质。在室温下将有机碱分散在多层 MXene 水体系中,可使有机碱阳离子解离,其可嵌入 MXene 层中,导致多层 MXene 结构膨胀。多层 MXene 的分层可通过手摇或适度超声处理进一步实现,形成稳定的 MXene 纳米片胶体溶液。

目前,四甲基氢氧化铵(TMAOH)也已用于多层 MXene 的插层和分层。有学者提出 Ti—Ti 键和 Ti—Al 键是除了范德华力之外的基本障碍。因此,仅通过超声波处理不能实现完全嵌入。TMAOH 在水热过程中应用(图 6-13),其中 TMAOH 可以扩散并插入多层 MXene 中,促进随后的分层。为了避免 MXene 在高温下氧化,抗坏血酸被用作温和的还原剂。类似地,TMAOH 也可以在微波处理的帮助下插入和分层 MXene,但单层 MXene 纳米片的产率相当低,这限制了其用于制备应用。四甲基氢氧化铵是一种比较特殊的极性大分子有机碱,它可以同时作为刻蚀剂和插层剂,直接将 Ti_3AlC_2 刻蚀、剥离成单层的 $Ti_3C_2T_x$ 纳米片。由于 TMAOH 是铝的刻蚀剂的主要成分,宣等人提出,由于 TMAOH 和 Al 原子之间的高反应性,TMAOH 可以同时用作刻蚀剂和嵌入剂,以从 Ti_3AlC_2 产生单层 $Ti_3C_2T_x$,而其他有机嵌入剂,如 DMSO、尿素、肼等,无法做到这一点。在典型的刻蚀-分层过程中[图 6-14(a)],TMAOH 插入 MAX 相的夹层中并与 Al 原子反应。这允许在没有任何超声处理的情况下生产具有表面覆盖的 $Al(OH)_4^-$ 基团的分层 MXene。图 6-14(b)显示了 Ti_3AlC_2 在与 TMAOH 反应之前和之后的结构图,显示了显著扩大的层间距。

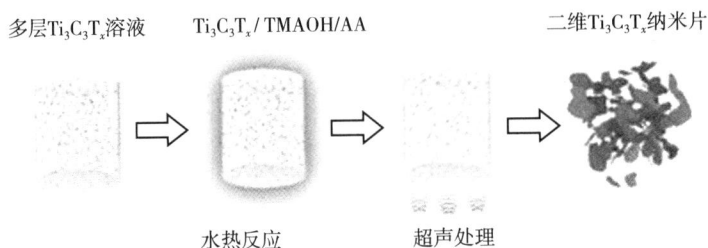

多层$Ti_3C_3T_x$溶液　　　　$Ti_3C_3T_x$ / TMAOH/AA　　　　　　　　　二维$Ti_3C_3T_x$纳米片

水热反应　　　　　　超声处理

图 6-13　水热辅助插层策略合成二维 $Ti_3C_2T_x$ 纳米片

Ti$_3$AlC$_2$

TMAOH
插层

Al(OH)$_4^-$
TMAOH
剥离

Al(OH)$_4^-$修饰和TMA$^+$
插层的碳化钛
(a)

表面为Al(OH)$_4^-$的碳化钛
纳米片

0.92 nm

Al
Ti
C

a
c

OH OH OH OH OH OH
Al Al Al
OH OH OH OH OH OH
C C C C C C
··· N N ···
C C C C C C
Al Al Al
OH OH OH OH OH OH

0.75 nm

0.25 nm Al(OH)$_4$
0.45 nm TMA
Al(OH)$_4$

(b)

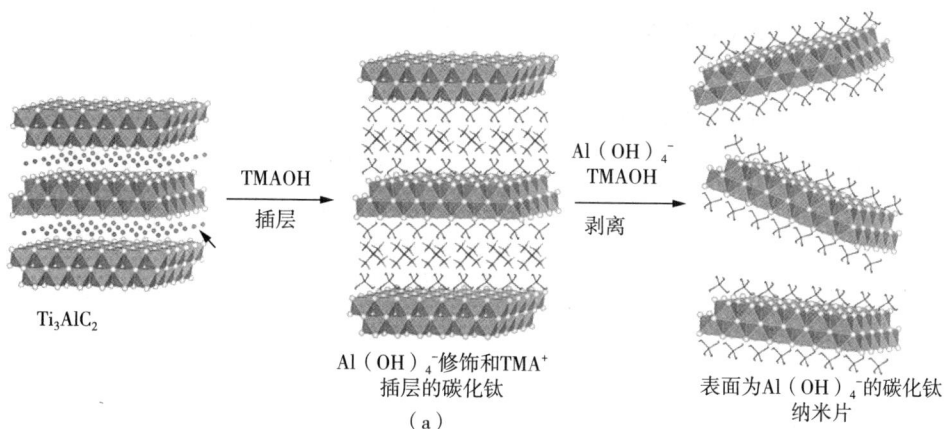

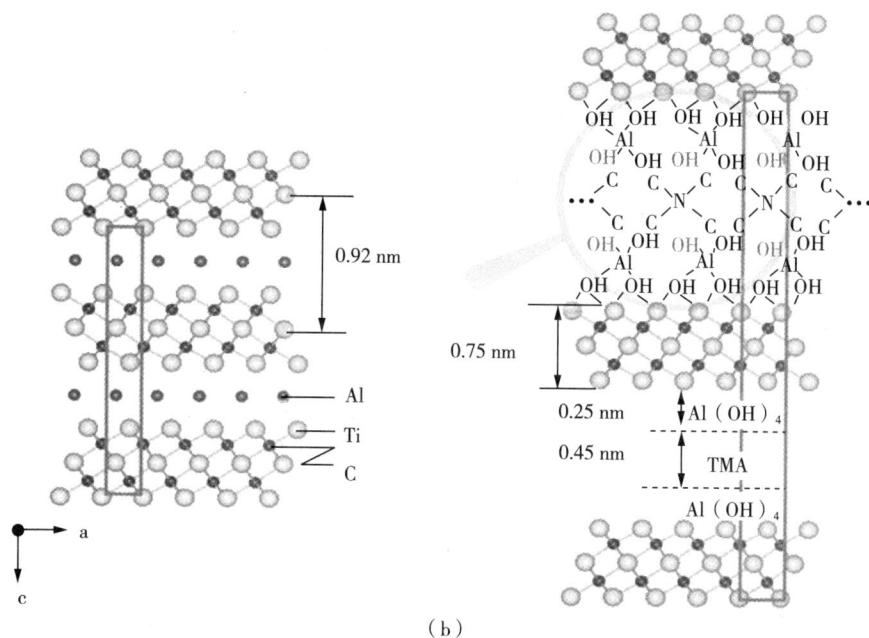

图 6-14 (a)显示夹层和分层过程的示意图,(b)Ti$_3$AlC$_2$ 被刻蚀前后的结构示意图

6.4.2 无机物插层剥离

和有机物插层剂相比,无机物插层剂的种类较少。LiCl 可用作多层 MXene 的嵌入剂,通过插入 Li$^+$ 来扩大其层间间距。随后减弱的层间范德华力使多层 MXene 能够在超声处理后分层为单层 MXene 纳米片。然而,该方法仅适用于由 HF/HCl 混合物刻蚀的多层 MXene。但是,LiCl 对于 HF 刻蚀制备的手风琴状的 MXene 的剥离效果一般,这说明在 HF 刻蚀过程中加入 HCl 对后续的剥离起到了促进作用,然而具体的分层机制尚未确定。值得注意的是,在 HF/LiCl 刻蚀剂中的 Li$^+$ 插入 Ti$_3$C$_2$T$_x$ 夹层后,可以进行进一步的离子交换以将大分子化合物嵌入夹层中。通过该方法获得的多层 MXene 可以直接

分层,而不需要任何额外的夹层,这是由于 Li^+ 自发插入多层 MXene 的夹层中,这扩大了 MXene 的层间间距,从而削弱了层间耦合。最后,单层 MXene 纳米片可以在简单的超声处理或手摇下获得。通常用 5mol LiF/6mol HCl 刻蚀的多层 MXene 的分层需要超声处理,而当刻蚀剂浓度增加到 7.5mol LiF/9mol HCl 时,分层可以通过简单的手摇处理实现。层间离子的插入不是分层的充分条件。NH_4^+ 也可以在二氟化盐刻蚀过程中插入,但多层 MXene 不能直接分层成单层。LiF/HCl 刻蚀法是使用超声波或手摇法将多层 MXene 直接分层为单层的唯一方法。分层的单层 MXene 通常在一些合适的溶剂中稳定,例如水、DMF 和 PC,形成均匀的胶体分散体。因此,HCl/LiF 刻蚀法因其简单和易于应用而受到欢迎。

6.4.3 机械剥离

机械分层是通过分层结构表面上的纵向或横向应力分离纳米片的另一种方法。这种方法已经被证明对石墨烯、MoS_2 和许多其他层状材料的剥落有效。然而 MXene 具有更强的层间相互作用,难以通过这种机械应力完全克服。有学者探究胶带剥离工艺将 Ti_2CT_x 纳米片剥离到 Si 晶片上。虽然在一定程度上实现了成功的分层,但它只能获得几层 MXene 纳米片,该工艺效率低,无法控制尺寸和形貌,因此很难得到实际应用。最近,循环冷冻−解冻辅助方法也被报道用于 MXene 的分层。冷冻水分子可以扩大多层 MXene 的层间间距,从而削弱强大的范德华力,这允许 MXene 在没有任何夹层的情况下容易分层。

6.5 MXene 的性质

6.5.1 电容性质

MXene 的氧化还原位点丰富,具有较高的电容。以 $Ti_3C_2T_x$ MXene 为例,Ti 的氧化态由于含氧端基的水合作用而不断变化,电位的变化为变价过渡金属提供了电荷转移能力。MXene 表面的端基在能量储存中也起到了关键作用。一般来说,—O 官能团比 —OH 和—F 更稳定,这是因为它们在 MXene 层中与 M 元素共用电子数更多,充放电过程中 MXene 的—O 端基和—OH 端基之间的转换为氧化还原反应提供了大量的活性位点 $Ti_3C_2T_x$ MXene 的电荷转移机制如下:

$$Ti_3C_2O_x(OH)_yF_z + \delta e^- + \delta H^+ \Longrightarrow Ti_3C_2O_x - \delta(OH)_y + \delta F_z$$

二维 MXene 独特的层状结构意味着更大的表面积,多层结构更便于离子插层和传输。在催化领域,较大的比表面积可以提供更多的活性位点;而在超级电容材料领域,可以用其制造的超级电容器有卓越的体积比电容。器件的高能量密度和功率密度,体现了 MXene 良好的储能能力。此外,层状结构使 MXene 可以适应各种插层剂,这有利于扩大 MXene 的电化学反应活性比表面积,提升赝电容和循环稳定性。

6.5.2 导电性

导电性与原子间轨道能级相关,由于 Me_g 和 C2p 原子间轨道能级相差较大,轨道之间的杂化相对较弱。因此,配体场分裂能(10Dq)相对于 d 轨道的带宽较小,产生了金属能带结构,使得 MXene 具有金属的性质。MXene 主要是通过形成 M-X 键调整金属性质,同时导电性也受到它们的表面性质和形态的极大影响。MXene 的表面端基官能团—F和—OH 基团的氧化态相似,只允许接收一个电子。而—O 基团的行为与之相反,在静止态占据了两个电子。调整 MXene 的表面端基官能团,可以明显改变 MXene 的电子性质。MXene 的形态对电导率也有很大影响,单层和大尺寸薄片比多层和小尺寸薄片具有更好的相互作用,通常会提高电导率。与其他 2D 材料(如石墨烯或金属硫化物/氢氧化物)相比,$Ti_3C_2T_x$ 薄膜含有丰富的官能团,有利于导电性。

6.5.3 机械柔性

MXene 具有六边形结构,在二维 MXene 中,X 层(C 或 N)排列在两层过渡金属 M 之间。一个过渡金属离子的键合度通常为 6,可以认为 2D MXene 中的过渡金属与相邻的 X 原子和键合官能团形成 6 个化学键(Y═O、F、OH),生成 M_2XO_2、M_2XF_2 和 M_2X $(OH)_2$。在一些特殊的情况下,过渡金属有足够的电子支持 X 和 Y,MXene 的 M 有两个官能团,成为最稳定的结构。端基官能团占据了表面上的位置,使 MX 键达到了它们的最高共价键强度。在可逆的电化学插层反应过程中,稳健的层间键合保证了多层结构的稳定性。碳化物和氮化物 MXene 的杨氏模量都随着层数 n 增加而降低。此外,氮化物 MXene 的层数 n 超过碳化物 MXene。

6.6 MXene 的应用

基于如上所述的 MXene 的新颖结构,包括丰富且可调的表面端基、可控的层间间距,MXene 和 MXene 基材料在能量存储/转换系统中被广泛研究,包括超级电容器、电池和催化剂,这些对整合可再生能源和改善环境至关重要。在此,我们将简要总结 MXene 的能源应用发展,主要集中在受表面端基和层间间距影响的超级电容器、电池和催化剂。

6.6.1 能量储存

随着人口增长和工业化发展,目前令人担心的是能源短缺。因此,对清洁、可再生能源和储能设备(包括锂离子电池、超级电容器和太阳能电池)的研究亟须进一步发展。由于其优异的导电性和有效的离子传输,MXene 已被证明是电化学电容器或各种可充电电池应用(如锂离子、钠离子和锂-硫电池)中的理想电极材料。

6.6.1.1 超级电容器

超级电容器提供了具有高功率密度但能量密度低的替代能量存储。因此,最重要的研究问题之一是提高超级电容器的容量。MXene 具有带电子结构,巨大的比表面积和各种表面的活性位点,是超级电容器的最有潜力的材料。根据电荷存储机制,超级电容器可分为双电层电容器(EDLC)和法拉第准电容器(伪电容器)。EDLC 通过在电极表面吸附纯静电荷来存储能量。而法拉第伪电容器主要通过活性电极材料表面及其附近的可逆氧化还原反应产生,从而实现能量存储和转换。近年来,提高超级电容器的能量密度已成为一个热门话题。根据能量密度(E)方程:$E=CV^2/2$,提高比电容(C)和扩大工作电压(V)是基本方法。一方面,研究人员通过提高电导率、增加比表面积和设计特殊结构来优化电极材料;另一方面,拓宽工作电压通常用于筛选电解质系统和优化装置设计。由于插层赝电容机制,MXene 在具有高性能的超级电容器上显示出巨大潜力,归因于其层状结构和表面端基。因此,MXene 的层间间距和官能团的工程可以对超级电容器的性能产生显著影响。具有更多—O 端基的 LiF/HCl 刻蚀的 $Ti_3C_2T_x$ 在 $2mV \cdot s^{-1}$ 的酸性电解质中可以显示出 $900F \cdot g^{-1}$ 的更高电容,而从 HF 刻蚀方法获得 $Ti_3C_2T_x$ 在 $2mV \cdot s^{-1}$ 的酸性电解质中的电容仅为 $245F \cdot g^{-1}$,这归因于表面氧化还原过程及可能改进了层间间距。

在 2017 年,有人报道了通过氮掺杂改善 $Ti_3C_2T_x$ 超级电容器性能的可行性。如图 6-15(a)所示,在 $200-700$℃下 $Ti_3C_2T_x$ 在氨的退火过程中,$Ti_3C_2T_x$ 结构中的 C 原子将被 N 原子取代。同时,N 杂原子掺杂可能导致 $Ti_3C_2T_x$MXene 的层间距离增大。随着 N 掺杂和增加的夹层如图 6-15(b)所示,N-$Ti_3C_2T_x$—200℃时,电容显著提高。

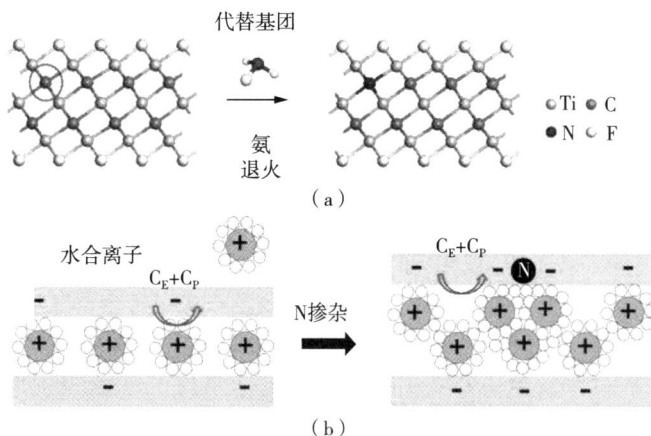

图 6-15 (a)掺杂有氮原子的 $Ti_3C_2T_x$-MXene 的示意图;(b)$Ti_3C_2T_x$ 和 N 掺杂 $Ti_3C_2T_x$-MXene 中水合电解质离子电荷存储的示意图

MXene 还广泛用于与不同材料匹配的不对称超级电容器,如过渡金属氧化物、双金属氧化物和导电聚合物。同时,还开发了柔性储能电子产品,包括基于 MXene 基的小型化和便携式超级电容器,如光纤可拉伸超级电容器、平面叉指微型超级电容器以及 3D 打印独立式超级电容器。2019 年,耿等人报道了基于 MnO_2 和 Ti_3C_2 MXene 的柔性非对称叉指式固态超级电容器。在文中展示了 Ti_3C_2//MnO_2 叉指式平面非对称微超级电容器的结构,与传统的夹持式超级电容器相比,该结构在水平方向上具有离子转换,改善了离子扩散。MnO_2 和 Ti_3C_2 在具有互补性的酸性电解质中都表现出竞争性伪电容行为,因此它们可以高度匹配。与 MXene 膜类似,组装的传统夹层结构超级电容器显示出明显的厚度依赖性行为。对于平面非对称微型超级电容器当厚度从 $13\mu m$ 增加到 $26\mu m$ 时,仅从 $112F \cdot g^{-1}$ 下降到 $106F \cdot g^{-1}$($155 \sim 295mF \cdot cm^{-2}$)。此外,它提供了 $58 \cdot W \cdot h \cdot kg^{-1}$ 的具有竞争力的能量密度($162\mu \cdot Wh \cdot cm^{-2}$),这是由于高活性材料利用率和优异的动力学。

此外,将电容器型阴极和电池型阳极组合成混合电容器也是很有前景的电化学储能器件之一。已经发现,与 Li/Li^+ 相比,基于 MXene 的电极通常在 3V 以下的典型电位范围内工作,这表明它们在电容器类型的器件中的应用,包括锂离子电容器,钠离子电容器和锌离子电容器。在 2019 年有人报道了基于 K^+ 插层 V_2C-MXene(K-V_2C)阳极和普鲁士蓝类似物[$K_xMnFe(CN)_6$]阴极的钾离子电容器,表现出优异的速率性能和高容量。显然,具有可调表面端基、可控层间距的 MXene 在各种电化学电容器中表现出巨大的潜力。重要的是,电容器的性能可以通过调整表面端基、中间层和复合材料的不同策略进行高度设计。

6.6.1.2 金属离子电池

基于 2D 材料的可充电电池具有非凡的物理和化学特性,由于其高可逆容量,高能量密度和优异的可循环性,已成为当前研究领域的焦点。这些设备发展的一个主要障碍是无法获得具有令人满意的电池性能的电极材料。

因此,开发新的电极材料,特别是那些具有大容量储能的电极材料,将将极大地促进电池技术的创新。由于插层过程中优异的电子特性和固有的金属性,MXene 在不同类型的电池上显示出巨大的潜力,因为其具有广泛的离子存储夹层。Ti_3C_2 上 Li、Na、K 和 Ca 的计算容量分别为 447.8、351.8、191.8 和 $319.8mA \cdot h \cdot g^{-1}$。上面讨论的理论计算已经证明了 MXene 在电池中的应用前景以及性能对表面端基和夹层的依赖性。简言之,MXene 的电子性质与表面端基密切相关,这将影响阳离子和 MXene 层之间的吸附能,最终导致不同的储能性能。例如,表面官能团可以显著影响电池电压和容量。唐等人通过密度泛函理论研究了带端基—F 和—OH 的二维 MXene 的电子特性和储锂能力。结果表明,Li 和 Ti_3C_2 基材料之间产生了强烈的库仑吸附,但保持了它们的结构以及裸露的 Ti_3C_2 单层,显示出低的 Li 迁移阈值和大的 Li 保存容量。另一方面,夹层的工程设计会对电池的性能产生很大影响。在 2016 年,有人制备柱状 Ti_3C_2MXene[CTAB - Sn(IV)@Ti_3C_2]通过简单的液相十六烷基三甲基溴化铵(CTAB)预压和 Sn^{4+} 支柱方法。Ti_3C_2MXene 的层间间距可以根据插层剂(阳离子表面活性剂)的大小进行控制,可以达到 2.708nm,与原来的 0.977nm 间距相比增加了 177%,这是目前所报道的最大值。由于支柱效应,基于 CTAB - Sn(IV)@Ti_3C_2 组装的 LIC 表现出 $239.50Wh \cdot kg^{-1}$ 的优异能量密度和 $10.8kW \cdot kg^{-1}$ 的高功率密度。当 CTAB-Sn(IV)@Ti_3C_2 阳极与商用交流阴极耦合,与传统 MXene 材料相比,LIC 显示出更高的能量密度和功率密度。CTAB - Sn(IV)@Ti_3C_2 的制备示意图如图 6 - 16。Ti_3C_2MXene 的层间间距可以根据插入的预处理剂来控制。最终样品具有优异的速率性能和 $765.6mA \cdot h \cdot g^{-1}$ 的可逆容量可在循环后恢复。此外,宋等人还报道了 CO^{2+} 和 Sn^{4+} 插层 V_2C MXene 的系统研究,该研究提高了锂离子容量。当电流密度恢复到 $0.1A \cdot g^{-1}$ 时,V_2C@Sn 电极提供了惊人的速率性能,在 90 次循环后几乎没有容量衰减。1600 次循环后,容量保持在 90% 以上,不同电流密度下的库仑效率接近 100%。优异的性能可归因于 Li^+ 在膨胀夹层中的快速扩散和 V-O-Sn 键合稳定了 V_2C 结构。此外,MXene 还广泛用于钠离子电池和钾离子电池。

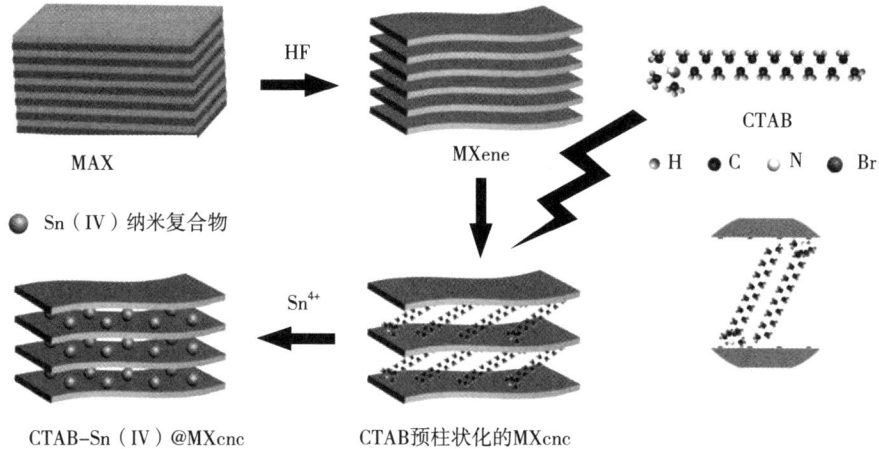

图 6-16　CTAB-Sn(IV)@Ti_3C_2 通过 HF 刻蚀、CTAB 预柱状化和 Sn^{4+} 支柱方法制备示意图

另一种可充电电池,锂硫(Li-S)和钠硫(Na-S)电池,由于其高容量和高能量密度,引起了大家的关注。将 MXene 用作具有高电导率和高活性 2D 表面的 Li-S,Na-S 电池中的硫主体,通过金属-硫相互作用化学键合多硫化物。在主要含硫量较高的情况下抑制多硫化物穿梭是其实际开发面临的主要挑战。在 2015 年,有人报道称,二维早期过渡金属碳化物导电 MXene 为令人印象深刻的超级电容器材料,由于其固有的高底层金属导电性和自功能化表面,其表现为优异的硫电池主体,并且首次证明 Ti_2C MXene 作为硫电池的正极主体材料是非常有效的,即使在 70wt%S 的情况下也能提供非常稳定的循环性能和高容量,结合过渡金属碳化物(远高于氧化石墨烯)的高二维电子传导率和结合硫化物的暴露的末端金属位点的优点(图 6-17)。如 X 射线光电子能谱(XPS)分析所揭示的,硫或硫化物取代了羟基,与其形成了强烈的 Ti-S 相互作用。总之,在这篇报道中,已经表明具有亲水表面的高导电碳化物二维 Ti_2C 纳米片作为 Li-S 电池的硫主体是有效的。通过使硫与 Ti_2C 纳米片的水合表面反应,形成了由 70S/d-Ti_2C 组成的高度均匀的正极。通过 XPS 分析确定的界面处 S-Ti-C 键的存在表明多硫化物在"酸性"Ti 位点和羟基表面基团上的强烈相互作用和化学吸附。在电池中,我们提出初始吸附的多硫化物将通过经由 Ti_2C 的电子转移或通过歧化在表面上形成多个 Li_2S 成核位点而转化为 Li_2S。随着硫的逐步消耗产生更多的多硫化物,这些多硫化物被还原为硫化物,其将优先外延沉积在现有的 Li_2S 核上。这有效地延缓了多硫化物在电解质中的溶解,并提供了非常好的循环性能,每个循环的容量衰减率为 0.05%。因此,可以认为界面介导的 LiPS 还原在抑制活性材料损失方面起着重要作用,甚至可能对羟基化碳化钛表面比氧化物更有效。

目前,金属阳极在高能量密度电池中发挥着不可或缺的作用,因为其理论比容量高,电化学电势低。MXene 已经被用作金属阳极的稳定主体,包括锂、钠、钾、和锌,这是因为其易于分层、丰富的表面积、端基和高导电性,以抑制枝晶的形成。例如,2019 年,Wu 及其同事报道了基于导电和亲锂三维 $Ti_3C_2T_x$ MXene/石墨烯(MG)框架的锂金属阳极。

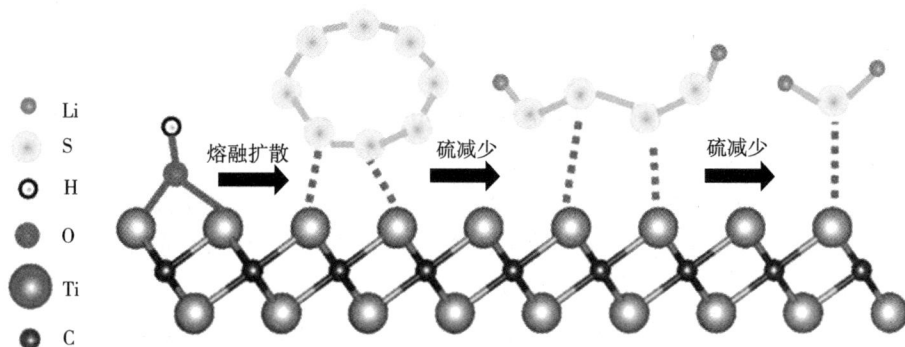

图 6-17 在热处理或与多硫化物接触时,用 S—Ti—C 键替换 MXene 表面上的 Ti—OH 键

在 MG 复合材料中,MXene 膜均匀分散在大型 GO 纳米片的表面上。在熔融锂的强脱氧能力期间,rGO 上的亲锂含氧基团将被去除。结合密度泛函理论计算,与石墨烯相比,MXene 表面更亲锂,结合能更大,导致电镀过电位更低,Li 沉积更平滑。最终的 MG—Li 对称电池在超过 500 小时内显示出平坦且一致的电压分布。相反,Li 箔和 rGO—Li 对称细胞分别在 30 和 90 小时后急剧增加。显然,MXene 在不同类型的电池上表现出巨大的潜力,仍然需要通过关注表面端基、层间间距和复合材料来提高更好的性能。

6.6.2 能量转换

鉴于过度使用传统资源造成的日益严重的环境污染和能源短缺,从地球上丰富的资源中获取清洁和可再生能源至关重要。因此,迫切需要探索能量转换技术。具有大表面积、电化学性质、调节形态和丰富活性位点的二维 MXene 被认为是能量转换设备的理想候选者,包括析氢反应(HER)、析氧反应(OER)和氧还原反应(ORR)。

6.6.2.1 析氢反应

作为水电解反应的一部分,HER 工艺提供了广泛的清洁能源 H_2。与传统贵金属催化剂相比,二维 MXene 基材料具有相对较低的价格,具有一定的优势。特别的,应当注意,二维 MO_2C 的氢键能类似于常规 HER-Pt 催化剂中的氢键能,MO_2C,以及其他碳化物具有与 Pt 相似的氢结合能,将其定位为 HER 的潜在高活性材料。鉴于催化性能与其结构性质密切相关,预计具可调控的电子结构和丰富暴露活性表面的 MO_2C 纳米片将有利于高 HER 活性。William 等人探索了用于 HER 实验的单层和多层碳化钼(β-MO_2C)纳米片的内在活性。通过分层和离心分离从层状氧化物制备 β-MO_2C 纳米片材料。如图所示,6-18(a),单层 β-MO_2C 表现出 $59.3\pm6mA \cdot mg^{-1}$ 的 MO_2C 的质量活性,在 $-0.2V$ 的可逆氢电极(RHE)情况下,约为多层 β-MO_2C 对应物($5.3\pm2mA \cdot mg^{-1}$ 的 MO_2C)的 10 倍。这种现象归因于较大的表面积和更多的活性基团,在这些基团上 H 的结合能被优化用于反应。如图 6-18(b)所示的循环稳定性试验所示,单层 β-MO_2C 的活性增加是由暴露的活性位点的固有活性和数量增强引起的。此外,如循环稳定性测试所示,在 $-0.2V$ RHE 情况下,单层 β-MO_2C 在 10000 次循环后仍具有一致的质量活度。除了单个 MXene 材料外,MXene 基纳米复合材料还被用于能源相关领域。在 2020 年有学者报道,在这项工作中,建立了一种简单的湿化学方法,用于在具有高效光催化活性的层状 MXene 上沉积 CuS 纳米晶体(NC)。通过在 HF 溶液刻蚀 MAX 相,然后用四甲基氢氧化铵溶液(TMAOH)嵌入合成的多层 $Ti_3C_2T_x$,然后通过硫与铜前体的原位反应制备 CuS/MXene 纳米复合材料其制备方法如图 6-19 所示。探索了一种独特而简单的配体交换技术,将所得 CuS/MXene 纳米复合材料溶解在水溶液中,以研究所得样品的光催化活性。与原始 MXene 和 CuS 相比,CuS/MXene 纳米复合材料在模拟阳光的照射下显示出更高的光催化 H_2 生成活性。CuS 沉积的几层 MXene 在所有样品中表现出最高的光催化活性,其 H_2 生成率可达 $4.245\mu mol \cdot g^{-1} \cdot h^{-1}$,分别是纯 CuS 和 MXene 的 1.42 倍和 1.49 倍。这项工作可能为构建 0D/2D 纳米复合材料和异质结构的通用方法铺平道路,以便在能量相关领域中有前景的应用。

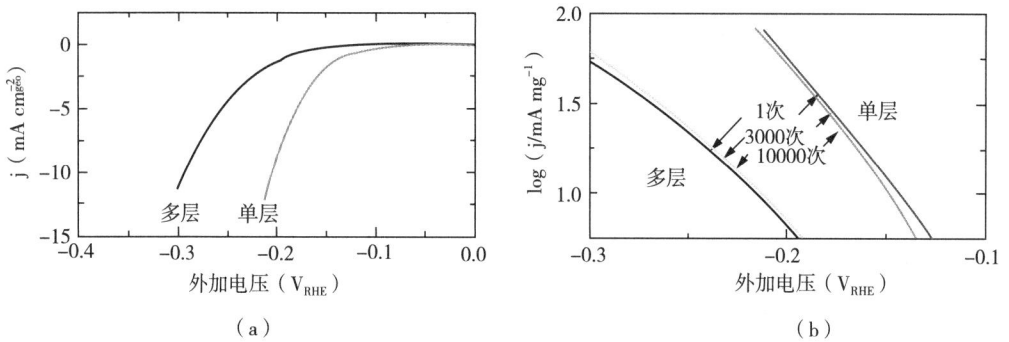

图 6-18 单层和多层的 MO_2C 的 HER 催化剂负载量为 30L·g^{-1} 和 40L·g^{-1},分别在 Ar 饱和 $0.1mol$ $HClO_4$ 中 1600rpm 和 20℃时的电解质:
(a)极化曲线;(b)催化剂在第 1 次、第 3000 次和第 10000 次循环期间的质量活性

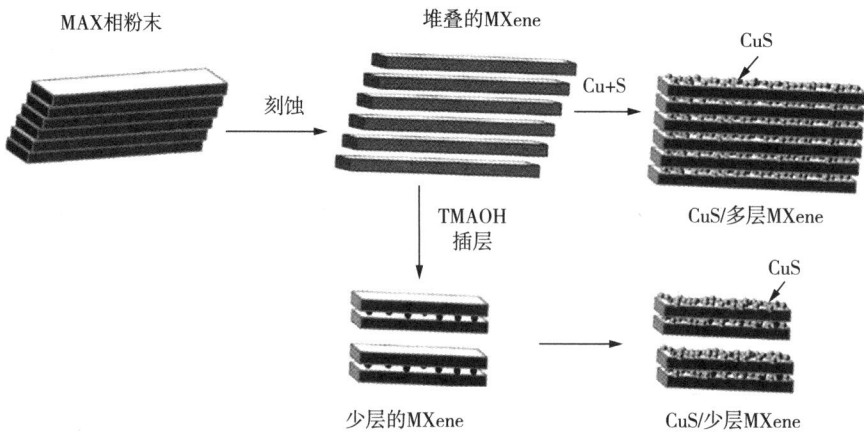

图 6-19 在层状 MXene 上沉积 CuS 纳米晶体的合成工艺示意图

6.6.2.2 氧还原反应

先进技术的进步,如燃料电池和金属空气电池,为解决环境挑战和能源短缺问题创

造了可行的替代方案。ORR 过程中具有增强活性和耐久性的电催化剂被认为是燃料电池主流应用所必需的。考虑到二维 MXene 具有较大的亲水性表面,具有突出的导电性和稳定性,它应该在电催化应用中显示出前景。一些报告讨论了与二维 MXene 基材料相关的电催化,如重叠的 $g-C_3N_4$ 和 Ti_3C_2 纳米片复合材料作为 OER 催化剂,以及用于 ORR 工艺的 MXene-Ag 组合。

最近,Lin 等人研究了超薄 Ti_3C_2 纳米片的 ORR 性能以及所得 Ti_3C_2 MXene 基催化剂在碱性介质中的活性。通过液体剥离和 TPAOH 分解,从体积大且刚性的 MAX 相陶瓷成功制备了独立的超薄 2D MXene 纳米片,Ti_3C_2 MXene 基催化剂在碱性介质中表现出理想的 ORR 活性和稳定性。该催化剂具有由表面层或末端的钛原子和内层的碳原子组成的三明治状结构,是理解这种 2D 逐层催化剂的 ORR 活性位点的完美模型系统。该研究提供了一种在碱性介质中利用具有理想 ORR 活性和稳定性的 Ti_3C_2 MXene 基催化剂的新途径,这证明了二维 MXene 在构建高性能和高成本效益电催化剂方面的潜力。

6.6.3　光电子和光学器件

自从第一次激光出现后,非线性光学(NLO)材料作为激光光学、光子学电路和光通信的重要结构部件受到了广泛关注。最近,有学者研究了少层的 $Ti_3C_2T_x$ 的宽带 NLO 器件在近红外区的响应。在他们的报告中,在 800nm 至 1800nm 的光谱区域中,观察到边际有损非线性吸收组合物的有效饱和吸收,因此最大非线性吸收系数(eff)约为 $10^{-21}m^2 \cdot V^{-2}$(或 10^{-13} ESU),与其他的二维材料的估计结果相似或更高。利用 $Ti_3C_2T_x$ 作为可饱和吸收剂,在 1066 和 1555nm 处进行锁模操作,有力地证明了有效宽带光开关的可能性。在电信窗口中生成脉冲持续时间短至 159fs 的高稳定性飞秒激光器相对容易。在另一份报告中,宋等人通过在微光纤上沉积几层 MXene 来制备一种新型全光器件,以探索电信频段的非线性光响应。合成的 MXene 光纤有望在非线性光学样品的四波混合(FWM)效应的基础上用作全光波长转换器,光波长转换器是光通信系统中的关键器件。基于 FWM 的方法的效率与所报道的材料相当,包括碳纳米管,石墨烯,拓扑绝缘体和黑磷。在实验中,没有观察到 MXene 样品的光学损伤。作者还验证了该设施的损伤阈值可以通过具有消逝场的功能化处理来提高,并进一步用于制造基于纤维的 FWM。此外,该器件以 59dB 的变换效率将调制信号范围转换为 10GHz,而不考虑是否存在掺铒光纤放大器。

6.6.4　传感器

除了储能、能量转换、光电和光学器件外,传感器相关应用是超薄 MXene 的另一个有前途的领域。所制备二维 MXens 表面具有多种功能端基,具有很强的亲水性和易于功能化。

气体传感被视为下一代可穿戴传感器的重大挑战。二维 MXene 独特的表面结构有利于吸收各种气体分子。在 2015 年,有学者研究了 NH_3、H_2、CH_4、CO、CO_2、N_2、NO_2 和 O_2 在单层 Ti_2CO_2 上的吸附,通过使用第一性原理模拟来探索其在气体传感或捕获中的潜在应用。在所有气体分子中,只有 NH_3 可以化学吸附在 Ti_2CO_2 上,表观电荷转移为 0.174e,在 Ti_2CO_2 的吸附能为$-0.37eV$,适用于气体在固体表面上的吸附或解吸(如图 6-20)。通过使用非平衡格林函数(NEGF)方法进一步计算了电流-电压(I-V)关系。在 Ti_2CO_2 上吸附 NH_3 之前和之后,传输特性表现出明显的响应,I-V 关系发生了显著变化。因此,我们预测 Ti_2CO_2 可能是具有高选择性和灵敏度的 NH_3 传感器的有前途的候选者。另一方面,NH_3 在 Ti_2CO_2 上的吸附可以随着 Ti_2CO_2 施加的应变的增加而进一步增强,而在相同应变下,Ti_2CO_2 对其他气体的吸附仍然较弱,这表明在该应变下 Ti_2CO_2 捕获 NH_3 比其他气体分子更优选。此外,Ti_2CO_2 上吸附的 NH_3 可以通过释放所施加的应变而逃逸,这表明捕获过程是可逆的。我们的研究拓宽了单层 Ti_2CO_2 不仅作为电池材料,而且作为具有高灵敏度和选择性的潜在 NH_3 气体传感器或捕集器的应用。此外,吴等人在这项研究中,通过实验和理论计算,报道了 Ti_3C_2-MXene 可以作为室温下 NH_3 检测的传感器,具有高选择性(如图 6-21)。Ti_3C_2MXene 是一种新型的二维碳化物,通过从 Ti_3AlC_2 上刻蚀掉 Al 原子来制备。通过插层和超声分散将制备的多层 Ti_3C_2MXene 粉末分层为单层。将单层 Ti_3C_2MXene 的胶体悬浮液涂覆在陶瓷管表面以构建用于气体检测的传感器。此后,使用传感器在室温下检测浓度为 500ppm 的各种气体(CH_4、H_2S、H_2O、NH_3、NO、乙醇、甲醇和丙酮)。与其它气体相比,基于 Ti_3C_2MXene 的传感器对 NH_3 具有高选择性。对 NH_3 的响应为 6.13%,是第二高响应(对乙醇气体的响应为 1.5%)的四倍。为了理解高选择性,进行了第一性原理计算以探索吸附行为。从吸附能、吸附几何结构和电荷转移,证实了与本实验中的其它气体相比,Ti_3C_2MXene 理论上对 NH_3 具有高选择性。此外,传感器对 NH_3 的响应随着 NH_3 浓度从 10 至 700ppm 几乎线性增加。NH_3 的湿度测试和循环测试表明,Ti_3C_2MXene 基气体传感器在室温下具有优异的 NH_3 检测性能。

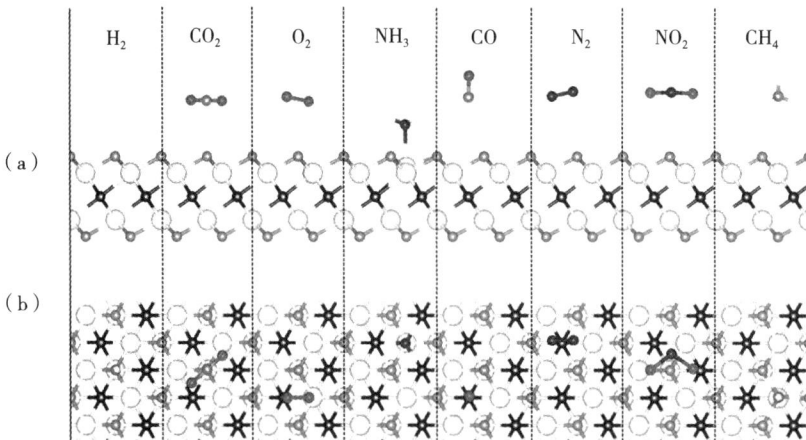

图 6-20 单层 Ti_2CO_2 上 NH_3、H_2、CH_4、CO、CO_2、N_2、NO_2
或 O_2 分子吸附的(a)侧视图和(b)俯视图的示意图

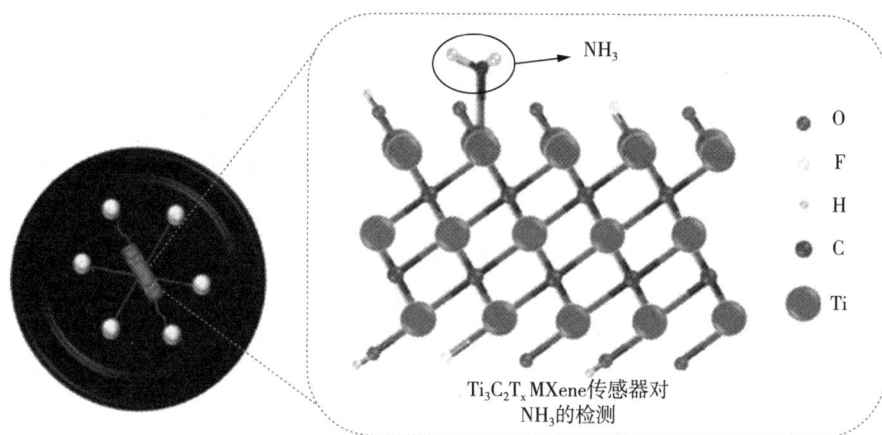

图 6-21 $Ti_3C_2T_x$ MXene 传感器对 NH_3 的检测示意图

除了气体传感器之外,超薄 MXene 也可以用作化学传感器。这正是由于 MXene 具有良好的导电性和官能团端基,这有利于形成稳定的亲水胶体,并能够与多种物种结合。Sinha 等报道了胶体二维 $Ti_3C_2T_x$ 纳米片作为电化学传感器用于氨基甲酸酯类农药的快速电分析过滤。分层的 $Ti_3C_2T_x$ 利用薄片制备薄膜电极,基于在 $0.5mol$ H_2SO_4 中对农药的单位微分脉冲伏安法响应。实验结果表明确认甲氧羰基和二乙氧羰基氧化信号可以基于 $0.35V$ 的电位差简单地分离,有助于甲氧羰基与二乙氧基羰基的选择性检测。后来,尤和他的同事制造 $Ti_3C_2T_x$/PPy 复合材料,然后将其沉积在玻璃体碳电极上,探索抗坏血酸干扰作用下多巴胺和尿酸的同步检测(如图 6-22)。制备的单层 $Ti_3C_2T_x$ 有利于聚吡咯纳米线的原位生长,并提供更活跃的电化学位点。此外,实验结果证实复合材料的异质结构可以促进目标污染物的电子传输的效率。

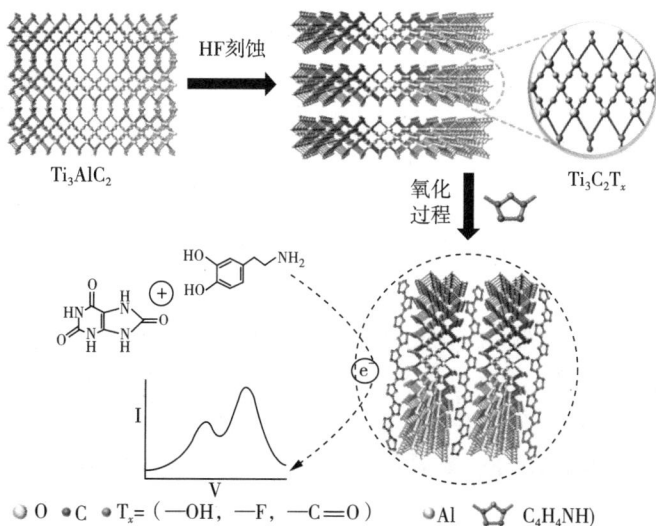

图 6-22 MXene/PPy 纳米复合材料的合成示意图

6.6.5 电磁干扰(EMI)屏蔽

电子设备变得越来越智能,越来越小,而且每天都在增加。任何传输、分配或使用电能的电子设备都会产生电磁干扰(EMI),对设备性能和周围环境产生不利影响。随着电子设备及其组件以更快的速度和更小的尺寸运行,EMI会大幅增加,这会导致电子设备出现故障和退化。如果不提供屏蔽,电磁污染的增加也会影响人体健康和周围环境。有效的EMI屏蔽材料必须既减少不期望的发射,又保护部件免受杂散外部信号的影响。EMI屏蔽的主要功能是使用与电磁(EM)场直接相互作用的电荷载流子反射辐射。因此,屏蔽材料需要是导电的。然而,导电性并不是唯一的要求。由于材料的电偶极子和或磁偶极子与辐射相互作用,EMI屏蔽的第二机制需要吸收EM辐射。高电导率是决定屏蔽的反射率和吸收特性的主要因素。然而,解释多重内反射的第三种机制研究较少,但对EMI屏蔽效果有很大贡献。这些内部反射来自屏蔽材料内的散射中心和界面或缺陷位置,导致散射,然后吸收电磁波。此前金属基护罩是对抗EMI干扰的常用材料,但由于设备和部件较小,金属基材料会增加额外的重量,易腐蚀,因此需要寻找因此,需要轻质、低成本、高强度和易于制造的屏蔽材料。

根据先前的研究,二维MXene具有良好的导电性,因此被认证为增强EMI性能的潜在候选者。Shahzad等人发现MXene材料具有优异的导电性与柔韧性可以提供最小厚度的EMI屏蔽。当它们被加工成薄片时更是如此,这得益于制备的薄膜的优异的电导率及$Ti_3C_2T_x$在独立薄膜中的多重反射,然而,如何将单片的MXene薄膜的这些优异性能转化为宏观独立薄膜仍然是一个很大的挑战。基于这种情况,有学者报道,制备$Ti_3C_2T_x$具有高强度和增强导电性的薄膜,使用大横向尺寸的单层纳米片。通过控制反应条件,用取向薄片获得独立薄膜,以生产大尺寸的单层$Ti_3C_2T_x$薄片,然后是可扩展的叶片涂层技术。所制备的薄膜由于合成了高纵横比纳米片,并形成了液晶样品和适当的分散流变特性,因此表现出高度取向的结构,具有出色的电子和机械性能。合成的厚$Ti_3C_2T_x$薄膜表现出50dB的增强EMI屏蔽效果,超过了大多数同等厚度的材料。此外,其他研究也显示了类似的结果。少层的$Ti_3C_2T_x$之间的接触电阻可以通过结构偏差和缺陷进行调节,这会进一步影响导电性,从而影响总EMI屏蔽效果。

除了平面膜结构材料外,李等人还构建了$Ti_3C_2T_x$/聚苯胺(PANI)/3D纳米花结构的液态金属多微球。$Ti_3C_2T_x$/PANI复合材料采用原位聚合法合成,然后在单层$Ti_3C_2T_x$片上沉积,然后,通过添加Galen液态金属(LM)纳米颗粒设计了三元配合物,以增强导电性和稳定性。最终,以碳织物为基底,制备了一种在$8.2\sim12.4GHz$时具有52.0dB优异EMI屏蔽性能的导电复合材料。正如作者所证明的那样,额外的PANI可以有效地防止单层MXene纳米片的重新堆叠,并增加键合强度,以构建具有增强导电通道的"花形"结构。此外,LM纳米颗粒的掺入有利于建立相互连接的导电路径,从而进一步提高EMI性能。当入射电磁波到达复合材料表面时,一部分电磁波被反射,另一部分进入纳米花结构,最终通过多次反射被吸收。由于这种复合材料能够实现有效的EMI屏蔽,因此该复合材料有望应用于EMI屏蔽区域。

6.6.6 环境应用

随着技术和工业的不断发展,环境保护已成为现代社会迫切关注的问题。因此,对环境修复材料的需求正在急剧增加。二维 MXene 材料被认为是最有前途的候选材料之一,因为它们具有高比表面积、带负电荷的表面和亲水基团,导致优异的吸收性能和丰富的活性位点。Rosales 等人首次报道了少层和多层的 MXene 前所未有的砷光氧化行为和吸收性能。合成的二维 $Ti_3C_2T_x$ 能有效地将高度危险的 As(Ⅲ)氧化为危害较小的 As(Ⅴ),并且对两个物种都有显著的吸收能力(分别约为 44% 和 50%)。通过对光催化除砷和活性氧的产物进行详细的定量分析,可以知道,少层的 $Ti_3C_2T_x$ 纳米片能够产生比多层 $Ti_3C_2T_x$ 纳米片高达 4 倍的羟基自由基数量。这种影响可能归因于其 TiO_2 活性位点的含量较高,其贡献了更多的氧化还原位点,从而提高了催化性能。更重要的是,作者还证明,调节少层的 $Ti_3C_2T_x$ 吸附 As(Ⅲ)的主要因素源自氧阴离子 $HAsO_4^{2-}$ 并且—OH 基团分布在整个表面,而不是之前所承认的静电力或物理吸收。少层的 $Ti_3C_2T_x$ 检测到的特殊双重效应使其成为去除污染水中砷的合适候选者。另一方面,MXene 纳米片用于构建 MXene 基异质结材料。$ZnIn_2S_4$ 作为一种很有前途的催化材料受到了广泛的关注,但仍受到光生电子和空穴的快速复合的限制,这与大多数单独的催化剂类似。最近,有学者报道了分级的 $Ti_3C_2T_x/ZnIn_2S_4$ 的制备,并进一步探讨了其在可见光照射下的光催化性能。复合材料对重铬酸钾[Cr(Ⅵ)]还原和甲基橙(MO)降解表现出良好的光催化效率,45 分钟内降解率分别为 93.4% 和 96.9%。由于三维分层异质结构的形成以及扩展的光响应范围,5% 的 $Ti_3C_2T_x/ZnIn_2S_4$ 显示出最高的可见光吸收能力以及优异的电荷分离能力和最佳的结构稳定性。一系列实验表明,由于协同效应,二维 MXene 的引入确实通过增加光生电子-空穴对的分离来增强催化性能。随着所得复合材料的异质结构和肖特基结的形成,界面相互作用有利于电荷转移,从而促进空间电荷分离和传输。

6.6.7 总结与展望

本章概述了新型碳基材料二维碳化物 MXene 的制备及其在储能、能量转换、传感器、光电子、光学器件、电磁环境等领域的应用进展。已经开发了各种制备方法,包括 HF 刻蚀、原位 HF 刻蚀、熔盐刻蚀、电化学刻蚀法、CVD、自组装和模板辅助生长方法,用于生产各种二维 MXene。由于二维 MXene 极大地抑制了 MXene 薄片的重新堆叠,因此暴露了化学反应的更多活跃区域。二维超薄层结构和高导电性也提供了相互穿透的高速率电荷载流子和离子传输途径。由于二维 MXene 丰富的端基和活性位点在加速化学反应和允许加载和连接其他功能复合材料方面起到有利作用,二维 MXene 在广泛的应用中表现出巨大的潜力。在光电化学能量存储和转换方面,二维 MXene 在电子技术中显示出巨大的潜力,因为它具有高速率电荷载流子传输路线和少数堆叠层之间的固有电学特性。在传感器中,二维 MXene 丰富的活性位点和巨大的比表面积可能会加快响应速度。此外,二维 MXene 表面具有多种功能端基的固有属性可用于携带各种亲水性大分子和功能纳米材料,用于生物和医学研究领域的复杂表面装饰。此外,二维 MXene 基材料的显著生物学相容性已通过现有研究得到证实。最后，二维 MXene 基异质结构材料可以通过将多种功能材料与其结构或表面相结合来合成。因此，二维 MXene 在储能、能量转换、传感器、光电和光学器件方面的使用性能增强。

虽然在二维 MXene 方面取得了令人着迷的成就，但仍然存在一些困难和挑战。为了进一步推动研究领域的进步，必须克服许多障碍。克服这些挑战将为二维 MXene 及其应用的研究创造更多机会。在这里，我们详细阐述了对这些挑战和未来机遇的主观评估。面临的最重要挑战是二维 MXene 的合成。目前通用的材料合成方法以严格和危险的酸刻蚀为主。就地制造氢氟酸可以在一定程度上减轻有害的环境影响。追求更环保的合成策略，如自组装生长和 CVD，势在必行。此外，实验过程中表面端基的控制和修饰尚不清楚。获得非端基的二维 MXene 对于了解其特性至关重要，但这通过水性酸刻蚀策略是不切实际的。CVD 似乎是一种适当的方法，可以通过控制实验条件来生长具有特定层数的二维 MXene 薄膜。然而，二维 MXene 通过 CVD 生长的晶体结构在很大程度上取决于前驱体和反应设备的规模，限制了该方法的潜力。因此，应探索和开发更多的合成路线，如分子束外延和盐模板生长。此外，关于化学刻蚀过程中层状体系的剥离，包括 MXene 在内的块状层状材料的插层尚未得到仔细探索。挑战在于实现插层，然后是有效地去角质，并开发新的途径以提供缺陷更少的产品。尽管只有最小的残余力可以保持并防止 HF 刻蚀多层 MXene 快速分裂成单独的层，但没有初步离子插层的简单超声方法确实会导致二维 MXene 的产量低下。

然后，实现二维 MXene 结构和组成的高水平调控和优化具有挑战性。尽管二维 MXene 在制造和应用方面取得了重大成就，但相关机制仍然模糊不清，尤其是缺陷和表面端基的作用。事实上，由于合成过程复杂而艰巨，很少有研究集中在反应过程上。尽管官能团和缺陷的分布和数量对二维 MXene 的特性有很大影响，但它们仍然不清楚。因此，在推进对不同实验条件的探索的同时，计算方法值得更多关注，以预测结构和性质以及合成方案的优越性。理论计算可用于证明在制备过程中形成多层 Ti_2C_3 而不是单层纳米片。最后，提高二维 MXene 材料的稳定性势在必行，这对于实际应用至关重要。根据之前的研究，二维 MXene 纳米片在潮湿的空气或水中都有降解的倾向。目前的探索大多证实低温和脱氧足以防止二维 MXene 的表面氧化，并为它们的储存提供了指导，以保持其先天特性。然而，对二维 MXene 胶体溶液的寿命和变质机制仍然没有详尽的研究。因此，迫切需要对该机理进行深入的研究，以更好地实现和拓宽二维 MXene 的应用。

此外，另一个问题是扩大二维 MXene 的潜在实际应用。正如本章正文所述，尽管二维 MXene 在多样化应用方面具有很高的前景，但仍有许多问题亟待解决。二维 MXene 纳米片由于其二维超薄层结构和高导电性，在能量转换和存储装置方面显示出巨大的潜力。但目前的数据仍然与理想规模的实验室测试有关，而不是大规模的工业设备。因此，仍然需要作出巨大努力。此外，二维 MXene 的应用主要局限于能量转换和存储。因此，应努力探索其潜在应用，例如在环境和生物学领域。因此，有必要充分利用理论预测方法探索尚未得到全面认可的特性，以扩展二维 MXene 纳米片的应用。

思考题：

1. MXene 的通式可以怎么表示？其微观结构具有什么特征？

2. 一般通过刻蚀 MAX 相前驱体来获得 MXene，常用的刻蚀方法有哪些？

3. 一般不同的刻蚀方法获得的 MXene 含有一些不同的表面官能团，例如：—O、—F、—OH 等，通过什么方法刻蚀可以获得不含—F 表面官能团的 MXene？

4. 从 MXene 的微观结构与性质来看，MXene 还有可能应用在哪些领域？

参考文献

［1］NOVOSELOV K S，GEIM A K，MOROZOV S V，et al. Electric field effect in atomically thin carbon films［J］. Science，2004，306(5696)：666 – 669.

［2］NAGUIB M，KURTOGLU M，PRESSER V，et al. Two-dimensional nanocrystals produced by exfoliation of Ti_3AlC_2［J］. Advanced Materials，2011，23(37)：4248 – 4253.

［3］DU Y T，KAN X，YANG F，et al. MXene/Graphene heterostructures as high-performance electrodes for Li-ion batteries［J］. ACS Applied Materials & Interfaces，2018，10(38)：32867 – 32873.

［4］PERSSON I，GHAZALY A E，TAO Q，et al. Tailoring Structure，composition，and energy storage properties of MXenes from selective etching of in-plane，chemically ordered max phases［J］. Small，2018，14(17)：e1703676.

［5］KAMYSBAYEV V，FILATOV A S，HU H C，et al. Covalent surface modifications and superconductivity of two-dimensional metal carbide MXenes［J］. Science，2020，369(6506)：979 – 983.

［6］DRUFFEL D L，KUNTZ K L，WOOMER A H，et al. Experimental demonstration of an electride as a 2D material［J］. Journal of the American Chemical Society，2016，138(49)：16089 – 16094.

［7］GHIDIU M，LUKATSKAYA M R，ZHAO M Q，et al. Conductive two-dimensional titanium carbide 'clay' with high volumetric capacitance［J］. Nature，2014，516(7529)：78 – 81.

第7章 骨架碳

7.1 骨架碳的简介

骨架材料在我们的日常生活中扮演了非常重要的角色,应用领域包括了能源、催化、分离纯化和生物医药等。传统的多孔材料包括沸石、二氧化硅、金属氧化物以及聚合物等,通常为全无机或全有机材料,其中大多数材料存在着结构不可控和孔道不规则等问题,因此难以深入研究其构效关系。例如,沸石作为一种晶型多孔固态材料,具有良好的稳定性、周期性结构和本征酸性,已广泛应用于工业吸附和催化领域,但酸性位点分布的合理调控仍面临巨大挑战,同时孔结构种类的局限性进一步限制了沸石的应用。骨架碳是一种特殊的、具有多孔结构的新型碳材料,具有可调节的组分和孔道结构,大类可以分为金属有机骨架(Metal-organic Frameworks,MOFs)和共价有机骨架(Covalent organic Frameworks,COFs)两类。

在过去的几十年间,多孔材料在物理、化学和材料科学等学科领域备受关注,MOFs和COFs作为晶型多孔材料也得到了快速的发展。MOFs概念由美国科学家 Omar M. Yaghi 等人于 1995 年正式提出,早期人们的关注点在于 MOFs 材料结构的控制合成,随着其种类的丰富,MOFs 材料的性能和应用研究逐渐成为人们关注的焦点,现已发展出多个结构稳定的亚类,例如 Uio、MIL 和 ZIF 等。COFs 概念也是由 Omar M. Yaghi 教授提出,时间稍晚于 MOFs 材料。2005 年正式提出 COFs 概念以后,人们迅速注意到这是一种类似于 MOFs 材料的一种全新的晶型多孔材料,并开始深入研究其合成规律及应用。可以预见的是,在关于 MOFs 和 COFs 材料的持续探索过程中,对其结构设计和合成等要求也会不断提高,这将要求我们一方面要不断探索新的 MOFs 和 COFs 种类,开发出更多新型的结构,另一方面要研究其构效关系,更加深入了解 MOFs 和 COFs 材料的性质。

图 7-1 展示了过去二十年里 MOFs 和 COFs 材料的发展情况,通过改变合成参数合成出多种结构的 MOFs 和 COFs 材料,但要注意的是新型结构 MOFs 和 COFs 材料的开发速度正在衰减。截止到目前,已合成出的 MOFs 材料种类超过 80000 种,其拓扑结构也超过了 2000 种;已合成的 COFs 材料种类也超过了 500 种,且拓扑结构超过 18 种,极大地丰富了材料的种类。

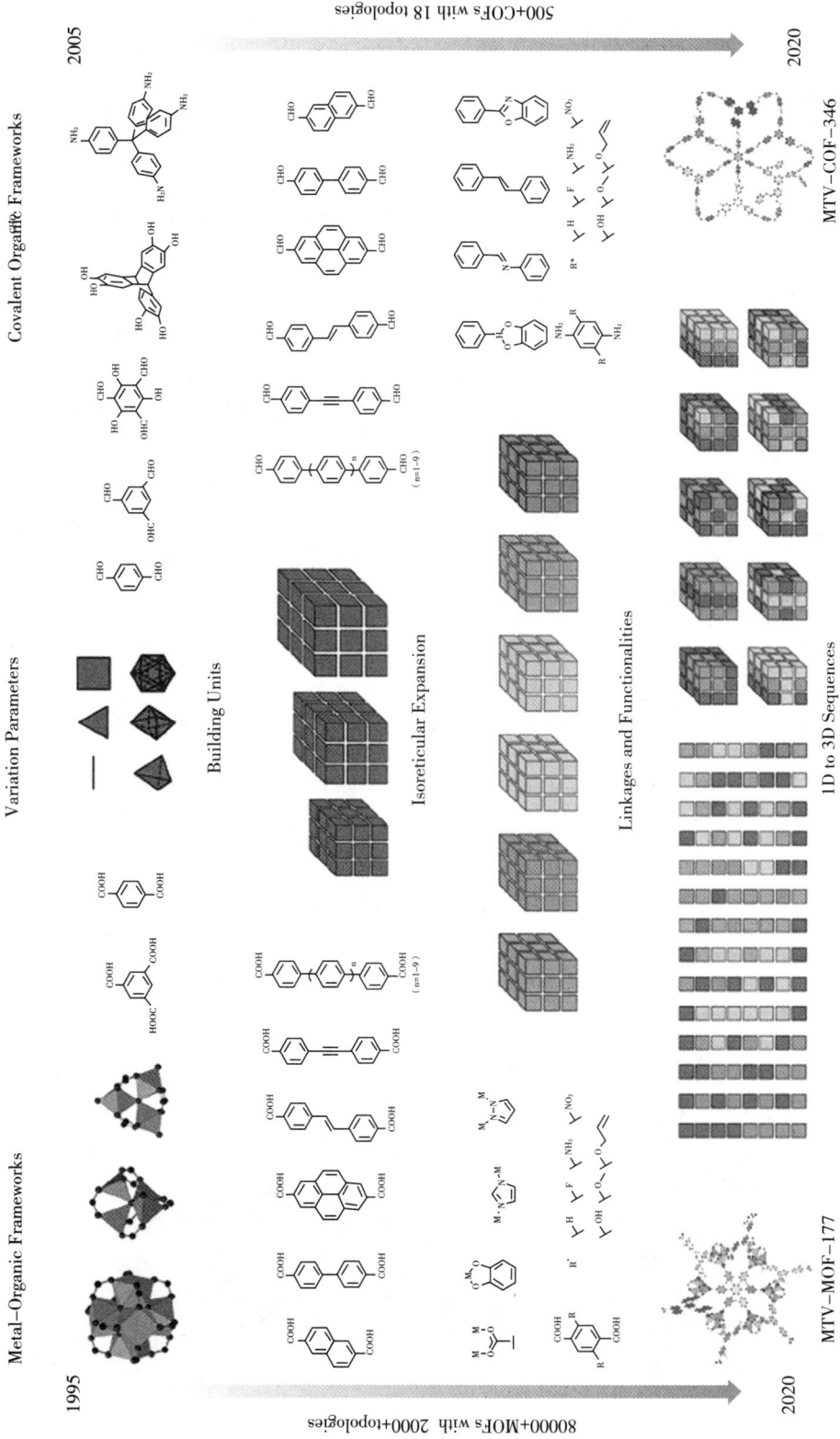

图7-1　MOFs和COFs材料的发展情况简介

7.2 骨架碳的结构特征

7.2.1 MOFs 结构特征

MOFs 作为一种独特的材料,由有机交联剂和无机节点共同组成,金属离子或团簇与有机交联剂之间通过配位键相连接,并且可以通过金属节点和有机交联剂的合理选择、拓扑结构的理性设计实现 MOFs 材料骨架结构、孔道环境和功能性的精细调节。因此,与传统多孔材料相比,MOFs 材料具有诸多特点:

(1)MOFs 晶体本征特点使其具有明确的结构,能够帮助深入理解相关性能与结构特征之间的联系。

(2)有机无机杂化结构不仅能够兼顾各自的优势,还可以表现出超越有机无机混合之外的特殊性质。

(3)高比表面积和孔道结构提供了丰富的功能性位点,有利于吸附和增强活性位点附近的取代分子。

(4)特殊的孔道尺寸和形状仅允许具有特定尺寸和形状的反应物和产物通过。

(5)可以在原子或分子水平上对孔道壁环境进行精细调节。

(6)MOFs 材料的永久孔道结构为金属纳米颗粒等多种材料的复合提供了先天条件,有利于形成丰富的 MOFs 基复合材料。

(7)由于金属离子和有机配体的存在以及他们的均匀分散,MOFs 材料还是制备多孔碳材料、金属基化合物等多种复合材料的理想模板。

7.2.2 MOFs 结构种类

7.2.2.1 MIL 系列

MIL 系列材料是由法国凡尔赛大学 Férey 教授课题组最先合成的。MIL 系列材料可分为两类,一类是由镧系和过渡金属元素与戊二酸、琥珀酸等二元羧酸组成;另一类是由三价的铬、铁、铝或钒等金属与对苯二甲酸或者均苯三甲酸等羧酸组成。MIL 系列材料有着巨大的比表面积和稳定的结构特征,近年来受到了科研工作者的广泛关注。图 7-2 展示了

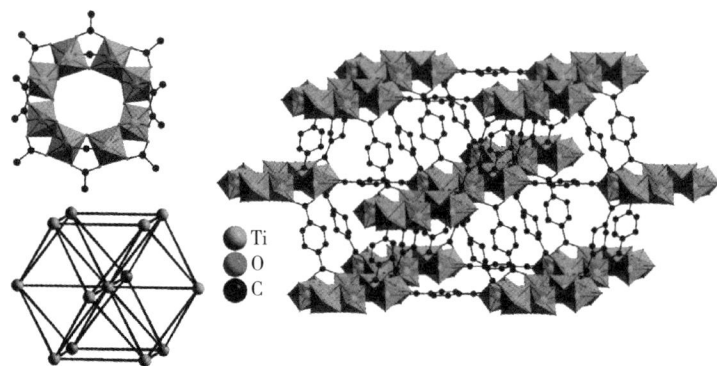

图 7-2 MIL-125 晶体结构示意图

MIL-125 的晶体结构,其无机组分为[$Ti_8O_8(OH)_4(COO)_{12}$]团簇,有机组分为 BDC 配体。它具有良好的稳定性和孔道结构,对乙醇氧化反应具有较高的光催化活性。

表 7-1　部分 MIL 系列 MOFs 材料结构信息

MOFs	Clusters/Cores	Linkers	BET Surface Area/$m^2 \cdot g^{-1}$
MIL-53(Al)	[$Al(OH)(COO)_2$]$_n$	BDC	1181
MIL-69	[$Al(OH)(COO)_2$]$_n$	2,6-NDC	—
MIL-96(Al)	[$Al_3(\mu_3-O)(COO)_6$] [$Al(OH)(COO)_2$]$_n$	BTC	—
MIL-100(Al)	[$Al_3(\mu_3-O)(COO)_6$]	BTC	2152
MIL-101(Al)	[$Al_3(\mu_3-O)(COO)_6$]	BDC-NH_2	2100
MIL-110	[$Al_8(OH)_{15}(COO)_9$]	BTC	1400
MIL-118	[$Al(OH)(COO)_2(COOH)_2$]$_n$	BTEC	—
MIL-120	[$Al(OH)(COO)_2$]$_n$	BTEC	308
MIL-121	[$Al(OH)(COO)_2$]$_n$	BTEC	162
MIL-122	[$Al(OH)(COO)_2$]$_n$	NTC	—
MIL-53(Cr)	[$Cr(OH)(COO)_2$]$_n$	BDC	—
MIL-88A(Cr)	[$Cr_3(\mu_3-O)(COO)_6$]	FUM	—
MIL-88B(Cr)	[$Cr_3(\mu_3-O)(COO)_6$]	BDC	—
MIL-88C(Cr)	[$Cr_3(\mu_3-O)(COO)_6$]	2,6-NDC	—
MIL-88D(Cr)	[$Cr_3(\mu_3-O)(COO)_6$]	BPDC	—
MIL-96(Cr)	[$Cr_3(\mu_3-O)(COO)_6$] [$Cr(OH)(COO)_2$]$_n$	BTC	—
MIL-100(Cr)	[$Cr_3(\mu_3-O)(COO)_6$]	BTC	3100
MIL-101(Cr)	[$Cr_3(\mu_3-O)(COO)_6$]	BDC	4100
MIL-101-NDC(Cr)	[$Cr_3(\mu_3-O)(COO)_6$]	2,6-NDC	2100
MIL-53(Fe)	[$Fe(OH)(COO)_2$]$_n$	BDC	—
MIL-68(Fe)	[$Fe(OH)(COO)_2$]$_n$	BDC	665
MIL-141(Fe)	[$Fe(OH)(COO)_2$]$_n$	TCPP	420

(续表)

MOFs	Clusters/Cores	Linkers	BET Surface Area/$m^2 \cdot g^{-1}$
MIL – 88A(Fe)	$[Fe_3(\mu_3-O)(COO)_6]$	FUM	–
MIL – 88B(Fe)	$[Fe_3(\mu_3-O)(COO)_6]$	BDC	–
MIL – 88C(Fe)	$[Fe_3(\mu_3-O)(COO)_6]$	2,6 – NDC	—
MIL – 88D(Fe)	$[Fe_3(\mu_3-O)(COO)_6]$	BPDC	—
MIL – 100(Fe)	$[Fe_3(\mu_3-O)(COO)_6]$	BTC	2800
MIL – 101(Fe)	$[Fe_3(\mu_3-O)(COO)_6]$	BDC	2823
MIL – 63	$[Eu_2(\mu_3-OH)_7(COO)]_n$	BTC	15
MIL – 83	$[Eu(\mu_3-O)_3(COO)_3(COOH)_3]_n$	1,3 – ADC	—
MIL – 103	$[Tb(H_2O)(COO)_4]_n$	BTB	930
MIL – 125	$[Ti_8O_8(OH)_4(COO)_{12}]$	BDC	1550

7.2.2.2 UiO 系列

UiO 系列最早是由 Lillerud 课题组合成并命名的，是奥斯陆大学（University of oslo）的缩写。UiO 系列 MOFs 是以锆为金属中心，对苯二甲酸等为有机配体组合而成，最常见的为 UiO - 66、UiO - 67、UiO - 68、UiO - 69 等，它们虽然配体不同，但拥有相似的网状结构。其中 UiO - 66 是由八面体金属离子簇 $Zr_6(OH)_4$ 和 12 个对苯二甲酸配体通过 Zr—O 键自组装形成。正八面体中心孔笼和八个四面体角笼为主体，构成一种类似三角形构造的三维金属有机骨架材料。UiO - 67 具有相似的结构，但它使用联苯- 4,4'-二羧酸连接物代替对苯二甲酸。

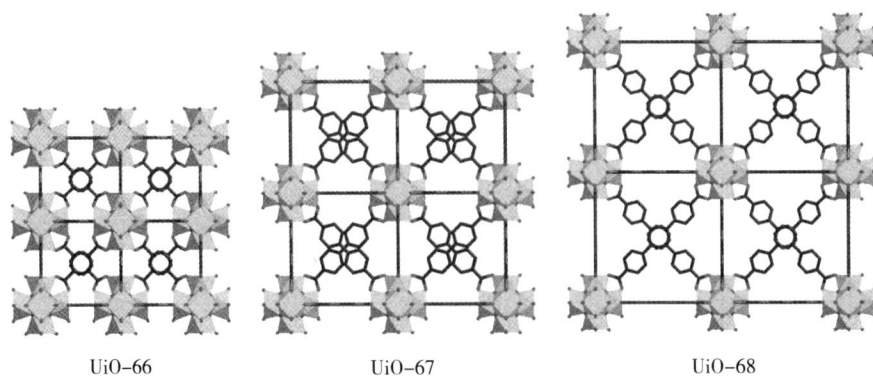

UiO-66　　　　　UiO-67　　　　　UiO-68

图 7 - 3 　UiO - 66、UiO - 67 和 UiO - 68 的晶体结构示意图

表 7 - 2 部分 UiO 系列 MOFs 材料结构信息

MOFs	Clusters/Cores	Linkers	BET Surface Area/$m^2 \cdot g^{-1}$
UiO - 66	$[Zr_6(\mu_3-O)4(\mu_3-OH)_4(COO)_{12}]$	BDC	1187
UiO - 67	$[Zr_6(\mu_3-O)4(\mu_3-OH)_4(COO)_{12}]$	BPDC	3000
UiO - 68	$[Zr_6(\mu_3-O)4(\mu_3-OH)_4(COO)_{12}]$	TPDC	4170

7.2.2.3 ZIF 系列

沸石咪唑酯骨架结构(Zeolitic Imidazolate Frameworks,ZIF)是最重要的 MOF 材料之一,由咪唑及其衍生物作为配体与多价态过渡金属离子(如 Zn^{2+} 和 Co^{2+} 等)构成的配位聚合物。在骨架结构中,咪唑基团中的两个给体 N 原子以大约 145 度角从咪唑五元环向外伸出,每个金属离子与四个不同咪唑配体上的 N 原子进行配位,形成四配位结构。这种结构节点的构型与沸石骨架相似,因此尽管只有有限的金属离子和配体能够形成上述配位聚合物,但其仍存在多达数十种的拓扑结构。2006 年,Yaghi 及其合作者报道了12 种沸石咪唑酯骨架结构,其中 ZIF - 8[Zn(mIM)$_2$]表现出优异的热稳定性和化学稳定性。

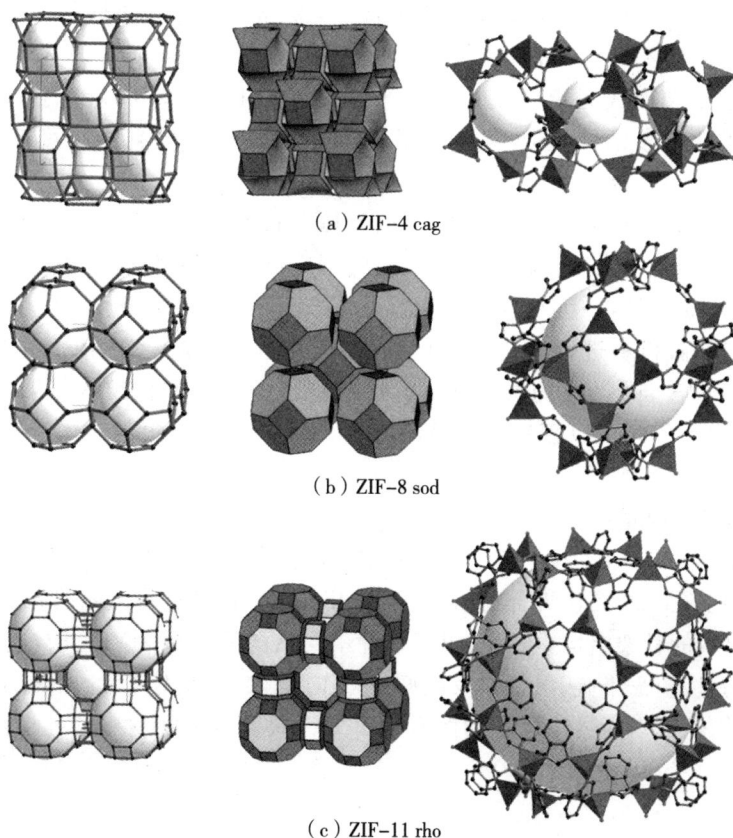

(a) ZIF-4 cag

(b) ZIF-8 sod

(c) ZIF-11 rho

图 7 - 4 ZIF - 4、ZIF - 8 和 ZIF - 11 的晶体结构示意图

表 7-3 部分 ZIF 系列 MOFs 材料结构信息

MOFs	Clusters/Cores	Linkers	BET Surface Area/$m^2 \cdot g^{-1}$
ZIF-8	[ZnN_4]	mIM	1947
ZIF-11	[ZnN_4]	bIM	1676
ZIF-67	[CON_4]	mIM	1587
ZIF-68	[ZnN_4]	ICA	1270
ZIF-69	[ZnN_4]	nIM,bIM	1220
ZIF-70	[ZnN_4]	nIM,cbIM	1070
ZIF-90	[ZnN_4]	IM,nIM	1970

7.2.3 COFs 结构特征

COFs 由有机单元模块通过共价键相互连接组装而成,具有高孔隙率、可调节和周期性孔隙、结构明确以及功能性骨架等特点,聚合反应的可逆性使得 COFs 材料具有"纠错"能力,能够确保其获得热力学稳定的长程有序骨架结构。基于共价键组装的单元模块通常会形成无定形或结晶度较差的聚合材料,而 COFs 材料的成功制备克服了单元模块组装的"结晶问题",使得设计制备高度有序且结构可控的聚合物材料成为可能。

根据单元模块几何对称性的不同,可以大体上将 COFs 材料分为二维(2D)和三维(3D)COFs。在 2D COFs 结构中,有机单元模块通过共价键相连并限制在二维片层结构中,随着晶体的生长,二维片层结构通过 π—π 相互作用发生堆叠。大部分 2D COFs 的片层之间以遮蔽模型进行堆叠,进而形成周期性通道结构。在 3D COFs 结构中,有机单元模块中包含 sp^3 杂化的碳、硅烷或者硼原子,允许其网格结构拓展到三维空间。因此,丰富的单元模块可以创造出大量的组合,使得 COFs 材料的结构设计具有更多的可能。

7.2.3.1 2D COFs

2005 年,Yaghi 等人首次基于二硼酸(BDBA)和六羟基三苯(HHTP)的缩合反应报道了数种新型多孔二维晶体聚合物结构,即 COFs。随后,通过将不同的有机单元模块嫁接到 COFs 材料的骨架结构中,发展出了多种不同结构的新型 2D COFs,这些 2D COFs 片层又可以通过 π—π 堆叠、氢键以及范德华力作用形成 AA 型或 AB 型周期性排列的层状结构。此外,还可以通过选择不同的有机单元模块调节上述材料的孔道尺寸,得到有序多孔结构。

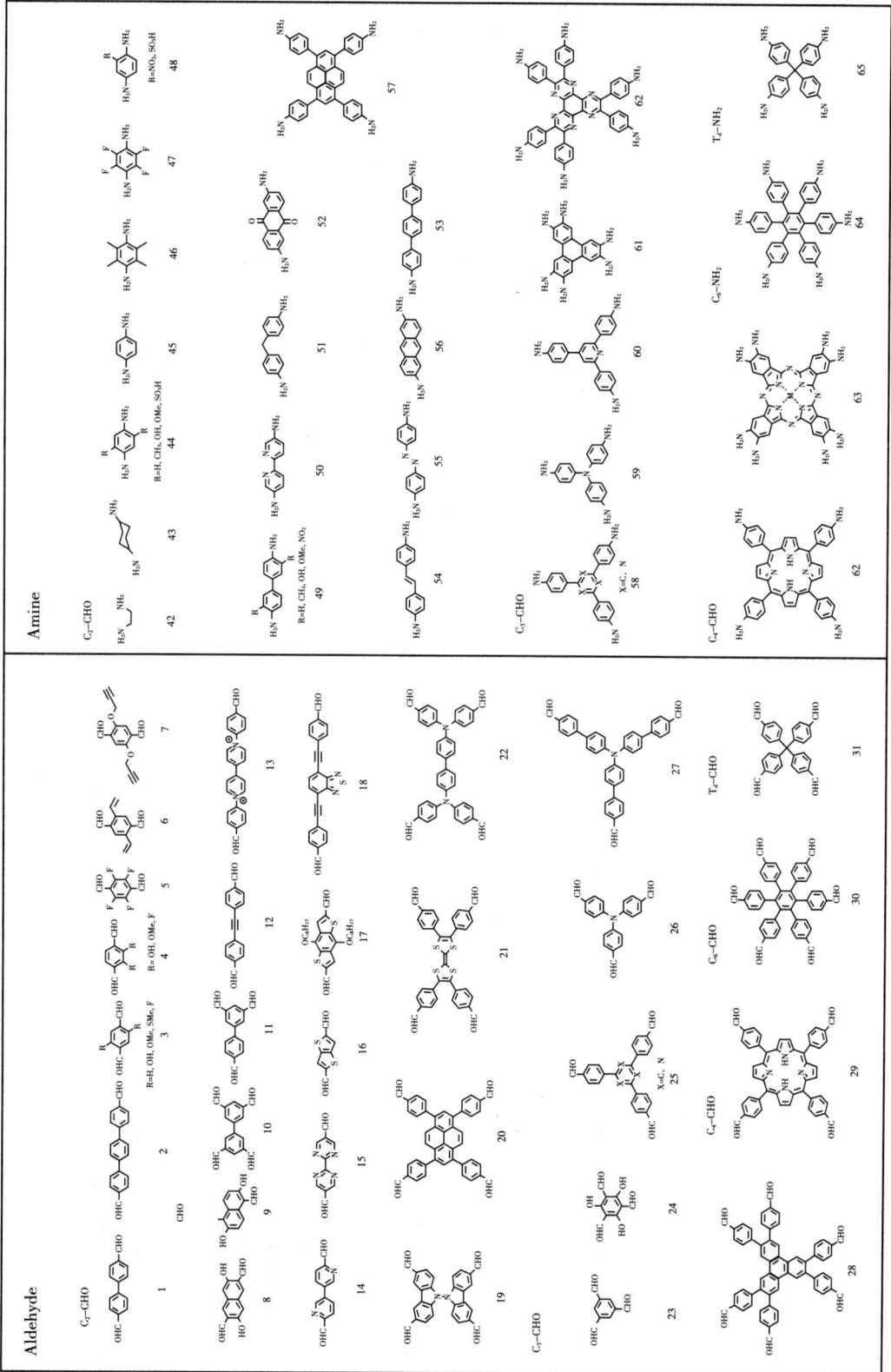

Aldehyde

C₂—CHO

1 2 3 R=H, OH, OMe, SMe, F
4 R= OH, OMe, F 5 6 7

8 9 10 11 12 13

14 15 16 17 OC₄H₉ 18 19

20 21 22 23 24 25 X=C, N

26 27 Tₙ—CHO 28 C₃—CHO 29 C₄—CHO 30 31

Amine

C₂—CHO

42 43 44 R=H, CH₃, OH, OMe, SO₃H 45 46 47 48 R=NO₂, SO₃H

49 R=H, CH₃, OH, OMe, NO₂ 50 51 52 53 54 55 56 57

58 X=C, N 59 60 61 62 63 64 65

C₃—CHO C₄—CHO Tₙ—NH₂ C₆—NH₂

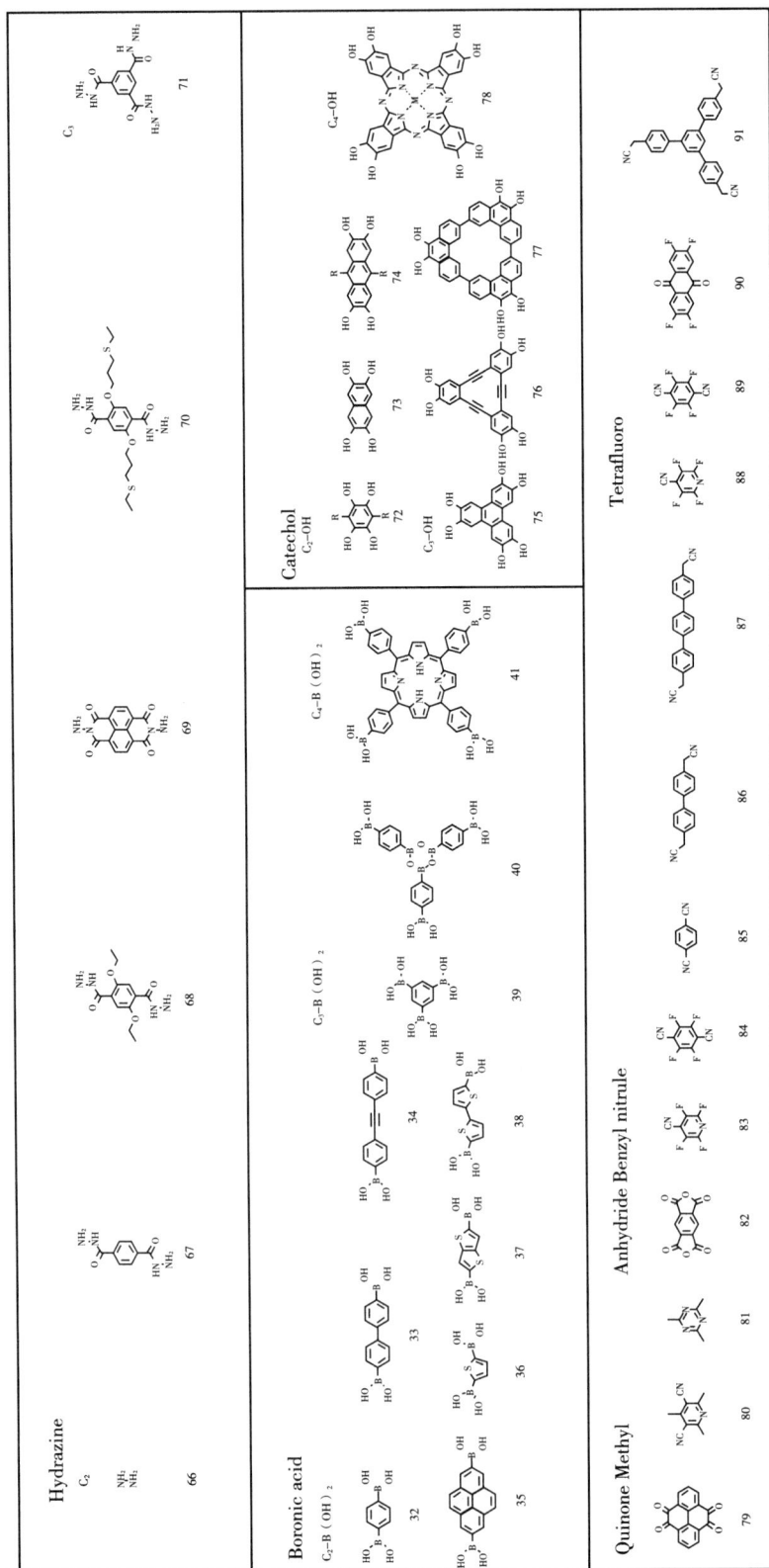

图7-5 不同几何构型的有机单元模块化学结构

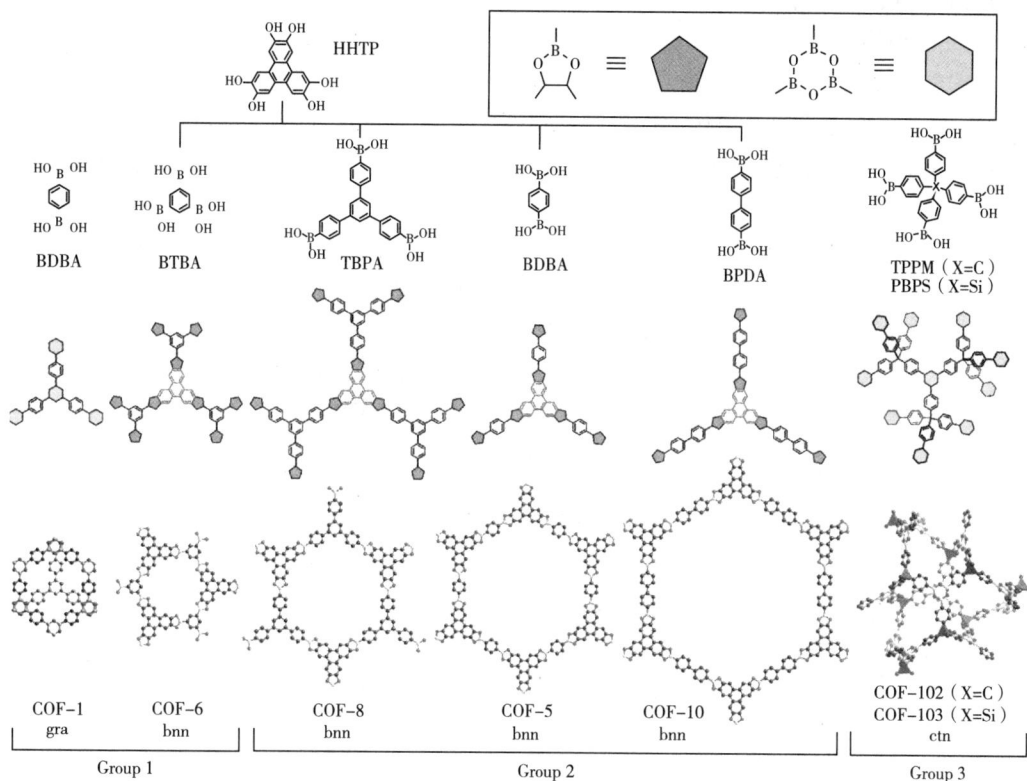

图 7-6　2D COFs 结构组装示意图

7.2.3.2　3D COFs

与 2D 结构不同,拓扑对于 3D 骨架结构具有十分重要的意义,能够决定其孔道结构、性质以及潜在应用场景等。自 2007 年 Yaghi 等人首次报道 3D COFs 材料至今,在 3D COFs 中仅有几种拓扑(图 7-7),如 ctn、bor、dia、pts、rra、srs、ffc 和 lon 等。晶体 3D 结构的制备和结构的确定是阻碍发展新型拓扑的两个主要挑战,目前关于新型 3D 结构的开发与探索仍是相关研究的前沿热点之一。

在首次合成出 3D COFs 后的十年时间里,仅发现了 3 种拓扑。ctn 和 bor 拓扑是最早发现的两种 3D COFs 拓扑,由四面体和三角形节点构成。例如,COF-102、COF-103 和 COF-105 为 ctn 拓扑,COF-108 为 bor 拓扑。随后发现的是 dia 拓扑,由四面体和线性连接体构成,这也是最普遍的一种拓扑。同时,dia 拓扑是一种自偶拓扑,易于自发形成内部穿插现象,形成 N 轴互穿钻石网络(dia-cN)。首次发现具有 dia 拓扑的 COFs 材料为 COF-300,具有 dia-c5 网络。

2016 年发现了第四种 3D COFs 拓扑,即 pts 拓扑,由四面体和矩形单元模块组装而成。Pts 拓扑同样易于形成内部互穿结构,非内部互穿结构(JUC-518)和低互穿数结构(如 pts-c2 网络的 3D-Py-COF)能够形成 3D 互联通道,仅有 1D 通道才能允许高互穿数结构,如 pts-c7 网络的 3D-TPE-COF 等。

2017 年发现了另一种全新的 rra 拓扑的 CD-COFs,由 γ-CD 分子和螺硼酸酯交联剂共价配位而成,其中 γ-CD 分子和螺硼酸酯交联剂可分别记为四面体和三角形节点,呈现出 3D 互联通道。

2018 年发现了其它几种拓扑网络。HHTP 与[SiO$_6$]$^{2-}$交联剂发生共价作用,其中[SiO$_6$]$^{2-}$交联剂为八面体结构,且与同一 Si 原子配位的三种邻苯二酚并不共平面,因此这种 SiCOFs 材料可以呈现出 3D 网络结构,即 srs 拓扑。基于四面体和三角形单体配位形成的 3D COFs 材料也可以在其网络骨架中呈现 3D 穿透通道结构,即 ffc 拓扑。这也是第一种不使用 3D 单体或交联剂的 3D COFs 材料。两种四面体结构的单元模块相互作用形成的 3D COFs 可以呈现出另外一种拓扑网络,即 lon 拓扑。

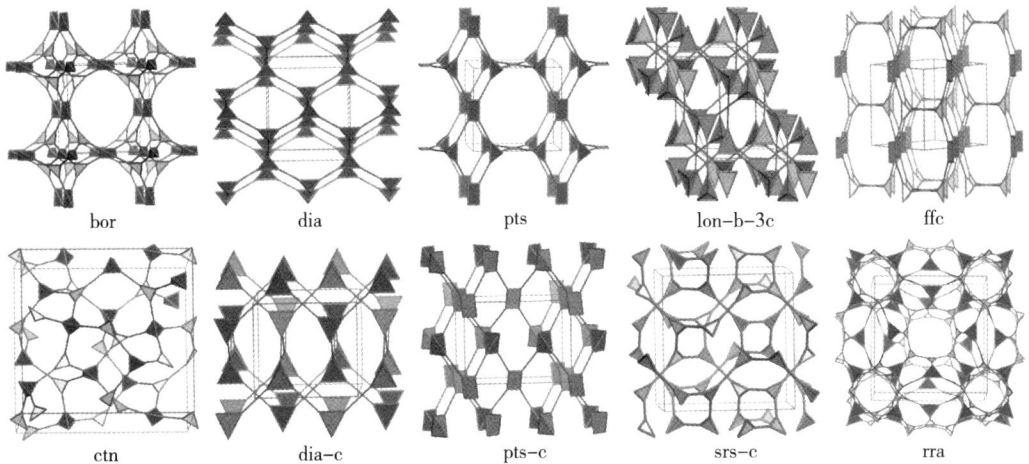

图 7-7 3D COFs 拓扑示意图

7.3 骨架碳材料的设计与合成

7.3.1 MOFs 设计合成

高稳定性对于 MOFs 材料具有十分重要的意义,金属与配体之间的惰性导致合成稳定的 MOFs 材料面临着巨大的挑战,在晶化过程中需要考虑晶体生长与溶解之间的平衡关系,以实现结构重组和缺陷修复。因此,通过将金属盐与有机配体直接混合的方式将快速产生结晶度较差的晶体粉末,难以合成出稳定的、高品质的晶体 MOFs 材料。在早期合成 MOFs 材料过程中通常会加入少量酸溶液以减缓晶体生长速率并获得大尺寸晶体。包括 HNO$_3$ 和 HBF$_4$ 在内的强酸具有弱配位反离子,可以降低 pH 和抑制有机配体的去质子化行为,进而能够减缓 MOFs 的生长速率。但是,金属离子、有机配体以及酸通常会诱导杂化复合物的形成,难以实现晶体结构的精确控制。

7.3.1.1 调制合成

调制合成是指利用调节剂与金属竞争配位或抑制配体去质子化来调节配位平衡,以减缓成核和减缓晶体生长速率,制备出高结晶度产物。

　　Zr-MOFs 作为一种典型的 MOFs 材料,在 MOFs 材料的设计合成中作为参考案例有着重要的应用。2011 年,Schaate 等人首次以调制合成方法制备了 Zr-MOFs 材料。以一元羧酸作为调制剂,通过改变酸的用量调控晶体的尺寸大小,首次成功制备出单晶 UIO - 68 - NH$_2$ 型 Zr-MOFs 材料。单晶产物可以通过简单表征方法进行确认,同时也便于理解材料的构效关系,这一进展极大促进了新型 Zr-MOFs 材料的发展。基于一元羧酸的调制机理大体可以归结如下:阳离子 Zr^{4+} 与一元羧酸形成的配位复合物[Zr$_6$(μ_3—O)$_4$(μ_3—OH)$_4$(RCOO)$_{12}$]作为反应中间产物,可以通过羧酸与有机配体分子之间的交换反应形成 Zr-MOFs,过量的调制剂能够抑制有机配体分子对调制剂的取代行为,降低成核和晶体生长速率,进而形成大尺寸晶体。

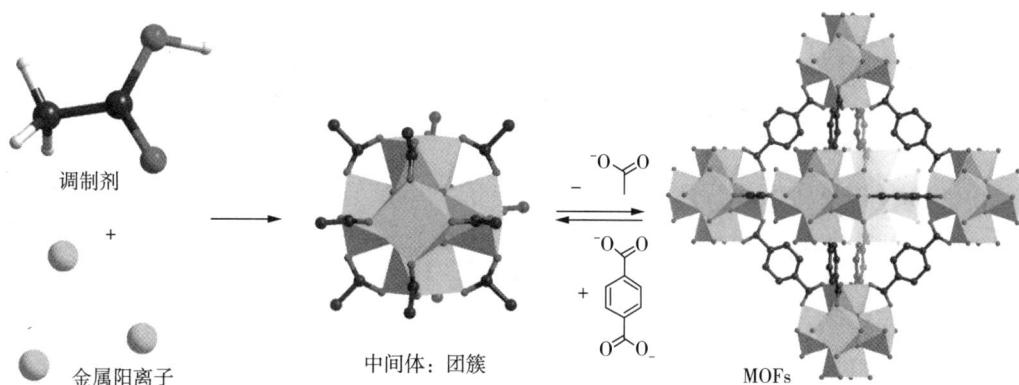

图 7 - 8　调制合成方法反应机理示意图

　　在上述进展的基础上,可以通过构筑金属-氧簇二次单元模块作为 MOFs 材料中间体进行 MOFs 材料的控制合成,包括[Fe$_3$(μ_3—O)(OH)(H$_2$O)$_2$(RCOO)$_6$]、[Ti$_8$O$_8$(RCOO)$_{16}$]、[Zr$_6$(μ_3—O)$_4$(μ_3—OH)$_4$(methacrylate)$_{12}$]、[Fe$_2$M(μ_3—O)(H$_2$O)$_3$(RCOO)$_6$](M＝Fe$^{2+,3+}$、Co^{2+}、Ni^{2+}、Mn^{2+} 和 Zn^{2+})等,进而实现更加灵活的合成条件(如温度等)选择和更高的产率。

7.3.1.2　后合成修饰

　　后合成修饰在传统一锅法合成 MOFs 材料中有着重要应用,已成为制备具有不同功能和拓扑结构 MOFs 材料的通用方法。

　　(1)共价修饰

　　共价修饰是最常见的一种后合成修饰方法,常用于 MOFs 内表面的定制改性以满足不同功能性应用的需求。共价修饰合成即首先在有机配体分子结构中预埋功能性基团,然后再利用修饰后有机配体与金属离子之间的配位反应制备具有特定功能和结构的 MOFs。氨基(—NH$_2$)是一种常见的共价修饰基团,能够与多种 MOFs 材料兼容,在后合成修饰领域有着广泛应用。基于氨基修饰的 MOFs 材料有 MIL - 53(Al、Cr、Fe)、MIL -101(Al、Cr、Fe)、CAU - 1(CAU＝Christian-Albrechts University)和 UIO - 66 等。

　　叠氮化物和炔烃之间的点击化学也被广泛用于改性具有特定功能基团的 MOFs 材

料,修饰后的 MOFs 材料空穴中的叠氮官能团能够表现出较好的反应活性,可以与大量的炔烃发生点击反应形成具有特定孔表面化学的 MOFs 材料。

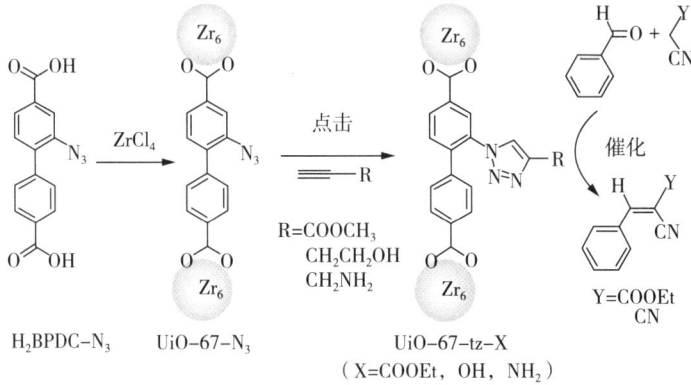

$H_2BPDC-N_3$ $UiO-67-N_3$ $UiO-67-tz-X$
（X=COOEt, OH, NH_2）

R=COOCH₃
CH₂CH₂OH
CH₂NH₂

Y=COOEt
CN

图 7-9 UIO-67-N_3 材料的点击化学后合成修饰路线及应用

（2）异质修饰

异质修饰是一种基于后合成金属化反应的后合成修饰方法,即以软金属离子取代有机配体分子位点固定的金属离子,或与 MOFs 端点位置的—OH⁻/H₂O 成键。如图 7-10 所示,在 NU-1000 结构中,Zr₆ 团簇作为配体用于承载金属阳离子,[$Zr_6(\mu_3$—O)$_4(\mu_3$—OH)$_4$(OH)$_4$(H₂O)$_4$(COO)$_8$]节点的 12 个八面体边中有 8 个边与羧酸配体相连接,其余配位位点则由 8 个端链—OH⁻/H₂O 基团占据。与金属（盐）接触后,上述端链—OH⁻/H₂O 基团即发生去质子化行为,进而能够与金属阳离子发生键和作用。

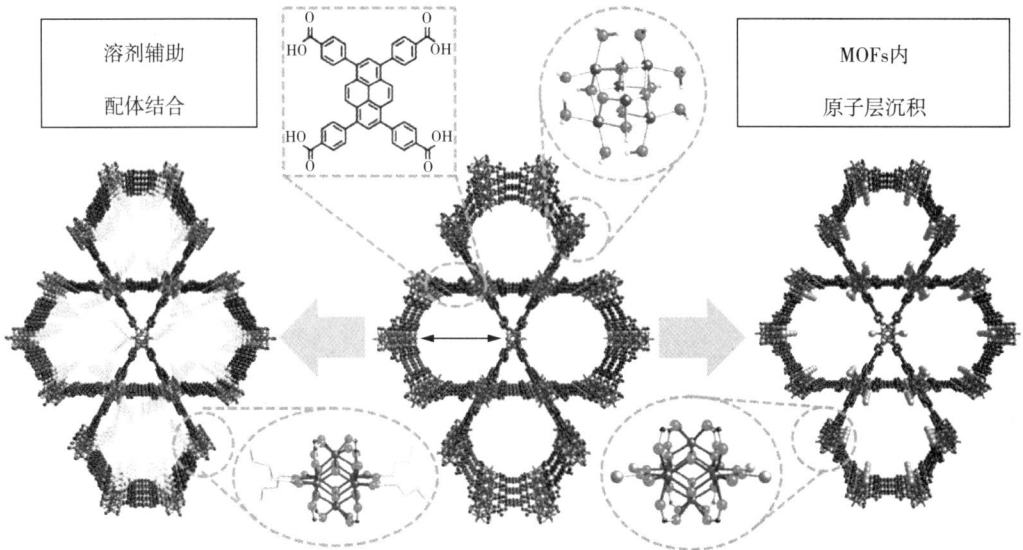

图 7-10 配位不饱和[$Zr_6(\mu_3$—O)$_4(\mu_3$—OH)$_4$(OH)$_4$(H₂O)$_4$(COO)$_8$]节点的后合成修饰

（3）配位不饱和金属位点修饰

配位不饱和金属位点也可以被额外的有机配体分子修饰，即在配体分子中引入功能性基团以改性 MOFs 材料功能。例如，可以利用烷烃胺修饰 $[Cr_3(\mu_3-O)(COO)_6]$ 和 $[Cu_4Cl(triazolate)_6]$ MOFs 材料促进其 CO_2 吸收，利用吡啶基团与 $[M_3(\mu_3-O)(COO)_6]$（$M=Cr^{3+}$ 或 Fe^{3+}）团簇的配位作用修饰 MIL-101(Cr) 和 MIL-101(Fe) 以改善其催化活性。此外，配位不饱和 Zr_6 团簇还可以通过酸/碱反应与羧基成键，包括溶剂辅助配体结合方法和交联剂安装方法等。

（4）离子交换

后合成配体和金属离子交换被认为是一种制备其他无法获得的 MOFs 的有效方法。直观上来说，稳定 MOFs 结构中的惰性金属键将严重抑制配体与金属离子之间的交换过程，但是最近的关于配体与金属离子交换的研究结果表明这种金属－配体键存在重构的可能。后合成配体与金属离子交换策略可以用于多种稳定结构的 MOFs 材料的改性修饰，如 ZIFs、MIL 系列和 UiO 系列等。与直接溶剂热合成相比，配体交换策略提供了另外一种在相对温和条件下实现功能性基团修饰的新路径，尤其是不稳定 MOFs 材料。

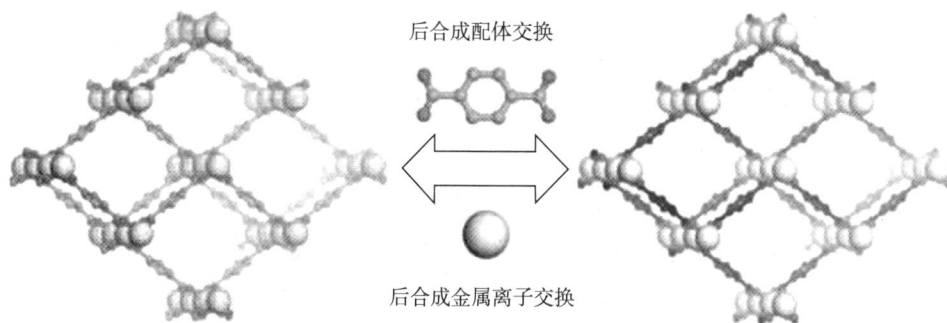

图 7-11　后合成配体和金属离子交换示意图

7.3.2　COFs 设计合成

7.3.2.1　2D COFs

与其他二维材料的制备方法相似，2D COFs 材料的制备方法也大体上分为两类，即自上而下法和自下而上法。

（1）自上而下法

体相 2D COFs 材料的层状结构具有周期性排列通道，聚合物层之间通过弱相互作用（如范德华力和氢键等）沿垂直方向堆叠。自上而下方法是通过破坏相邻聚合物层间的相互作用进行体相 2D COFs 材料的剥离，进而制备出多层或单层 2D COFs，具有简单、有效等特点。该方法大体上可以分为四类，即机械剥离、液相辅助剥离、自剥离以及化学剥离等。

机械剥离常用于二维材料的分层制备，如石墨烯等。2013 年，Banerjee 等人首次将其用于剥离 COFs 材料制备 2D COFs，用甲醇做溶剂，在研钵中用杵棒研磨席夫碱基 COFs 材料，再经过甲醇分散、过滤和干燥等后处理过程，即可得到厚度仅为 3～10nm 的

2D COFs 材料。与杵式研磨相比,球磨方法更加易于规模化制备 2D COFs。Perepichk 等人提出了一种无溶剂球磨方法破坏体相 COFs 层间的氢键相互作用,再结合超声分散和过滤分离等后处理过程成功制备出厚度为 0.7～4.5nm 的 COFs 纳米片。

液相辅助剥离是一种在液相溶剂体系中借助外力实现层状块体材料剥离制备超薄纳米片的方法,常见的外力包括超声等。层状体相材料分散到特定溶剂体系中,在溶剂表面能与 COFs 材料相匹配的条件下,通过超声处理后即可得到纳米片悬浮液。溶剂体系是影响剥离效果的关键因素之一,合适的溶剂能够加速体相材料的剥离并避免纳米片发生聚集,常见的溶剂有四氢呋喃、三氯甲烷、甲苯、甲醇、二恶烷、N,N-二甲基甲酰胺和去离子水等。骨架设计是影响剥离产物的另一关键因素,在 COFs 骨架结构中引入柔性单元模块能够弱化 π—π 相互作用,造成 COFs 层间的无序堆积,进而易于剥离形成纳米片结构。

自剥离方法是利用 COFs 材料内在离子特性诱导的内部应力实现层状 COFs 材料剥离,通常也需要使用溶剂。例如,将卤化胍基离子 COF 浸渍到水系溶剂中,在边缘上卤素离子与带正电的胍单元模块之间静电斥力作用下,相邻层间的 π—π 相互作用被大幅弱化,层间距由初始的 3.338 Å 增加到 5.5～6 Å,进而实现 COF 材料的自剥离。自剥离机制与 COFs 材料的离子骨架有关,利用中性配体取代带正电的胍基单元,则无法得到片状产物,且通过机械球磨处理也无法改变材料的晶体结构。此外,溶剂对自剥离行为也存在一定影响。

化学剥离是通过在 COFs 材料层间引入插层分子或基团的方式降低层间相互作用,进而实现 COFs 纳米片的高效制备。插层分子或基团进入 COFs 层间后,将导致层间由有序结构转变为无序堆积,层间相互作用得到弱化,经过后续剥离过程即可得到少层纳米片结构。化学剥离的实际可以是有机分子和有机酸等,例如卟啉和三氟乙酸。

（2）自下而上法

自下而上法对于 COFs 纳米片和薄膜的合成具有重要的意义,其关键在于前驱体的预组织和受限空间内单体的缩聚反应限制,诸如光滑基底的表面和两相之间的界面等。

表面合成是在基底表面通过分子活化、交联、组装等系列过程实现 COFs 材料结构单元模块之间的共价连接,可以通过控制单元模块的化学结构精确调控 COFs 材料的形貌、尺寸等纳米结构。其中分子活化过程主要有两条路径,一是直接在基底表面进行分子沉积,然后通过加热使取代基发生解离;二是在蒸发器中活化分子,然后在室温下将其沉积在金属表面。比较而言,前者在加热条件下有利于促进分子沉积和成核,对于 2D COFs 材料的制备更为有效。

界面合成是一种在两相界面处的限域空间内进行晶体生长制备 2D COFs 超薄纳米片的方法。常用的界面包括液-液界面和液-空气界面。通过调节反应单体的浓度和反应时间,可以实现对超薄纳米片厚度的精确控制,2D COFs 材料的厚度可以低至 1nm 左右。还可以利用表面活性剂在水-空气界面制备出 50cm² 的大尺寸晶体薄膜。

溶剂热合成是一种典型的湿化学合成方法,广泛用于超薄 2D 纳米材料的合成。在溶剂热合成过程中,以水或有机溶剂作为反应媒介,在封闭系统中将其加热至沸点温度以上,高温高压环境有利于加快反应速率和提升晶体结晶度。

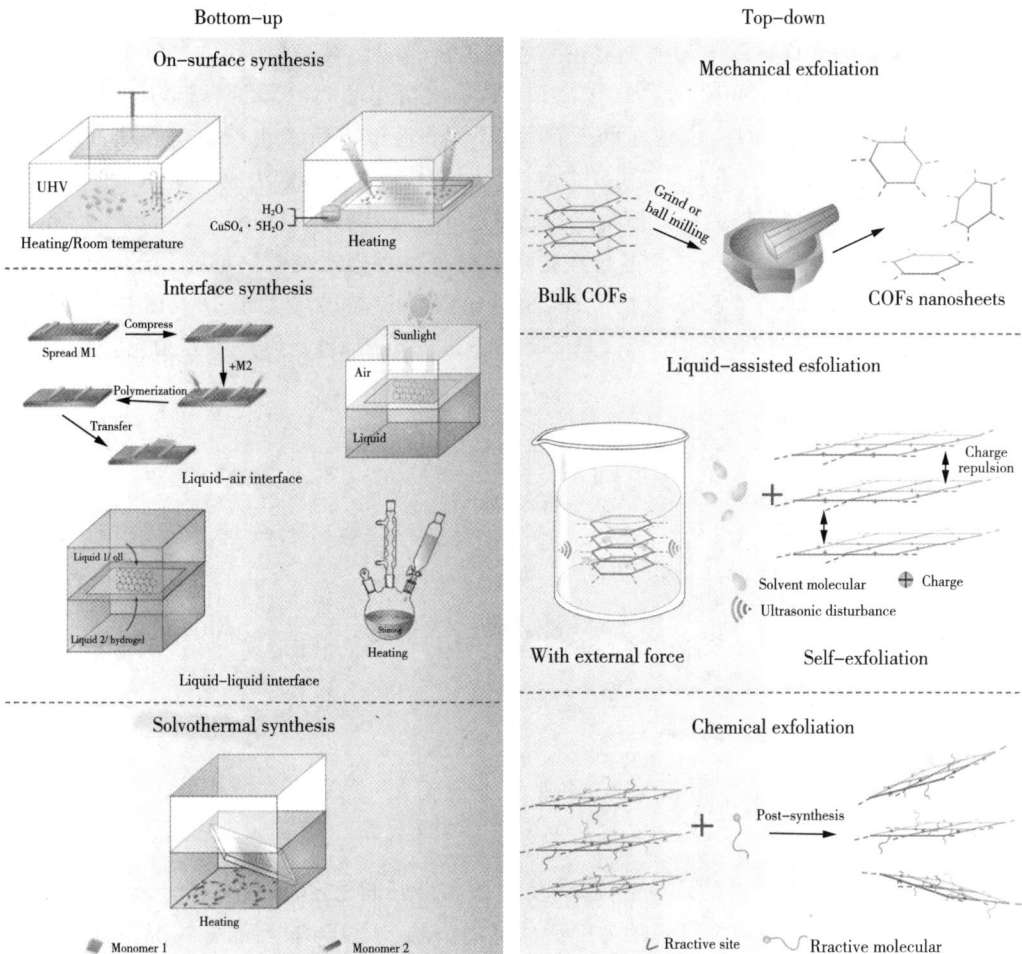

图 7-12　2D COFs 材料制备方法示意图

7.3.2.2　3D COFs

（1）多晶 COFs

溶剂热法是合成多晶 3D COFs 材料的一种常用方法，通常是将单体与溶剂和催化剂混合后在 120～160 ℃条件下密封加热 3～7 天即可。该方法的关键之处在于需要选择一个合适的合成环境，包括溶剂组成、催化剂浓度以及反应温度等，其缺点为需要高温高压环境、复杂的操作流程和超长反应周期。

微波合成是一种常见的小分子合成方法，具有反应时间短、产品纯度高和产率高等特点。例如，2009 年 Cooper 等人采用微波合成方法制备 COF-102 材料仅耗时 20 min，而传统溶剂热法则需要耗时长达 72 h，且两种方法得到的最终产物品质基本相当。

交联剂交换法常用于 COFs 材料的制备过程，其反应机制与 MOFs 材料的离子交换方法类似，即一种新的交联剂取代 COFs 材料固有的交联剂结构，以调整或重构 COFs 材料的结构，使其具有某种特定结构。

（2）单晶 COFs

多晶 3D COFs 材料的结构解析较为困难，尤其是非预期骨架的结构解析。单晶结构中的原子位点、几何参数以及客体分布等结构信息也难以通过粉末 X 射线衍射方法获取。因此,生长单晶结构或许可以成为解决上述问题的关键。2013 年,基于反式二氧化偶氮化合物交联剂成功制备了的 NPN-1、NPN-2 和 NPN-3 等单晶 3D COFs 材料,其晶体结构大于 $10\mu m$,其中 NPN-3 的尺寸甚至突破了 0.5mm,并通过单晶 X 射线衍射方法首次实现 3D COFs 晶体结构的完全解析。随后,Yaghi 等人以传统溶剂热方法成功制备了基于亚胺连接的 COF-320 单晶结构,但是该结构的晶体尺寸较小,仅为 1.0mm×0.5mm×0.2mm。

2018 年,单晶 3D COFs 材料的合成技术取得了里程碑式突破。如图 7-13 所示,以单功能苯胺为调制剂调节晶体生长过程,制备出四种单晶尺寸大于 $100\mu m$ 的 3D 亚胺 COFs 材料,即 COF-300、COF-303、LZU-79 和 LZU-111。但是该方法耗时较长,需要 30~40 天。

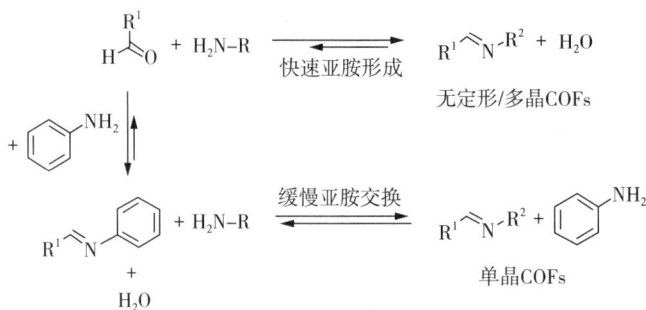

图 7-13 单晶亚胺 3D COF 生长过程

(3)COFs 膜

3D COFs 膜具有丰富的开放孔道、高比面积和良好的稳定性,在气体分离与存储、催化以及光电化学等诸多领域有着较为广泛的应用前景。COFs 材料通常情况下为粉末状态,将其制成连续致密的自支撑膜结构仍面临着诸多挑战,如加工难、合成步骤复杂以及难以放大等。到目前为止,COFs 膜的制备方法可以大致归为混合基质膜法、原位生长法和层层堆积法等。

混合基质膜法是将 COFs 粉末材料与聚合物基质通过物理调和成膜,兼具聚合物基质的稳定性和 COFs 材料的结构特征。混合基质膜的制备过程与原始聚合物基质膜的加工过程相似,因此将 COFs 粉末添加到不同聚合物基质中作为关键活性组分成了 COFs 膜研究的一个热点。但是,COFs 粉末与聚合物基质之间的兼容性和附着性较差,造成混合基质膜中 COFs 材料的负载量较低,无法充分发挥 COFs 材料的优势。

原位生长法是在预处理后的多孔基底上进行 COFs 材料原位生长的一种方法。为克服 COFs 材料与基质材料不兼容的问题,通常需要使用特殊的交联剂进行基质材料的改性,然后再将其置于反应器内进行单体反应和晶体生长,提升 COFs 材料与基底材料的兼容性。此外,该方法要求基底材料具有一定的机械强度和合适的孔道结构。

层层堆积法被认为是一种简单、经济、有效的制膜技术,与原位生长法相比避免了反应时间长和反应温度高等问题。通过自上而下的剥离技术得到纳米片状 COFs 材料,然后借助压力、真空辅助抽滤或者浸涂等方式即可得到超薄 COFs 膜材料。或者,利用静电相互作用进行离子共价有机纳米片的层层组装,也可以实现超薄 COFs 膜材料的组装。

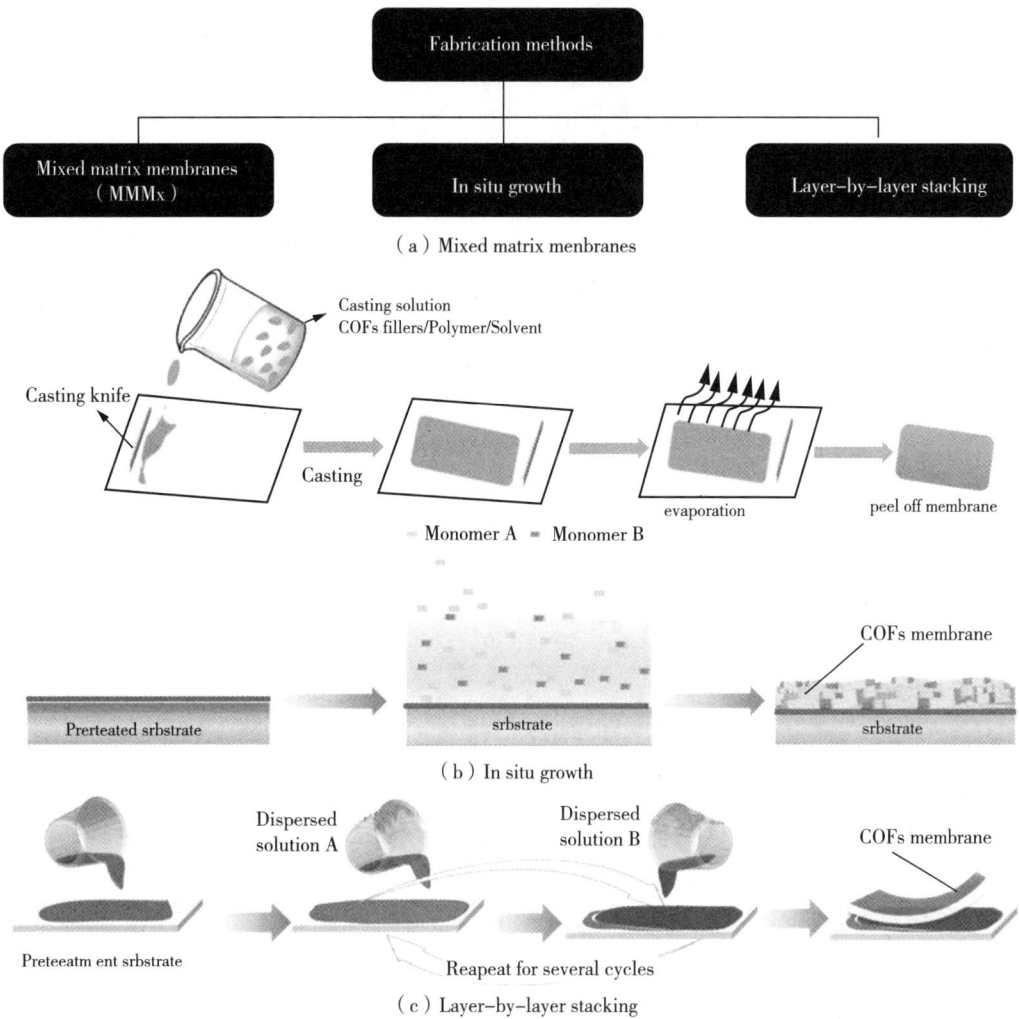

图 7 - 14　COFs 膜制备方法示意图

7.4　骨架碳的结构表征方法

7.4.1　衍射研究

7.4.1.1　X 射线衍射

　　X 射线衍射是一种常见的晶体分析方法,能够分析出晶体结构的空间群种类,并确定各原子的位置信息,实现晶体结构的详细解析。MOFs 和 COFs 材料中具有周期性排列的原子结构,这种周期性结构可以作为 X 射线衍射的"光栅"。当 X 射线穿过这些"光栅"时,能够在某些特定的方向产生强 X 射线衍射,衍射线的空间分布及强度与 MOFs 和

COFs 材料的晶体结构密切相关。因此,X 射线衍射结果可以用于分析 MOFs 和 COFs 等晶体材料的结构信息。

图 7-15 中展示了 AA′堆积结构(每层直接堆积,但相邻两层之间旋转 180°)和 SP 堆积结构(晶体等效对称平行滑移堆积)Cu-MOF 材料的模拟 XRD 谱图以及实验测试结果,通过对比可以确定实验合成的 Cu-MOF 材料为 AA′堆积结构,进而可以得到其详细晶体结构信息(2D 六方结构,晶胞参数为 $a=b=13.41$ Å,$c=6.43$ Å,$\alpha=\beta=90°$,$\gamma=120°$),并建立相应的模型结构。

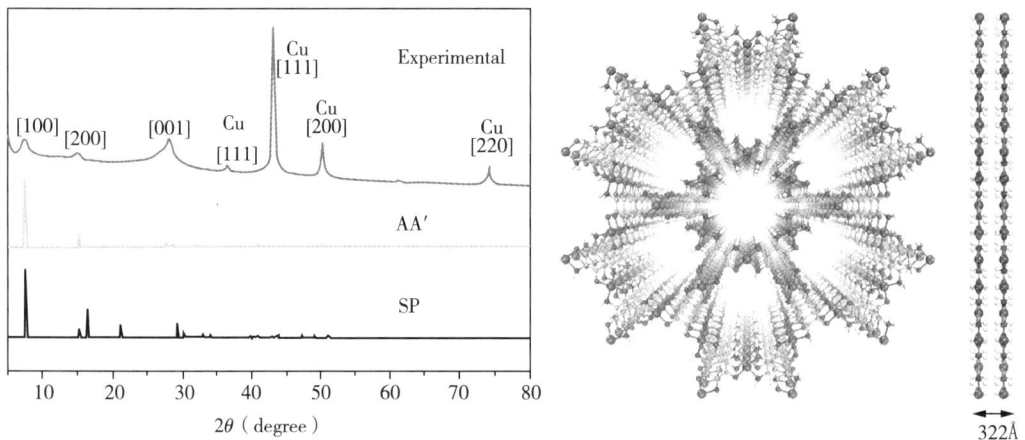

图 7-15 Cu-MOF 的 XRD 谱图及晶体结构示意图

7.4.1.2 中子粉末衍射

中子粉末衍射原理与 X 射线衍射原理相同,中子通过晶体可以发生衍射现象,在周期性排列的原子"光栅"作用下通过干涉加强形成衍射峰,其位置和强度与晶体中原子的位置、种类及排列方式有关。与 X 射线衍射相比,中子粉末衍射具有更强的穿透能力和对轻原子更高的灵敏度。因此,中子粉末衍射可以作为 X 射线衍射的有效补充手段,用于分析 X 射线衍射无法分析或灵敏度较弱的晶体材料。

7.4.2 光谱技术

7.4.2.1 红外光谱

红外光谱是通过分析透过样品后红外光的频率等参数的变化情况实现对样品材料中化学键或功能性基团的精确识别。在 MOFs 和 COFs 等骨架碳材料中含有大量的有机配体分子,其组成化学键或功能性基团的原子时刻处于振动状态,当振动频率与红外光的振动频率基本相当时,化学键或功能性基团在有红外光照射的条件下发生振动吸收现象。基于化学键和功能性基团吸收频率的不同,可以通过分析透过材料的红外光频率等信息变化获得材料中化学键和功能性基团的结构信息。因此,红外光谱常用于表征 MOFs 和 COFs 材料的结构信息。

不同配位结构中的—OH 键振动在红外光谱中的位置有所差异,如图 7-16 所示,$(\mu_3$—OH)Zr_3 中的—OH 键振动在波数为 3674cm^{-1} 位置存在明显的吸收信号,而

$(\mu_3—OH)CeZr_2$、$(\mu_3—OH)Ce_2Zr_1$ 和$(\mu_3—OH)Ce_3$ 中—OH 键振动位置分别为 3667、3658 和 3648cm^{-1},表明可以根据化学键振动信息的差异判断材料的局域配位结构,实现原子和分子水平的结构解析。

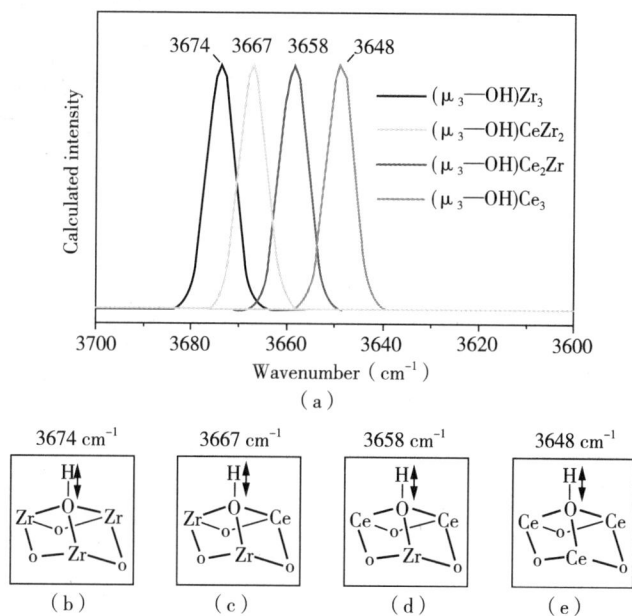

图 7-16 不同配位结构中 υ(—OH)键红外光谱计算

7.4.2.2 拉曼光谱

拉曼光谱是利用光照射到物质上所发生的拉曼效应对材料的分子结构信息进行分析的一种方法。光(通常为波长远小于样品粒径的激光)照射到样品后,部分光会透过样品成为透射光,部分光则会沿着不同方向散射形成散射光,这一部分散射光中频率分布着与原入射光频率不同的、较弱的拉曼光线,这一现象也被称为拉曼效应。拉曼谱线的数目、长度以及位移大小等信息与样品的分子振动和转动能级密切相关,所以可以将其用于分析鉴定材料的分子结构。

拉曼光谱可以用于检测有机官能团与螯合离子发生作用前后的振动峰信号变化。如图 7-17 所示,纤维素结构中 1098cm^{-1} 位置处的非对称伸缩振动峰的强度在 Co^{2+} 离子螯合前后存在明显变化,主要是由于 Co^{2+} 离子吸附到—COOH 基团后影响了 C=O 键的振动,因此可以通过拉曼成像技术检测化学基团分布或非共价相互作用变化。

7.4.2.3 X-射线吸收光谱

X 射线吸收光谱是利用 X 射线照射样品,当 X 射线的能量与样品中目标元素的内部电子壳层能量发生共振时,会出现突然升高的电子被激发形成连续光谱的现象,即 X 射线吸收谱。根据 X 射线能量的不同,激发后的光谱又可以分为近边结构、精细结构和扩展精细结构,即 X 射线吸收近边结构(X-ray Absorption Near-Edge Structure,XANES)、X 射线吸收精细结构(X-ray Absorption Fine Structure,XAFS)和 X 射线吸收精细结构(Extended X-ray Absorption Fine Structure,EXAFS)。XAFS 以近邻原子

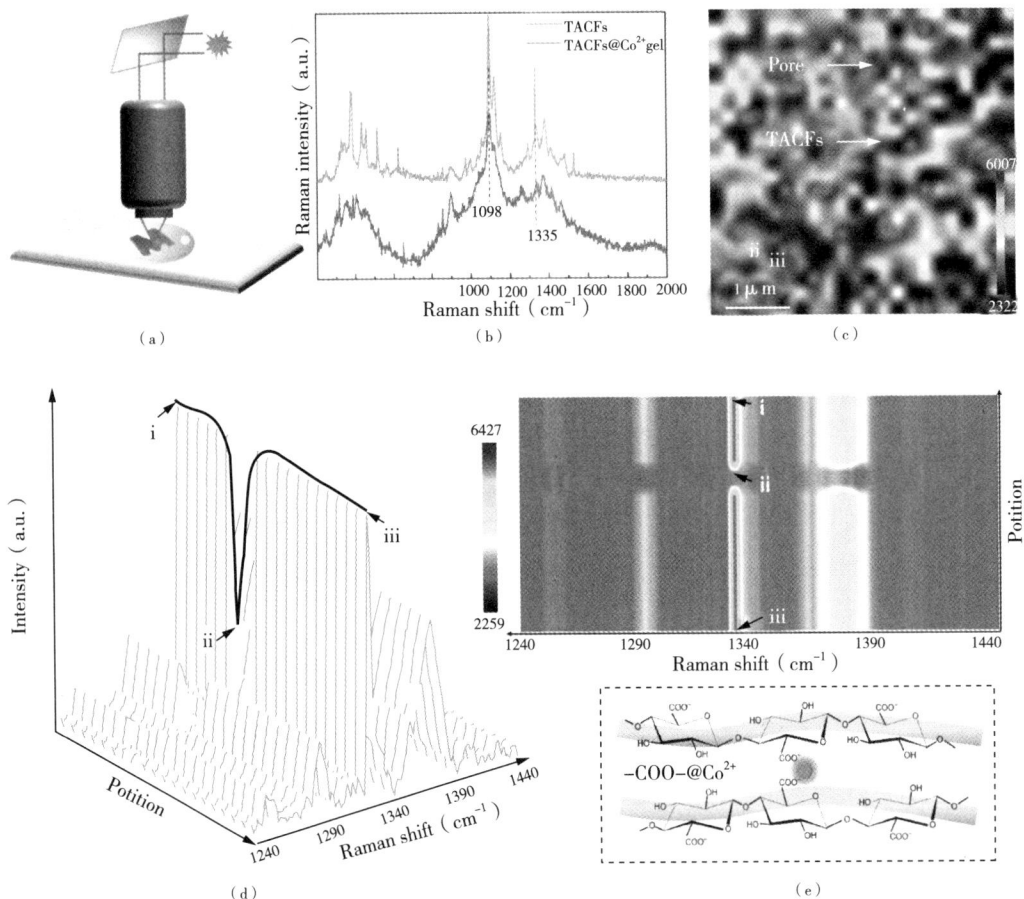

图 7 - 17 拉曼成像技术观察 TACFs@ZIF - 67 中 CO²⁺ 与 TACFs 反应位点

对中心原子出射光电子的散射现象为基础,反映了物质内部吸收原子周围短程有序的结构状态,不同于以长程有序结构的衍射现象为基础的晶体学研究方法。因此,XAFS 理论和方法同时适用于晶体和非晶体物质。

通过大量 EXAFs 数据拟合可以实现双金属 MOFs 材料中 M - M 路径退化机制研究。如图 7 - 18 所示,分别拟合 Zr K 边和 Ce K 边数据后,混合金属 MOFs 材料 UiO - 66 晶体结构中的金属键及其配位结构随金属含量变化得到明确解析,进而可以精确确定 ZrCe - UiO - 66 晶体的化学计量比,为研究材料的热稳定性和化学稳定性对 Ce 含量的依赖性提供理论基础。

7.4.2.4 X 射线光电子能谱

X 射线光电子能谱是一种常见的材料分析技术,可以提供分子结构、原子价态以及化学键等材料化学组成信息。元素的内壳层电子的结合能与元素种类、原子结合状态以及化学环境相关,在 X 射线激发状态下,元素内壳层电子的光电子峰会存在不同的位移,即化学位移。因此,可以通过分析材料在 X 射线激发状态下的化学位移等信息,分析材料的化学组成、原子价态等信息。

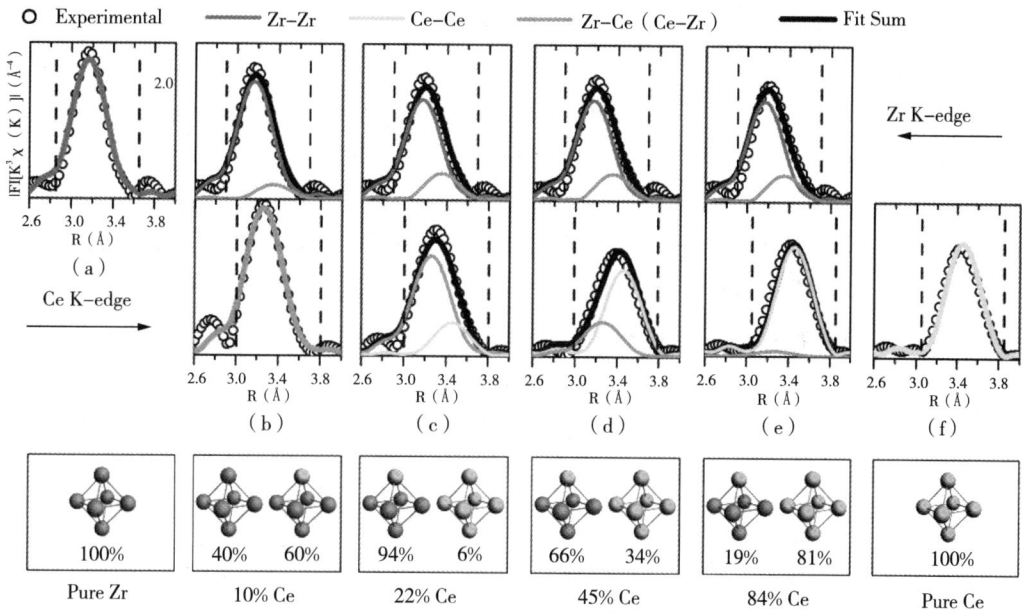

图 7-18　混合金属 MOFs 材料 ZrCe-UiO-66 的 EXAFS 拟合结果

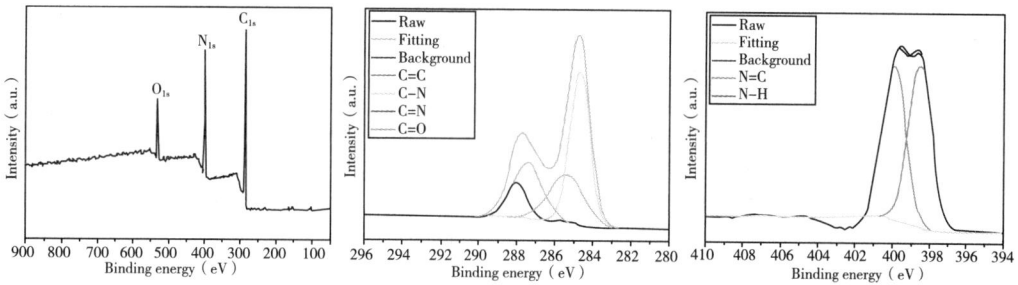

图 7-19　COFs 材料的 X 射线光电子能谱图

7.4.2.5　电子顺磁共振光谱

电子顺磁共振光谱,也被称作电子自旋共振光谱,是一种基于未配对电子磁矩的磁共振技术,能够定性和定量检测原子轨道或分子轨道中含有的未配对电子,并研究其周围结构特性。如图 7-20 所示,利用连续波电子顺磁共振光谱对 Cu-MOFs 进行表征,通过光谱模拟可以实现单核 Cu^{2+} 离子观测,并解析出 Cu-MOF 结构中存在的三种不同磁相互作用的 Cu^{2+} 离子对。

7.4.2.6　固体核磁共振

固体核磁共振是一种以固态样品为研究对象的核磁共振技术,分为静态与魔角旋转两类。静态固体核磁共振技术在测试过程中样品管保

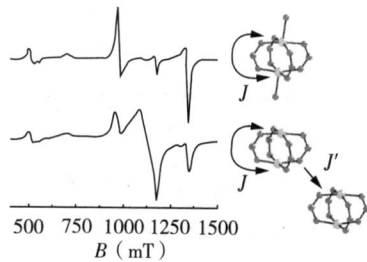

图 7-20　Cu-MOF 材料的电子顺磁共振光谱

持固定,操作简单,但分辨率较低。魔角旋转固体核磁共振技术在测试过程中使样品管或转子在与静磁场呈一定角度的状态下快速旋转,以模拟液体核磁共振中分子运动效果,提高分辨率。

固体核磁共振可以用于分析 MOFs 和 COFs 材料的局部结构和环境,进而将其与材料的关键功能和应用相联系,研究材料的构效关系。固体核磁共振光谱结果与化学位移和四电极相互作用紧密相关,不仅能够提供局部环境的详细信息,也可以改变光谱信号位置。如图 7-21 所示,固体核磁共振用于 MOFs 材料表征时,可以对有机交联剂和金属中心等 MOF 骨架结构进行分析,也可以对其吸附/存储的溶剂和总体进行分析,是一种较为常用的骨架碳材料分析手段。

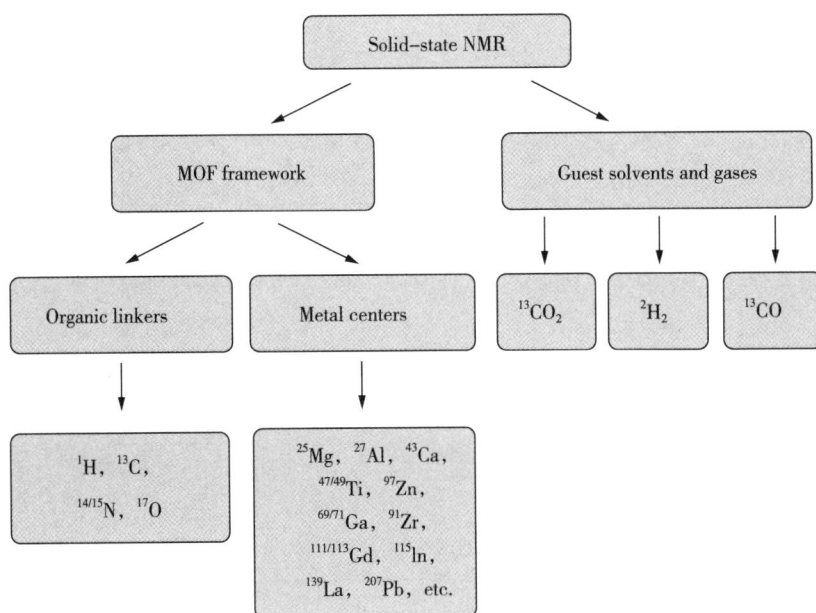

图 7-21 固体核磁共振技术在 MOFs 材料表征方面的应用

7.4.3 电子显微镜

7.4.3.1 扫描电子显微镜

扫描电子显微镜是一种用于高分辨率微区形貌分区的大型精密仪器,能够在几乎不损伤或污染样品的状态下分析材料的形貌和结构等信息。它利用聚焦高能电子束扫描样品,通过电子束与物质的相互作用激发出各种信息,经过信号收集、放大和成像后还原出物质微观形貌。

7.4.3.2 透射电子显微镜

透射电子显微镜是把经过加速和聚集后的电子束投射到样品上,电子与材料中的原子碰撞后发生散射,方向发生变化。散射角与样品密度、厚度等结构信息密切相关,不同结构和组成的样品表面散射后的电子束形成了明暗不同的影响,经过放大、聚焦后即可形成电子显微图像。

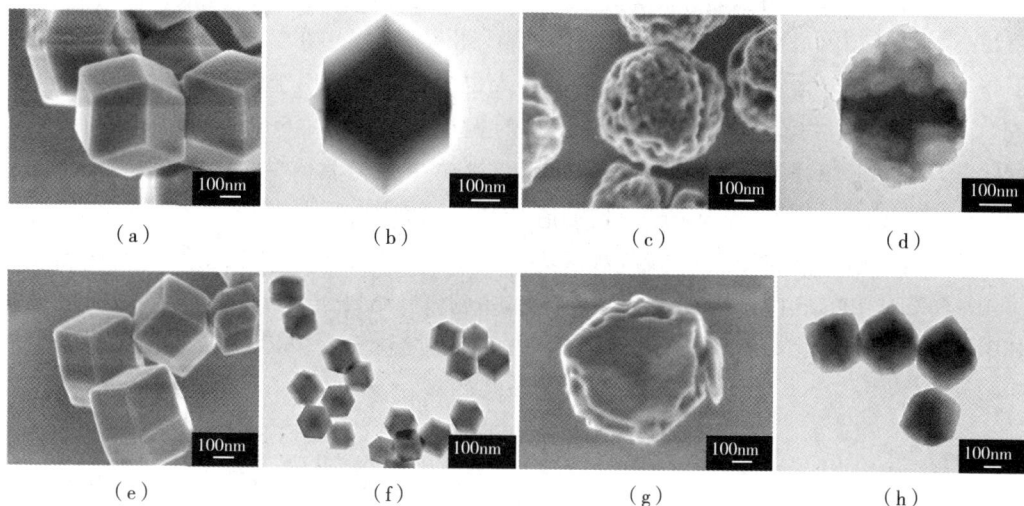

图 7-22 不同 ZIF 材料的(a,c,e,g)扫描电子显微镜和(b,d,f,h)透射电子显微镜图片

7.4.4 其他表征方法

7.4.4.1 等温吸附分析

等温吸附是一种利用气体在材料中吸附行为分析样品比表面积、孔容、孔径等结构信息的物理表征方法,吸附气体可以是 N_2、CO_2、CH_4、CO 等小分子气体。

7.4.4.2 热重分析

热重分析是一种在程序升温状态下通过分析样品质量损失随温度变化关系的分析方法。样品在程序升温状态下,材料中的结晶水、轻组分会随着温度的升高逐渐挥发,质量随温度升高而降低。因此,可以通过热重曲线分析样品中结晶水、轻组分以及重组分质量分数等信息。

7.5 骨架碳的应用

7.5.1 气体存储与捕获

骨架碳材料具有丰富的孔道结构和高比表面积,广泛应用于气体吸附与存储,包括二氧化碳、氢气、甲烷等。材料的组分、拓扑以及孔道结构等对气体存储性能的发挥起到了关键性作用。

7.5.1.1 氢气存储

氢气是一种有前景的、环境友好的清洁能源载体,有望用于缓解空气污染和全球变暖等世界性环境问题。气相的氢气体积巨大,对其存储、输运以及应用造成了巨大的阻碍,因此需要开发出能够高效储氢的材料,以促进氢气安全、便捷的使用。骨架碳作为一种多孔材料,有望通过合理的孔道结构设计提升材料的氢气存储性能。

2008 年，Lavigne 等人基于硼酸酯交联反应，通过调节孔道尺寸，合成出多种孔径的 COFs 材料。其中，孔径为 18 Å 的 COFs 材料［图 7－23（a）］在 77K 和 760mmHg 条件下的氢气载量可以达到 1.55wt%。Yaghi 等人也合成了系列用于储氢的 COFs 材料，如图 7－23（b）所示，孔径为 9Å 的 COF－6 的氢气载量为 22.6mg·g^{-1}，比表面积为 1760m^2·g^{-1} 的 COF－10 的氢气载量则为 39.2mg·g^{-1}，具有三维孔道结构的 COF－102 的氢气载量高达 72.4mg·g^{-1}，几乎是 COF－10 的二倍。

2017 年，美国能源部设定了氢气载量为 5.5wt% 的目标，且温度和压力需要分别达到 －40～60℃ 和 100atm，而不是 77K。目前，实验室的研究结果和该目标还存在一定的差距，其中多数氢气载量测试的温度还是 77K，远没有达到常温（－40～60℃）储氢条件。

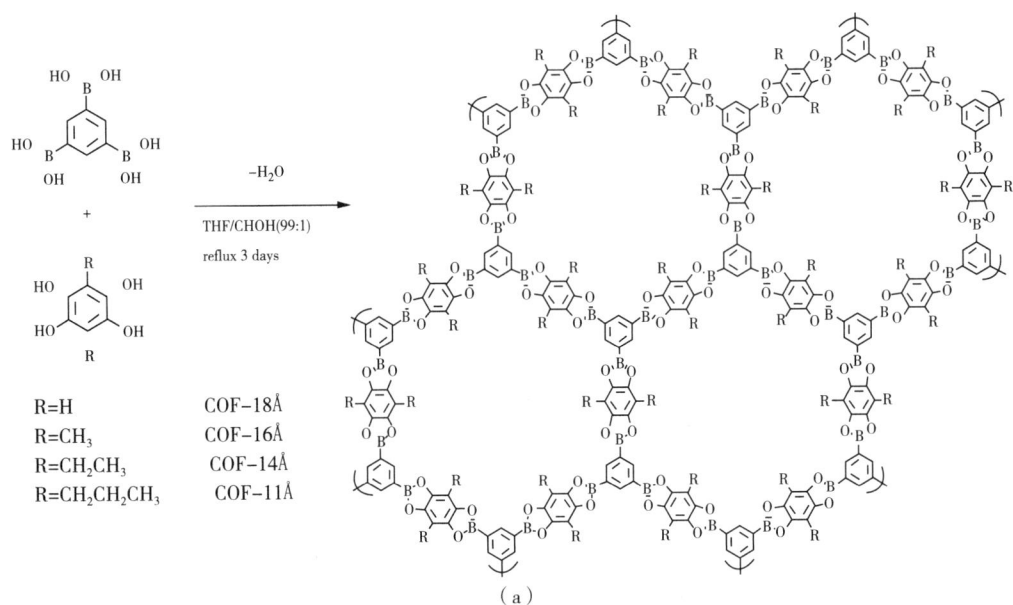

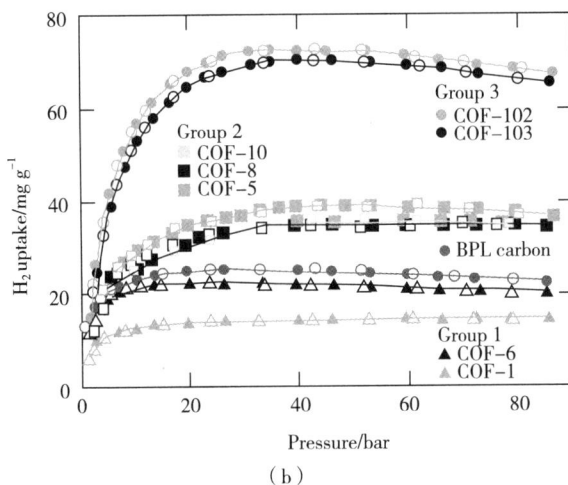

$R=H$　　　COF-18Å
$R=CH_3$　　COF-16Å
$R=CH_2CH_3$　　COF-14Å
$R=CH_2CH_2CH_3$　　COF-11Å

（a）

（b）

图 7－23　（a）硼酸酯交联反应制备 2D COFs 材料的合成路线，
（b）不同 COFs 材料 77K 高压氢气吸附曲线

7.5.1.2　甲烷存储

甲烷,天然气的主要成分,一种被视作有望取代石油的清洁能源。碳氢比为 75%,远低于其他碳基化合物中的碳含量,这一特点将使其在燃烧过程中释放出更少的 CO_2。常压条件下甲烷的能量密度较低,吸附天然气是一种新型的甲烷存储方法,能够有效提升甲烷气体的能量密度。骨架碳材料由于具有密度低、比表面积高以及空腔体积大等特点,有望用于甲烷吸附材料进行甲烷气体存储。

2009 年,Yaghi 等人报道了利用 3D COFs 进行甲烷气体存储的研究工作。在 298 K 和 35 bar 的温度和压力条件下,COF-102 和 COF-103 材料的甲烷载量分别达到了 187 和 175 mg·g^{-1},在 85 bar 的压力条件下,二者的甲烷载量进一步提高至 243 和 229 mg·g^{-1},可以与其他多孔材料的最高纪录相媲美。

表 7-4　骨架碳及对比材料的氢气和甲烷存储性能

类别	材料	H$_2$/CH$_4$ 吸收[a] /mg·g^{-1}	H$_2$/CH$_4$ 吸收[a] /wt%	条件
2D-COF	COF-18Å	n/a	1.55/—	760mmHg/77K
2D-COF	CTC-COF	n/a	1.12/—	800mmHg/77K
2D-COF	COF-5	35.8/89	n/a	35bar/77K[b]
2D-COF	COF-6	22.6/65	n/a	35bar/77K[b]
2D-COF	COF-8	35/87	n/a	35bar/77K[b]
2D-COF	COF-10	39.2/80	n/a	35bar/77K[b]
3D-COF	COF-102	72.4/187	n/a	35bar/77K[b]
3D-COF	COF-103	70.5/175	n/a	35bar/77K[b]
MOF	MOF-210	86/264	n/a	80bar/77K[c]
MOF	PCN-14	—/253	n/a	35bar/290K
Graphene	RGO	n/a	0.68/—	1bar/77K
Graphene	RGO	n/a	2.7/—	25bar/298K
Graphene	RGO	n/a	3.1/—	100atm/298K
B$_x$C$_y$N$_z$	BCN	n/a	2.6/—	1atm/77K
B$_x$C$_y$N$_z$	BCN-5	n/a	—/17.3	50bar/273K

备注:[a]饱和吸收值;[b]甲烷吸收条件为 35bar/298K;[c]甲烷吸收条件为 80bar/298K。

7.5.1.3　二氧化碳捕获

二氧化碳是一种主要的温室气体,也是潜在的碳源。二氧化碳的捕获与分离技术对能源和环境领域具有十分重要的意义。骨架碳具有丰富的孔道结构和超大比表面积，能够为二氧化碳的捕获与分离提供的大量键合活性位点，可用于相关研究工作。

2017 年，Zhang 等人研究了相对湿度对 3D COFs 材料 LZU-301 的 CO_2 捕获性能的影响。干燥气体中 LZU-301 材料的吸附容量为 $0.22mmol \cdot g^{-1}$，而在相对湿度为 17% 和 83% 条件下吸附量则分别达到了 $0.29mmol \cdot g^{-1}$ 和 $0.37mmol \cdot g^{-1}$。

7.5.1.4 碘捕获

碘（^{129}I 和 ^{131}I）是一种主要的放射性废气，利用多孔材料进行碘蒸汽的捕获吸收在近年来引起了人们的极大兴趣。2018 年，Gao 等人利用 3D COFs 材料 COF-DL229 作为多孔基体用于碘蒸汽捕获。75℃ 条件下，COF-DL229 的碘蒸汽捕获量为 82.4wt%，超过固有孔隙率材料 PAF-24 材料的 73.4wt%。此外，负载碘的 I_2@COF-DL229 材料还表现出较好的 I_2 稳定性（负载的 I_2 在 131℃ 开始发生损失，在 300℃ 完全损失）和快速释放性能（甲醇溶液中，30s、5min 和 60min 对应的 I_2 释放速率常数分别为 2.02×10^{14}、3.03×10^{14} 和 $2.47 \times 10^{14} I_2 \cdot s^{-1}$）。

此外，骨架碳材料还可以用于 CH_3I 气体捕获。COF-103 材料的 CH_3I 气体载量可以达到 2.8，远高于活性炭（0.32）、氧化铝（0.22）和分子筛（0.10）等传统多孔材料。

7.5.2 气体分离

7.5.2.1 氢气分离

2015 年，Gao 等人首次在 α-Al_2O_3 载体上测试了 COF-320 膜的 H_2 分离性能。对比 CH_4、N_2 和 H_2 的渗透通量发现，H_2 的渗透通量相对较高，渗透值为 5.67×10^{14} mol（m^2 s Pa）$^{-2}$，表明 COF-320 膜具有良好的 H_2 选择性。CH_4/H_2 和 N_2/H_2 混合气的渗透选择性分别为 2.5 和 3.5，接近基于 Knudsen 扩散机制计算出的理论分离系数（CH_4/H_2 和 N_2/H_2 分别为 2.83 和 3.74），表明气体在 3D COF-320 材多孔结构中按照 Knudsen 扩散过程进行传输。

7.5.2.2 二氧化碳分离

一般地，通常在多孔材料的孔道结构内部进行修饰，改善材料对 CO_2 气体的亲和性，进而提高 CO_2 选择性捕获性能。例如，利用原位室温离子热合成方法对 3D COFs 材料的孔道结构进行离子液体修饰，孔道结构中的离子液体与 CO_2 气体具有强相互作用，使得 3D-IL-COF 材料表现出优异的 CO_2 捕获和分离性能。

7.5.2.3 乙烷/乙烯分离

乙烯是一种重要的化学品，石油化工领域乙烷/乙烯混合气体的吸附与分离是一个十分重要的过程。作为晶体多孔材料家族的重要成员，3D COFs 材料由于具有独特的结构和性质有望用作乙烷/乙烯混合气体吸附分离材料。2016 年，McGrier 等人观察了 DBA-3D-COF 材料及其 Ni 基衍生材料 Ni-DBA-3D-COF 的吸收分离性能。低压条件下，DBA-3D-COF 材料在 273K 和 295K 温度下的乙烷吸附能力分别为 3.24 和 $2.09mmol \cdot g^{-1}$，乙烯吸附能力分别为 2.52 和 $1.7mmol \cdot g^{-1}$。作为对比，Ni-DBA-3D-COF 材料在相同温度和压力条件下乙烷和乙烯的吸附能力分别为 3.01、$2.16mmol \cdot g^{-1}$ 和 2.36、$1.83mmol \cdot g^{-1}$。

7.5.3 液相吸附与分离

7.5.3.1 染料去除

骨架碳材料具有丰富的空腔结构、与有机染料良好的亲和性以及优异的化学稳定性,能够有效去除溶液中有机染料。2012 年,首次利用漫反射紫外/可见光谱确定了 COF-102 和十二烷基功能化 COF-102 材料中负载的溶剂致变色燃料碘化吡啶鎓。2017 年,Fang 等人选择了两种 3D 离子 COFs(3D-ionic-COF-1 和 3D-ionic-COF-2)用于包含两种不同尺寸的有机染料。甲基橙的尺寸为 $5.4 \times 7.8 \times 15.2 \text{Å}$,小于 3D-ionic-COF-1($8.6 \text{Å}$)和 3D-ionic-COF-2($8.2 \text{Å}$)的通道尺寸,因此溶液中的甲基橙能够在 20min 内被完全捕获,但是具有更大尺寸的甲基蓝(尺寸为 $13.9 \times 14.4 \times 24.5 \text{Å}$)仍残留于溶液中,表明 3D 离子 COFs 材料具有良好的尺寸辨别能力。

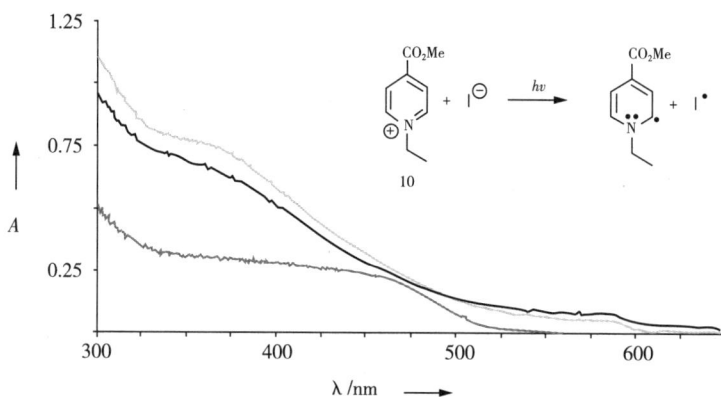

图 7-24 COF-102(红色)、十二烷基功能化 COF-102(蓝色)负载溶剂致变色染料和 COF-102 与染料物理混合样品的紫外/可见光光谱

7.5.3.2 离子交换

特定情况下,高效率、高选择性地将不同离子从溶液中分别移除具有十分重要的意义。例如,3D 离子 COFs 材料用于去除溶液中的 MnO_4^- 离子,可以在 20min 内实现 MnO_4^- 离子的完全去除,去除速率远高于其他离子交换材料,如 PVBTAH-ZIF-813 和 LDHs 等。还可以利用羧基功能化 COFs 材料选择性去除溶液中的 Nd^{3+} 离子,Nd^{3+} 离子的 Langmuir 参数 b 为 15.87mM^{-1},而 Sr^{2+} 和 Fe^{3+} 离子的则分别为 0.85 和 0.08mM^{-1}。

7.5.3.3 药物缓释

许多药物的生物半周期较短,需要持续或控制药物释放过程。骨架碳稳定的多孔结构和丰富的活性位点对药物分子具有良好的亲和性,是一种理想的能够控制药物释放载体。2015 年,使用 3D-PI-COFs 材料在体外进行布洛芬控制释放,将 3D-PI-COFs 材料浸渍到布洛芬的乙烷溶液中,搅拌 2h 后,3D-PI-COF-4 和 3D-PI-COF-5 材料中的布洛芬含量分别为 24 wt% 和 20 wt%,然后在接下来的 6 天时间里将释放出大部分布洛芬药物,约为总负载量的 95%。

7.5.3.4 色谱分离

考虑到骨架碳材料的不溶性、高化学稳定性和良好的吸附选择性,可以将其用作色谱分析的固定相材料。2018 年,Liu 等人将两种手性 COFs 材料(CCOF-5 和 CCOF-6)用作液相色谱的固定相材料对应分离外消旋醇。Cui 等人在液相色谱中使用 COFs 材料作为固定相材料用于乙苯和二甲苯异构体分离。

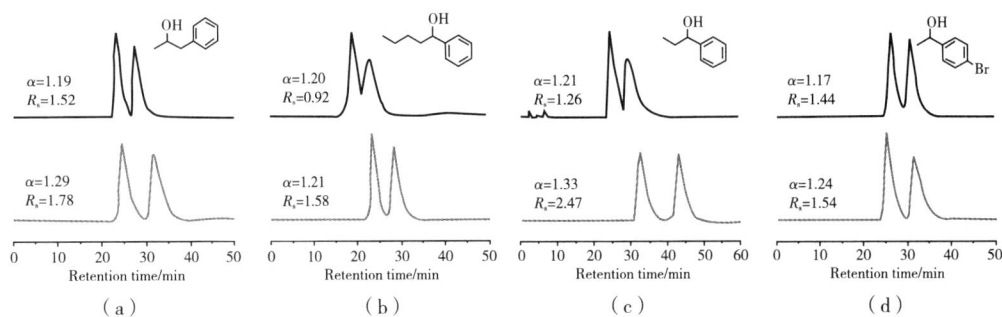

图 7-25　CCOF 材料对消旋醇的分离性能测试结果

7.5.4　催化

7.5.4.1　本征骨架活性

(1)金属节点作为活性位点

MOFs 材料中金属离子与有机配体进行配位,或者与溶剂分子配位,其中溶剂分子可以通过加热或抽滤等方式去除骨架结构中的溶剂,形成不饱和配位金属离子,进而可以作为典型的 Lewis 酸性中心结构基体材料的电子并促进产物转化过程。

HKUST-1 材料在通过加热的方式去除配位的水分子后能够形成开放的 Cu^{2+} 位点,进而在苯甲醛的氰基硅烷化反应及萜烯衍生物的异构化反应中表现出优异的 Lewis 酸活性。MIL-101(Cr)由 1,4-苯二羧酸盐阴离子相互连接形成的 Cr^{3+} 八面体组成,由于 Cr^{3+} 的 Lewis 酸性强于 Cu^{2+},通过加热去除端部配位水分子后可以展示出优于 HKUST-1 的 Lewis 酸活性。

MOFs 材料的结构缺陷工程能够使其暴露出额外的金属中心,具有良好的催化活性。以三氟乙酸作为调制剂改性 UiO-66 晶体结构,取代部分对苯二甲酸酯交联剂后形成结构缺陷,进而产生额外的 Lewis 酸位点。与无缺陷 UiO-66 晶体材料相比,缺陷 UiO-66 晶体对 4-叔丁基环己酮的 Meerwein 还原反应表现出更高的催化活性。此外,还可以利用三氟乙酸与 4,4′-二苯甲酸-2,2′砜交联剂之间的竞争性配位,在 USTC-253 晶体结构中形成额外的不饱和配位 Al 金属中心和极性—SO_2 基团,以提升材料的 CO_2 吸收性能和促进与环氧化物的 CO_2 环加成反应。

(2)有机交联剂作为活性中心

有机交联剂中的功能性基团也可以作为催化中心,常见的基团包括氨基、酰胺、吡啶基、磺氧基、联吡啶等。这些基团通过与 MOF 有机配体相连,在催化体系中具有良好的稳定性。

以磺酸基作为有机交联剂组装的 MOFs 材料,如- SO_3Na 修饰的 MIL-101(Cr),其孔表面具有强 Brønsted 酸性位点,对纤维素水解反应表现出高催化活性。此外,中国科学技术大学江海龙团队报道的近 100% 磺酸基功能化的 MIL-101-SO_3H 在甲醇体系中对氧化苯乙烯的开环反应表现出优异的催化性能。

将吡啶基、酰胺和氨基等基团修饰到 MOFs 材料的孔道结构能够获得具有优异催化活性的 MOFs 材料。例如,以吡啶基团功能化修饰的交联剂作为 MOFs 材料的结构单元,能够实现 MOFs 材料的孔道结构修饰,并作为基础的催化活性位点实现 2,4-二硝基苯基乙酸酯交换反应的高效催化。

此外,还可以在 MOFs 材料的结构单元中进行酸碱活性位点的功能性修饰,使其成为一个均相催化反应系统。例如,可以通过氨基和磺基进行双功能修饰,以制备新型 MIL-101 材料,用于提升催化活性。还可以通过氨基进行功能化修饰制备 UiO-66-NH_2,以获得 Lewis 酸性 Zr^{4+} 位点和碱性氨基基团,进而作为双功能酸碱催化剂用于庚醛与苯甲醛的一锅法串联反应。

塞伦,作为一种通用的螯合交联剂,能够与多种金属离子作用,用于高效催化,具有手性金属-塞伦结构单元的 MOFs 材料表现出优异的非对称催化活性。以 $Zn_4(\mu_4{-}O)$ $(O_2CR)_6$ 结构为单元模块进行二次组装得到的一系列 MOFs 能够呈现开放的孔道结构,并对不对称环氧化反应具有优异的催化活性。

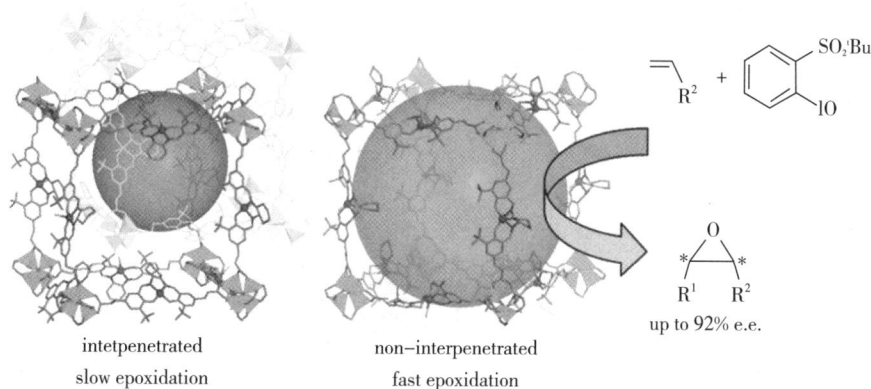

图 7-26　具有手性金属-塞伦结构单元 MOFs 材料催化过程示意图

7.5.4.2　功能化改性

(1)金属节点的功能化改性

MOFs 材料中配位不饱和金属位点允许活性物质通过化学键进行修饰,使得 MOFs 等骨架碳材料表现出优异的催化活性。Férey 等人发现脱水 MIL-101(Cr)材料中的配位不饱和金属位点能够与不同的胺基团进行配位,进而可以用作 Knoevenagel 缩合反应的碱性催化剂。如图 7-27(a)所示,Banerjee 等人通过后合成修饰方法进行具有催化活性的手性分子改性制备出手性 MIL-101 材料,手性催化单元与不饱和金属位点配位后使得 MIL-101 转变为手性 MOF,进而在不对称羟醛反应过程中表现出优异的催化性能。

此外,还可以通过金属复合物在金属一氧节点嫁接方式实现均相单位点催化剂的构筑。Yang 等人通过在 Uio－66 和 NU－1000 骨架材料的金属节点处引入 Ir 金属复合物，制备出用于乙烯加氢反应的高性能催化剂。Lin 等人利用 Zr－o 团在单位点催化剂表面的锚定制备出 Uio－68(Zr)骨架材料，在苄基 C－H 甲硅烷基化和苄基 C－H 硼化反应中展示出优异的催化性能。

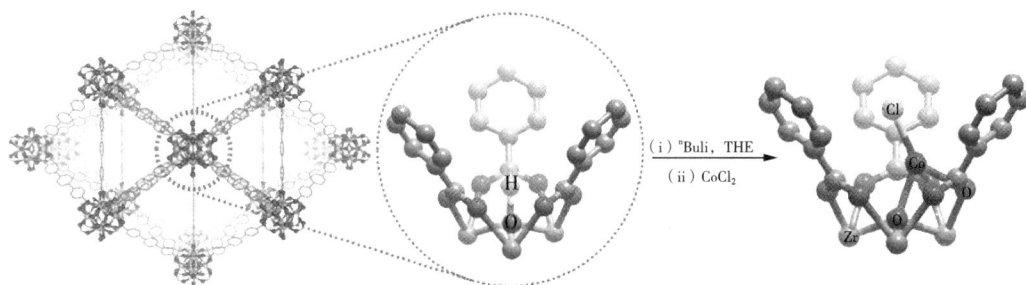

(i) "Buli, THE
(ii) CoCl₂

图 7－27 金属节点的功能化改性示意图

(2)有机交联剂的功能化改性

以有机分子、金属复合物和手性分子为主的功能性物质不仅可以用于金属节点的改性，还能够引入有机交联剂结构实现 MOFs 骨架的功能性修饰。例如，MOF－253 骨架结构中 2,2′-联吡啶结构可以用于引入 Pd、Ru 等多种金属中心，构筑 MOF－253－Pd 或 MOF－253－Ru 等材料，对醇氧化反应具有优异的催化性能。在介孔 Fe－MIL－101 骨架结构中引入分子镍复合物可以实现高活性、可循环催化剂的构筑，在液相乙烯二聚反应中对 1-丁烯转化具有优异的选择性。

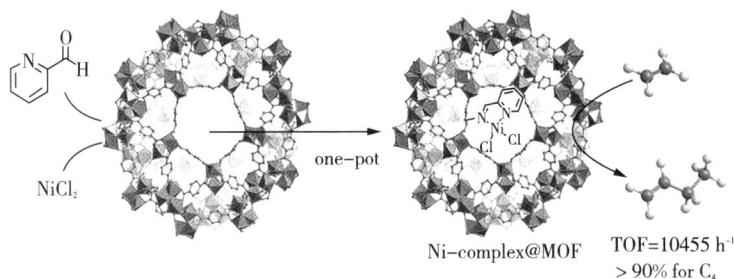

NiCl₂

one-pot

Ni-complex@MOF

TOF=10455 h⁻¹
> 90% for C₄

图 7－28 有机交联剂的功能化改性示意图

7.5.4.3 客体物质封装

MOFs 等原始骨架碳材料的活性中心主要来源于不饱和金属中心和有机交联剂，因此仅能用于少数特定反应的催化过程，应用较为受限。得益于骨架碳材料丰富的孔道结构，可以通过孔道内非共价封装客体物质作为多功能活性中心，以协同提升材料的催化性能。

(1)金属复合物/大分子

Eddaoudi 等以 4,5－咪唑二羧酸作为有机交联剂，与 In(NO₃)₃ 配位相连后形成阴离子类沸石型 rho－ZMOF 材料，巨大的空腔能够在合成过程中通过静电相互作用为阳离子卟啉的封装提供充足的空间,相对较小的孔径尺寸通过限域效应避免了卟啉的逃逸行为。因此,这种封装有 Mn-卟啉的 rho-ZMOF 材料在环己烷氧化制环己醇和环己酮反应中表现出优异的催化活性。Farrusseng 等人采用湿渗透方法在 Cr-MIL-101 骨架的空腔内实现了金属酞菁复合物的封装,用于四氢萘选择性氧化制备 1-四氢萘酮。

　　然而,在上述共组装策略和湿渗透方法中,通常存在通过吸附的方式在 MOF 等骨架表面引入部分客体分子的现象。基于此,Ma 等人提出了一种金属作用介导的从头组装策略,将功能性客体分子封装到 MOF 材料中。如图 7-29 所示,电负性的 bio-MOF-1 材料,带正电的 Co^{2+} 离子通过静电相互作用交换到骨架结构中,与 1,2-二氰基苯反应后形成酞菁钴(Co-Pc),在限域作用下封装到 bio-MOF-1 骨架结构中。得益于均相分散的 Co-Pc 组分,这种 Co-Pc@bio-MOF-1 材料苯乙烯环氧化反应中表现出优异的催化活性。

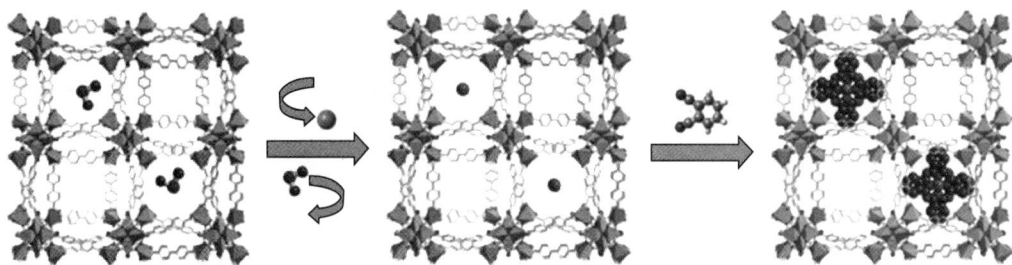

图 7-29　bio-MOF-1 骨架结构中限域封装酞菁钴示意图

(2)多金属氧酸盐

　　多金属氧酸盐对酸催化、氧化催化等诸多领域有着十分重要的意义,但低比表面积、低稳定性和水性溶液中高溶解性严重限制了其应用。在 MOFs 等骨架碳材料中固定多金属氧酸盐有望提升材料的稳定性和优化其催化活性。如图 7-30 所示,通过一锅法水热合成路线将 $H_nXM_{12}O_{40}$(X=Si,Ge,P,As;M=W,MO)封装到多孔 MOFs 骨架结构中,制备出 POM@HKUST-1 复合材料。$H_3PW_{12}O_{40}$ 物质表现出强的 Brønsted 酸性,使得 HPW@HKUST-1 复合材料在乙酸乙酯水解反应中具有极高的催化活性和良好的稳定性。

　　此外,在 POM@HKUST-1 复合材料中引入 Cu 物质,制备 Keggin 型多金属氧酸盐单元[$CuPW_{11}O_{39}$]。基于 MOF 和 POM 的协同作用,修饰后的复合材料在各种有毒含硫化合物的空气氧化净化过程中表现出优异的催化活性。

(3)金属纳米颗粒

　　MOFs 等骨架碳材料的晶体多孔结构为小尺寸金属纳米颗粒的稳定提供了天然的环境,能够有效避免常见的颗粒聚集等现象,进而提升催化剂的活性和稳定性。在 MOFs 等骨架碳结构中实现金属纳米颗粒固定通常包括两种路径,即“ship-in-a-bottle”和“bottle-around-ship”。

　　“ship-in-a-bottle”路线是先将金属前驱体物质通过物理或化学方式(如浸渍、气

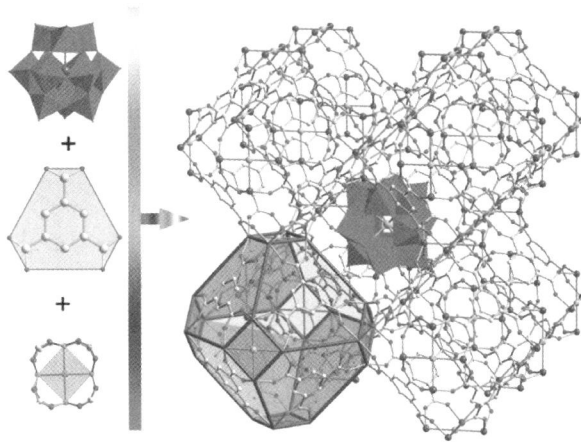

图 7 - 30   多金属氧酸盐在 MOFs 结构中限域封装示意图

相沉积、固相研磨等）预嵌入 MOFs 材料的骨架结构中，再结合强还原试剂的还原反应
制备出金属纳米颗粒，是一种在 MOFs 材料中构筑超细尺寸金属纳米颗粒的有效
方法。

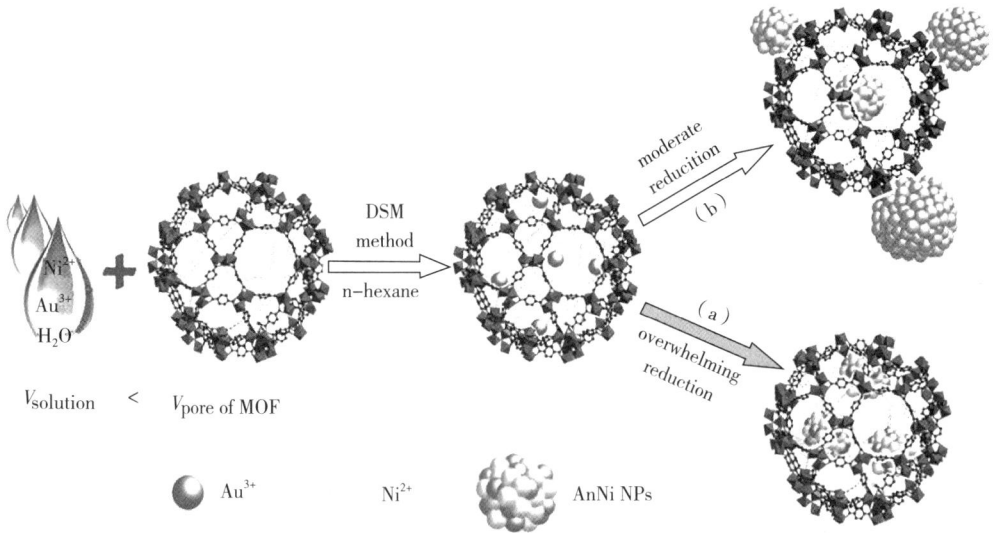

图 7 - 31   "ship - in - a - bottle"路线制备 AuNi@MOF 流程示意图

"bottle - around - ship"路线也被称为模板合成方法，包括金属纳米颗粒合成和颗粒
表面 MOF 组装两个步骤。利用该方法能够有效避免上述方法中 MOFs 外表面金属纳
米颗粒聚集现象，而且还可以对金属纳米颗粒的尺寸、组成和形状进行有效控制。

（4）其他活性物质

有机染料、酶、手性分子以及其他功能分子均可用于 MOFs 等骨架碳材料的改性，合
适的骨架结构有利于避免修饰分子/基团和客体物质的聚集，并维持活性组分的均匀分

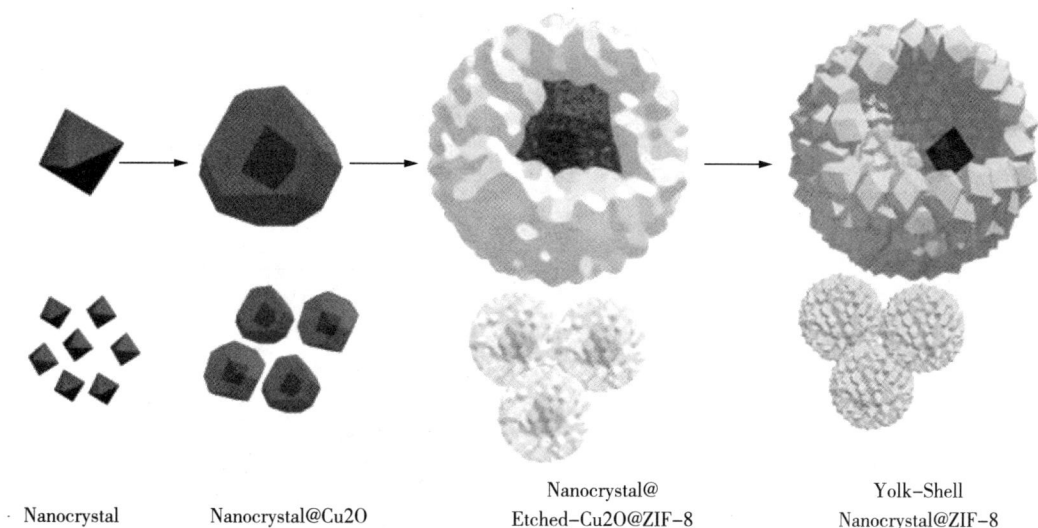

| Nanocrystal | Nanocrystal@Cu2O | Nanocrystal@
Etched−Cu2O@ZIF−8 | Yolk−Shell
Nanocrystal@ZIF−8 |

图 7 - 32　"bottle - around - ship"路线制备 Nanocrystal@ZIF−8 流程示意图

散,进而提升材料的催化性能。此外,其他材料也可以用作 MOFs 材料的催化活性中心,如羧酸、蛋白质、DNA、meso −四(4 −磺酰基苯基)卟啉等。

7.5.4.4　其他衍生材料

不仅 MOFs、COFs 等骨架材料的晶体结构可以作为高效催化剂用于多种催化反应过程,其衍生物(包括衍生的碳负载金属纳米颗粒、金属氧化物、金属硫化物等多种形式)也被广泛应用于诸多催化反应,如醇类、烃类、CO、NO 等多种物质的催化氧化反应,烯烃、炔烃、酮类、硝基等物质的催化还原反应,以及催化加氢等其他反应过程。

7.5.5　储能

7.5.5.1　电极活性材料

MOFs 和 COFs 等骨架碳材料近年来被广泛用作电极材料,包括锂离子电池、钠离子电池等。

（1）MOFs

MOFs 材料具有大量的微孔和介孔结构,允许水系/有机电解液体系中离子在孔内的可逆嵌入和脱出,而且 MOFs 结构中金属离子团簇的氧化还原过程为电荷迁移提供了可能。

以泡沫镍为骨架,利用微波辅助溶剂合成方法制备出 CPO - 27 阵列材料,如图 7 - 33a 所示,$1000mA \cdot g^{-1}$ 电流密度下循环 500 周后可逆容量为 $456mAh \cdot g^{-1}$,容量保持率为 93%,展示出较为优异的循环稳定性。以羧酸配体和 Fe^{3+} 金属离子组成的 MIL - 101(Fe)SBU 骨架材料具有尺寸为 6、12、15、29 和 34Å 多种孔道结构,如图 7 - 33b 所示,能够通过 Fe^{2+}/Fe^{3+} 之间的氧化还原反应进行电化学储锂,该过程的可逆性较差且存在自放电现象,首周库伦效率仅为 79%,在静置 72 h 后降至 23%。

（a）

（b）

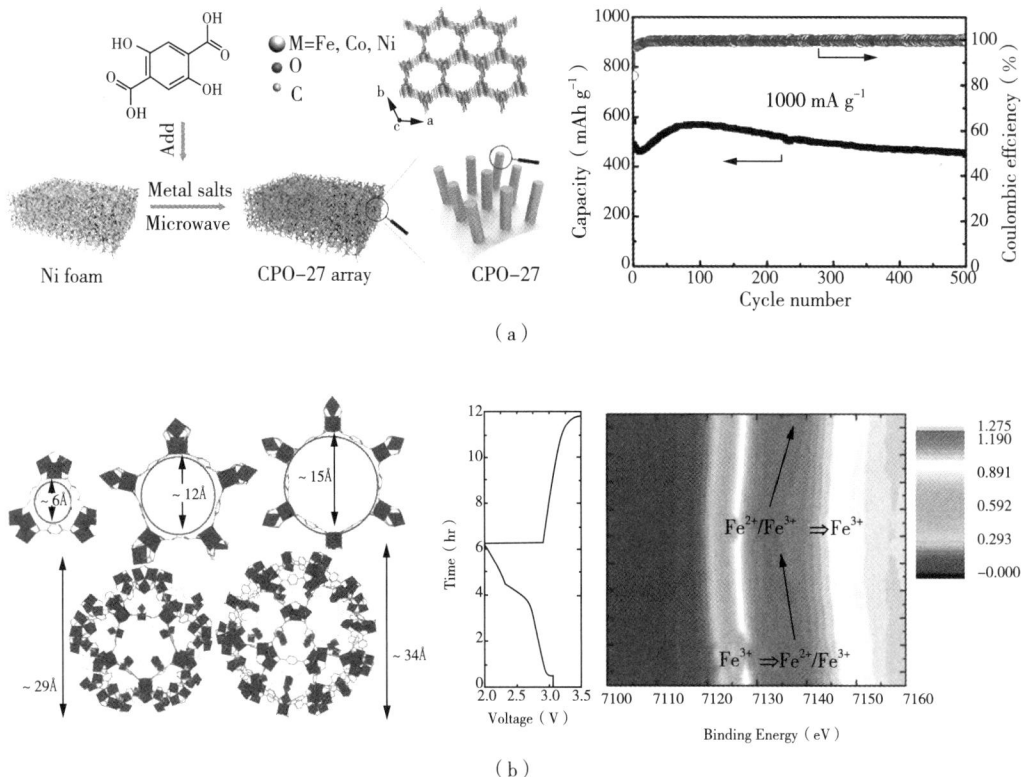

图 7 - 33 （a）CPO - 27 阵列的制备流程示意图及循环性能，
（b）MIL - 101（Fe）SBU 骨架孔道结构及电化学反应原位 XAS 谱图

（2）COFs

COFs 骨架结构具有大量的氧化还原活性中心、高稳定性、长程有序孔道结构以及低溶解性等特点，加速了离子和电荷在纳米孔道结构间的扩散。以聚酰亚胺基 COFs 骨架结构（D_{TP} - A_{NDI} - COF）作为电极材料，如图 7 - 34（a）所示，强共价相互作用和大量的氧化还原活性中心，不仅能够加速离子和电荷的传输过程，还可以有效避免有机活性分子的溶解，提升活性中心在电化学反应过程中的稳定性，使得材料表现出良好的循环性能。为缩短锂离子扩散路径和提升活性位点利用率，可以将 COFs 材料剥离至纳米片层结构，如图 7 - 34（b）所示，机械球磨过程中破坏了 COFs 材料层间的 π—π 相互作用，降低材料厚度并暴露更多活性位点，实现离子扩散速率和储锂容量的共同提升。

7.5.5.2 电极骨架结构

（1）金属-空（氧）气电池

MOFs 和 COFs 等骨架碳材料丰富的孔道结构，可以作为骨架结构与 O_2 等客体物质发生相互作用，增强 O_2 等客体物质的结合能力、促进电解液扩散和促进产物沉积等。此外，悬挂键的不饱和配位位点对催化反应具有十分重要的作用。

$D_{TP}-APA_{NDI}-COF$

(a)

DAAQ-TFP-COF   DABQ-TFP-COF   TEMPO-COF

(b)

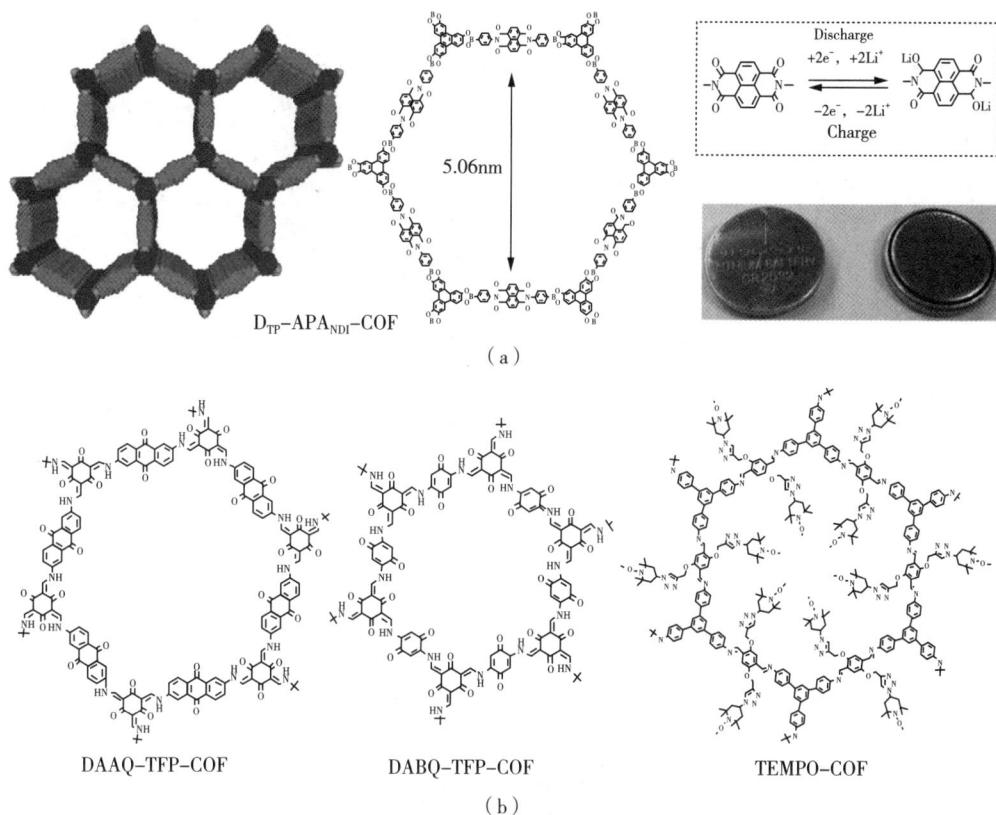

图 7-34   (a)$D_{TP}-A_{NDI}-COF$ 骨架结构及储锂机制示意图,
(b)DAAQ-TFP-COF、DABQ-TFP-COF 和 TEMPO-COF 结构示意图

    如图 7-35 所示,MOF-5、HKUST-1 和 M-MOF-74 等 MOFs 骨架结构具有不同的拓扑结构和金属位点,其中 MOF-5 材料的比表面积高达 $3622m^2 \cdot g^{-1}$,HKUST-1 材料具有丰富的孔道结构以及不饱和配位中心(Cu^{2+}),M-MOF-74 材料中含有多种二价金属离子,因而各种骨架结构在常温低压条件下表现出良好的 O_2 负载能力。$50mA \cdot g^{-1}$ 电流密度下,M-MOF-74 材料在锂-氧气电池中的放电容量可以达到 $9420mAh \cdot g^{-1}$,HKUST-1、Mg-MOF-74 和 CO-MOF-74 材料的放电容量则分别为 4170、4560 和 $3630mAh \cdot g^{-1}$。

    与锂-氧气电池相似,锌-空气电池具有成本低、储量丰富、平衡电势低、环境友好、平台稳定和理论能量密度高等特点,为能源存储提供了另一种可能。Nam 等人以具有大尺寸一维孔道结构的二维导电 MOF 材料 $Cu_3(HHTP)_2$ 作为电极材料,图 7-36(a)所示,有机结构单元中存在大量的氧化还原位点,$50mA \cdot g^{-1}$ 电流密度下可逆容量为 $228mAh \cdot g^{-1}$,并可以实现大电流密度下长周期稳定循环(~18C 循环 500 周)。COFs 材料具有易于溶解等特点,合成不溶性交联结构的 COFs 材料是将其应用于锌-空气电池的关键。如图 7-36(b)所示,Peng 等以苯-1,2,4,5-四腈和氯化铁为原料合成二维层状 COF_{BTC} 材料,并用于锌-空气液流电池。

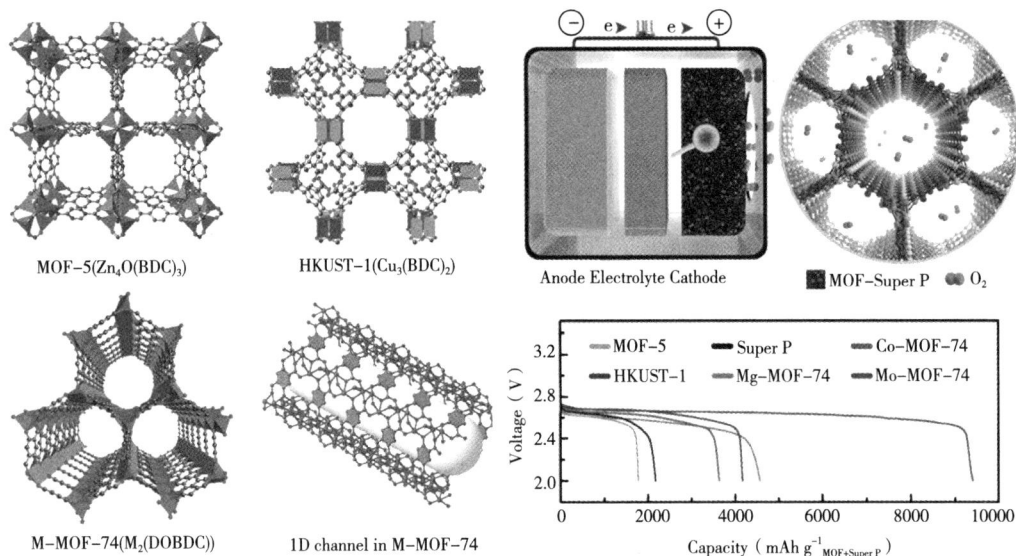

图 7-35　MOFs 骨架结构示意图及其在锂－氧气电池中的应用

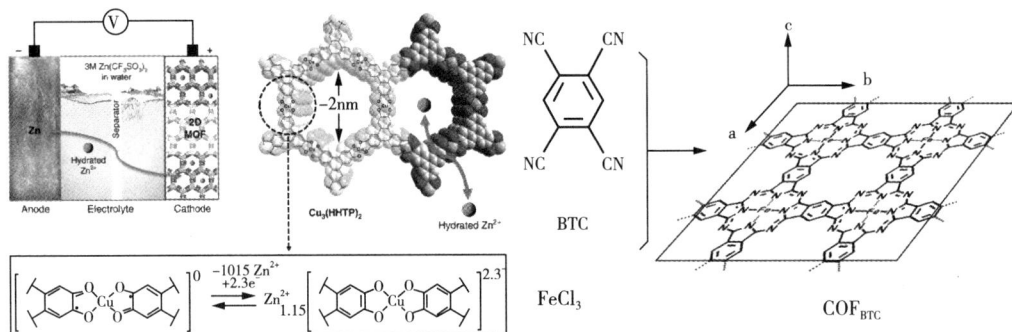

图 7-36　(a)Cu₃(HHTP)₂ 电极结构及反应机制示意图,(b)COF_BTC 材料结构示意图

（2）锂-硫电池

硫等材料可作为正极活性材料,电化学过程中具有相似的双电子电化学反应机制,与锂金属匹配后组装的锂-硫电池具有高能量密度,是一种非常有发展前景的新型电池体系。但是,多硫化物的穿梭效应、导电性以及严重的体积膨胀问题,严重限制了这一电池体系的实际应用进程。

骨架碳材料丰富的孔道结构、良好的导电性以及优异的化学/热稳定性,是一种理想的宿主材料,不仅能够用于负载硫等活性物质,还有望通过孔道结构的限域效应和催化作用抑制多硫化物的穿梭效应和提升电极材料的导电性,协同提升电池的电化学性能。

Thoi 等人通过缺陷工程进行 Zr 基 MOFs 骨架结构的改性,利用锂离子取代缺陷位点的酸性质子,实现材料导电性和硫的分散性,如图 7-37(a)所示,在锂-硫电池体系中协同提升了硫的利用率和电池的循环性能。图 7-37(b) 展示了亚胺基 COF 材料 TAPB-PDA-COF 作为锂-硫电池正极宿主材料过程,正极材料中硫含量可以达到 60wt%,并表现出良好的热稳定性(耐受温度高达 500 ℃)和循环性能(2A·g⁻¹ 电流密度下稳定循环~1000 周)。

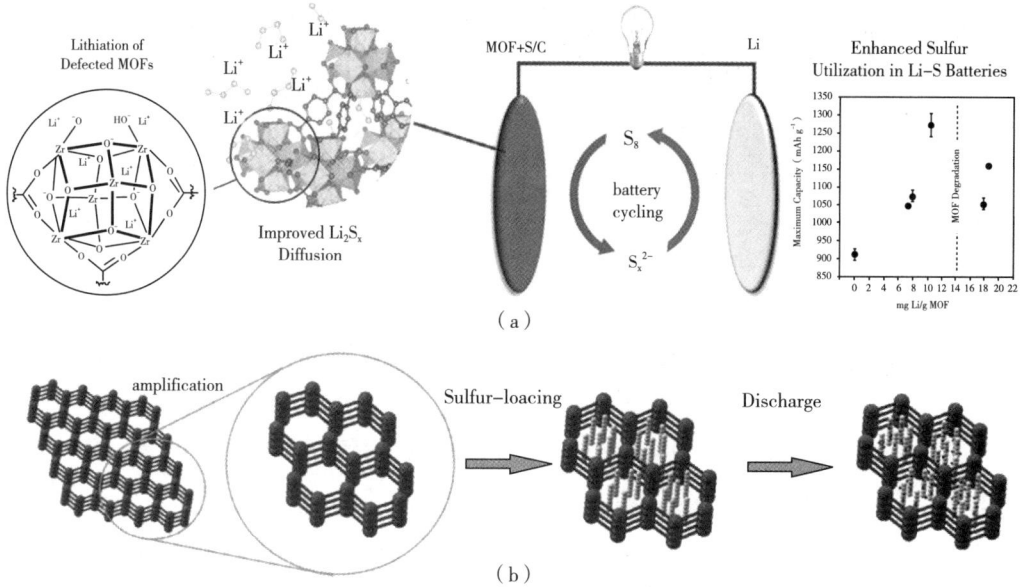

(a)

(b)

图 7-37　(a)改性 Zr-MOF 材料结构及其在锂-硫电池中的应用示意图,
(b)TAPB-PDA-COF 材料作为宿主结构的硫负载结构示意图

7.5.5.3　功能性隔膜

电池中隔膜主要起到隔离正负极活性物质的作用,要求具有丰富的孔道结构以满足离子扩散需求。此外,还可以根据实际应用需求对其进行改性处理,如锂-硫电池隔膜可以通过功能性设计抑制或避免多硫化物的穿梭效应、碱金属电池隔膜用于抑制枝晶生长等。

Zhou 等人基于 HKUST-1 骨架结构设计了一种功能性离子筛分隔膜材料,如图 7-38(a)所示,得益于合适的孔道窗口设计,在锂-硫电池中允许锂离子通过,但避免了多硫化物在隔膜两侧的扩散,进而抑制电池的穿梭效应,实现电池的长周期稳定循环[图 7-38(b)]。如图 7-38(c)所示,Guo 等人以 2D MOFs 骨架材料为基础,通过设计 Co 单原子阵列进行隔膜材料的功能性修饰,MOFs 骨架结构中 Co-O4 结构使得锂离子通量更为均匀,使得金属锂在电极表面发生稳定、均匀沉积行为,避免了锂枝晶的生长过程。

7.5.5.4　固态电解质

骨架碳材料良好的化学/热/机械稳定性、丰富的孔道结构以及大比表面积,有望缓解固态电解质存在的导离子性差等问题。MOFs 和 COFs 等骨架碳材料稳定的有机框架结构和开放的孔道与金属盐结合后,可以作为良好的固态离子导体。例如,在 MOFs

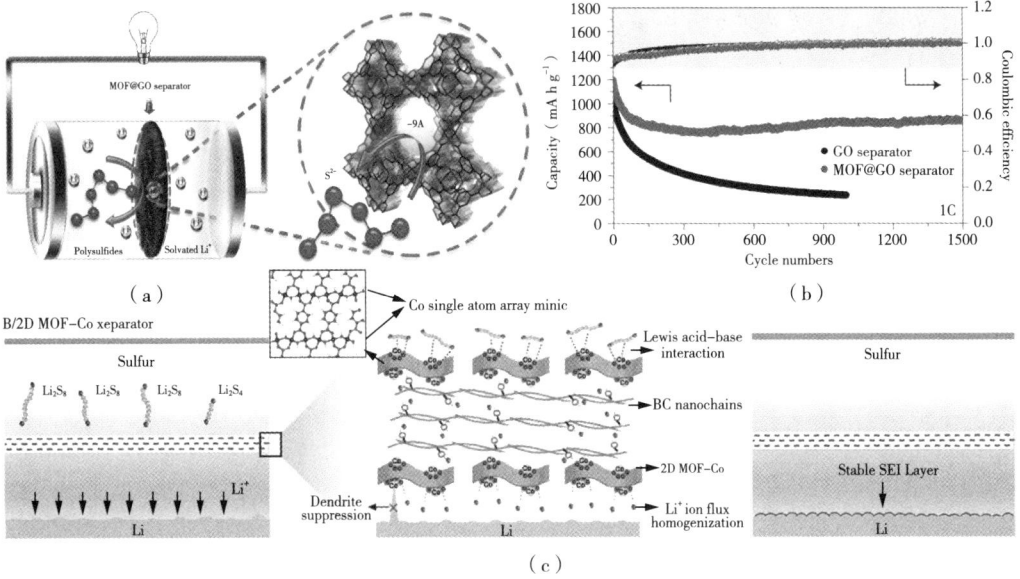

图 7-38　离子筛分隔膜工作示意图

材料 $Mg_2(dobdc)$ 的骨架结构中填充醇锂，在室温下可以实现 $3.1\times10^{-4}S\cdot cm^{-1}$ 的高导离子率。如图 7-39 所示，以多孔芳香骨架结构 PAF-1 材料为基础，填充 LiPF6 后导离子率为 $4.0\times10^{-4}S\cdot cm^{-1}$，分子动力学研究结果表明材料中 Li＋主要集中在 PAF-1 结构的四苯基甲烷节点的两个苯环中，因此使得 $LiFePO_4//LiPF_6@PAF-1//Li$ 电池能够稳定循环 1000 周左右。

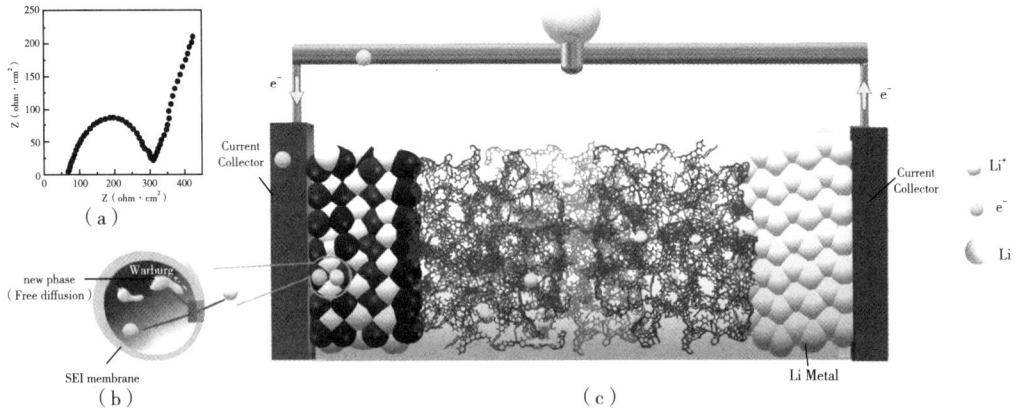

图 7-39　$LiPF_6@PAF-1$ 固态电解质工作示意图

7.5.5.5　其他储能应用

MOFs 和 COFs 等骨架碳材料在其他储能形式中的应用主要为能源气体的存储与吸附，相关应用见章节 5.1。

思考题:

1. 骨架碳材料通常具有哪些结构特征?
2. 骨架碳材料还可以应用于哪些领域?
3. 如何设计合成新型骨架碳材料,其潜在应用前景如何?
4. 如何进行骨架碳材料的改性设计,其过程能否放大?
5. 是否有其他更加简便的表征方法可以用来表征骨架碳材料的结构?

参考文献

[1] YAGHI O M,GUANGMING LI,HAILIAN LI. Selective binding and removal of guests in a microporous metal-organic framework[J]. Nature,1995,378(6558): 703 - 706.

[2] COTE A P,BENIN A I,OCKWIG N W,et al. Porous, crystalline, covalent organic frameworks[J]. Science,2005,310(5751):1166 - 1170.

[3] KOTZABASAKI M,FROUDAKIS G E. Review of computer simulations on anti-cancer drug delivery in MOFs[J]. Inorganic Chemistry Frontiers,2018,5(6): 1255 - 1272.

[4] MU X,ZHAN J,FENG X,et al. Novel melamine/o-phthalaldehyde covalent organic frameworks nanosheets: enhancement flame retardant and mechanical performances of thermoplastic polyurethanes[J]. ACS Applied Materials & Interfaces, 2017,9(27):23017 - 23026.

[5] BUNCK D N,DICHTEL W R. Internal functionalization of three-dimensional covalent organic frameworks[J]. Angewandte Chemie-international Edition,2012,51 (8):1885 - 1889.

[6] ZOU J,TREWIN A,BEN T,et al. High uptake and fast transportation of $LiPF_6$ in a porous aromatic framework for solid-state Li-ion batteries[J]. Angewandte Chemie-international Edition,2020,59(2):769 - 774.

图书在版编目(CIP)数据

新型碳基复合材料学/张峰君,王秀芳主编 . --合肥:合肥工业大学出版社,2025.6
ISBN 978 - 7 - 5650 - 6534 - 7

Ⅰ.①新… Ⅱ.①张… ②王… Ⅲ.①碳-非金属复合材料 Ⅳ.①TB332

中国国家版本馆 CIP 数据核字(2023)第 236708 号

新型碳基复合材料学

主编 张峰君 王秀芳   责任编辑 张择瑞

出 版	合肥工业大学出版社	版 次	2025 年 6 月第 1 版
地 址	合肥市屯溪路 193 号	印 次	2025 年 6 月第 1 次印刷
邮 编	230009	开 本	787 毫米×1092 毫米 1/16
电 话	理工图书出版中心:0551 - 62903204	印 张	13.5
	营销与储运管理中心:0551 - 62903198	字 数	304 千字
网 址	press. hfut. edu. cn	印 刷	安徽联众印刷有限公司
E-mail	hfutpress@163.com	发 行	全国新华书店

ISBN 978 - 7 - 5650 - 6534 - 7   定价:38.00 元

如果有影响阅读的印装质量问题,请与出版社营销与储运管理中心联系调换。